MBA MPA MEM MPAcc

8版

管理类、经济类联考

老吕逻辑
母题800练

主编◎吕建刚　　副主编◎张杰

逐题详解册

全新
改版升级

北京理工大学出版社
BEIJING INSTITUTE OF TECHNOLOGY PRESS

图书在版编目（CIP）数据

管理类、经济类联考·老吕逻辑母题 800 练/吕建刚
主编 . -- 8 版 . --北京：北京理工大学出版社，2022.5
ISBN 978 - 7 - 5763 - 1287 - 4

Ⅰ.①管…　Ⅱ.①吕…　Ⅲ.①逻辑-研究生-入学考
试-习题集　Ⅳ.①B81 - 44

中国版本图书馆 CIP 数据核字（2022）第 071240 号

出版发行 / 北京理工大学出版社有限责任公司
社　　　址 / 北京市海淀区中关村南大街 5 号
邮　　　编 / 100081
电　　　话 / （010）68914775（总编室）
　　　　　　（010）82562903（教材售后服务热线）
　　　　　　（010）68944723（其他图书服务热线）
网　　　址 / http：//www.bitpress.com.cn
经　　　销 / 全国各地新华书店
印　　　刷 / 保定市中画美凯印刷有限公司
开　　　本 / 787 毫米×1092 毫米　1/16
印　　　张 / 38
字　　　数 / 892 千字
版　　　次 / 2022 年 5 月第 8 版　2022 年 5 月第 1 次印刷
定　　　价 / 99.80 元（全两册）

责任编辑 / 多海鹏
文案编辑 / 多海鹏
责任校对 / 周瑞红
责任印制 / 李志强

目录

逐题详解册

● **第1部分　秒杀技巧**　/1

　第1章　概念　/2
- 题型1　定义题　/2
- 题型2　集合概念与非集合概念　/2
- 题型3　概念间的关系　/3
- 题型4　概念的划分问题　/4

　第2章　判断　/7
　第1节　假言判断秒杀技巧　/7
- 题型5　假言推理　/7

　第2节　联言选言判断秒杀技巧　/9
- 题型6　联言选言推理　/9
- 题型7　箭摩根模型　/11

　第3节　简单判断秒杀技巧　/13
- 题型8　简单判断的对当关系　/13

第 4 节　负判断秒杀技巧 / 15

- 题型 9　简单判断的负判断　/ 15
- 题型 10　假言判断的负判断　/ 17

第 3 章　推理 / 19

第 1 节　串联推理秒杀技巧 / 19

- 题型 11　串联推理的基本模型　/ 19
- 题型 12　事实假言模型　/ 23
- 题型 13　有的串联模型　/ 28
- 题型 14　假言事实模型　/ 33
- 题型 15　数量假言模型　/ 37
- 题型 16　串联推理的矛盾命题　/ 40
- 题型 17　隐含三段论与补充条件题　/ 42
- 题型 18　推理结构相似题　/ 46

第 2 节　综合推理秒杀技巧 / 48

- 题型 19　匹配题　/ 48
- 题型 20　选人问题　/ 56
- 题型 21　排序问题　/ 58
- 题型 22　方位问题　/ 61
- 题型 23　数独问题　/ 65
- 题型 24　其他综合推理　/ 67

第 3 节　真假话推理秒杀技巧 / 69

- 题型 25　真假话问题　/ 69

第 4 章　论证 / 75

第 1 节　四大核心题型秒杀技巧：削弱题 / 75

- 题型 26　普通论证的削弱　/ 75
- 题型 27　拆桥模型的削弱　/ 76
- 题型 28　归纳、类比、演绎的削弱　/ 79
- 题型 29　找原因的削弱　/ 84
- 题型 30　求因果五法的削弱：求异法　/ 88
- 题型 31　求因果五法的削弱：其他方法　/ 92
- 题型 32　预测结果的削弱　/ 94
- 题型 33　措施目的的削弱　/ 97
- 题型 34　统计论证的削弱　/ 99

第 2 节　四大核心题型秒杀技巧：支持题 / 103

- 题型 35　普通论证的支持 / 103
- 题型 36　搭桥模型的支持 / 105
- 题型 37　归纳、类比、演绎的支持 / 107
- 题型 38　找原因的支持 / 109
- 题型 39　预测结果的支持 / 112
- 题型 40　措施目的的支持 / 114

第 3 节　四大核心题型秒杀技巧：假设题 / 115

- 题型 41　搭桥模型的假设 / 115
- 题型 42　找原因的假设 / 118
- 题型 43　预测结果的假设 / 120
- 题型 44　措施目的的假设 / 121
- 题型 45　统计论证的假设 / 125
- 题型 46　其他论证的假设 / 127

第 4 节　四大核心题型秒杀技巧：解释题 / 128

- 题型 47　解释现象 / 128
- 题型 48　解释数量 / 133

第 5 节　其他题型秒杀技巧 / 134

- 题型 49　推论题 / 134
- 题型 50　论证结构分析题 / 140
- 题型 51　评论论证与反驳方法 / 140
- 题型 52　评论逻辑漏洞 / 142
- 题型 53　判断关键问题 / 143
- 题型 54　争论焦点题 / 144
- 题型 55　论证结构相似题 / 145

🔵 第2部分　专项训练 / 147

- 专项训练 1　概念 / 148
- 专项训练 2　判断 / 152
- 专项训练 3　推理（1） / 161
- 专项训练 4　推理（2） / 173
- 专项训练 5　削弱题 / 185
- 专项训练 6　支持题 / 197
- 专项训练 7　假设题 / 208

- 专项训练 8　解释题　/ 218
- 专项训练 9　其他题型　/ 226

第3部分　仿真模考

- 199 管理类联考逻辑模拟卷 1　/ 238
- 199 管理类联考逻辑模拟卷 2　/ 250
- 199 管理类联考逻辑模拟卷 3　/ 260
- 199 管理类联考逻辑模拟卷 4　/ 270
- 396 经济类联考逻辑模拟卷 1　/ 281
- 396 经济类联考逻辑模拟卷 2　/ 289

第1部分
秒杀技巧

第1章 概念

题型1 定义题

1. B

 第1步：找出题干定义的要点并编号。

第2步：将选项与定义的要点一一对应。

 同功器官的定义要点是：①不同生物的某些器官；②功能上相同；③来源与基本结构均不同。

A项，此项中骨骼、关节和肌肉均是来自人体，不符合要点①。

B项，符合同功器官的定义。

C项，两者功能不同，来源相同，不符合要点②和③。

D项，两者是从共同的祖先进化而来，不符合要点③。

E项，两者基本结构相同，不符合要点③。

2. C

 第1步：找出题干中定义的要点并编号。

第2步：将选项与定义的要点一一对应。

 操作性条件反射的定义要点是：①如果一个反应发生以后继之给予奖励，这一反应就会得到加强；②反之，这个反应的强度就会减少，直至消失。

A项，不满足操作性条件反射的任意一个定义要点。

B项，狗是通过学习过程建立了"按铃"和"喂食"之间的联系，属于经典条件反射。

C项，符合操作性条件反射的定义。

D项，不满足操作性条件反射的任意一个定义要点。

E项，有奖励，但是奖励后这一反应并未加强，不满足要点①。

题型2 集合概念与非集合概念

1. E

 题干："世间万物中，人是第一个可宝贵的(指的是人这个群体具备第一宝贵这个性质，故"人"为集合概念)。我是人(指的是"我"是人这个类别中的一个，故"人"为类概念)，所以，我是世间万物中第一个可宝贵的。

故题干犯了偷换概念的逻辑错误。

 A项，我国的佛教寺庙(集合概念)分布于全国各地，普济寺是我国的佛教寺庙(类概念)，偷换概念，与题干的逻辑错误相同。

B项，现在的独生子女(集合概念)娇生惯养，小王是独生子女(类概念)，偷换概念，与题干的逻辑错误相同。

C项，群众(集合概念)是真正的英雄，我是群众(类概念)，偷换概念，与题干的逻辑错误相同。

D项，中国人(集合概念)是勤劳的，我是中国人(类概念)，偷换概念，与题干的逻辑错误相同。

E项，哺乳动物(类概念)都是胎生的，狗是哺乳动物(类概念)，所以，狗是胎生的，未犯逻辑错误，与题干不同。

2. B

题干信息 论据：很多科学家的职业行为是为了改善个人状况，对于真理的追求则被置于次要地位。

论点：科学家共同体的行为也是为了改善该共同体的状况，纯粹出于偶然，该共同体才会去追求真理。

秒杀思路 题干通过科学家个人的情况，来推断科学家共同体的情况，犯了合成谬误的逻辑错误。

选项详解 B项，说明题干误认为个体具有的性质，整体也同样具有，即合成谬误，评价准确。

D项，由多数科学家个体来推断每个科学家的性质，这是由个体推断更大范围的个体，犯了以偏概全的逻辑错误。与题干不符，故此项排除。

E项，由集体的性质推断个体的性质，犯了分解谬误的逻辑错误。排除。

其余两项显然不正确。

3. B

题干信息 日本最高法院：中国放弃了对日本国的战争赔偿要求，所以中国人的个人索赔权已被放弃。

秒杀思路 日本最高法院误认为整体(中国)不具有的某种属性个体(中国人)也同样不具有。因此题干犯了分解谬误的逻辑错误。

选项详解 A项，误认为"个体"所具有的属性，"每个中国人"都具有，犯了以偏概全的逻辑错误，与题干所犯的逻辑谬误不相同。

B项，误认为"高校"所不具有的属性"北京大学的张教授"也同样不具有，犯了分解谬误的逻辑错误，与题干所犯的逻辑谬误相同。

C项，中国奥委会是国际奥委会的成员(描述中国奥委会集体的性质)，Y先生是中国奥委会的委员，所以，Y先生是国际奥委会的委员(Y先生这个个体的性质)。可见，题干由集体的性质推出了个体的性质，但由于题干是"不具有"索赔这个性质，而此项是"具有"国际奥委会的委员这个性质，故此项与题干的相似性不如B项。

D项，此项根据"我校运动会"具有全员参加的属性，推出"奥运会"也具有此种属性。但"我校运动会"和"奥运会"并不具备相似性或等同性，因此，此项犯了不当类比的逻辑错误。

E项，中国人(集合概念)是勤劳的，小明是中国人(类概念)，可见，此项偷换了集合概念与类概念，此项整体上来看是一个三段论推理，与题干不同。

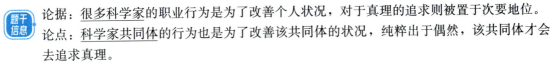

题型 3　概念间的关系

1. B

详细解析 因为黑龙江人和北方人是"种属关系"，故北方人一共有 4 个，其中包含黑龙江人。贵州人不是北方人，故按地域分，恰有 5 人。

作家可能既是文学评论家，又是教授，也可能每个人的职业都不重合，故按职业分，至少有 3 人，最多有 6 人。

若已知职业的至少 3 人，恰好是 4 个北方人和 1 个贵州人中的 3 个，则至少有 5 人。

若已知职业的最多 6 人，和已知地域的 5 人不重合，则最多有 11 人。

故 B 项正确。

2. C

由于日本人和亚洲人是"种属关系"，故人数最多时，即为其他几个概念没有重合时，即：3（足球爱好者）+4（亚洲人）+5（商人）＝12（人）。

要想人数最少，则要重复的元素尽可能多，又有日本人不经商，故参加晚会的人数最少为：2（日本人）+5（商人）＝7（人）。其中，足球爱好者、亚洲人与这 7 人重复。

故参加晚会的人数最多 12 人，最少 7 人，即 C 项正确。

3. B

广西人和南方人是"种属关系"，因此题干可以简化为：3 个南方人，1 个男士，2 个 20 岁，2 个近视，1 个女士，1 个北方人，共 10 个身份，因为拟录用名单共有 9 人，所以有两个身份重合为一人。

B 项，2 个 20 岁的人都是近视眼，至多只会有 8 人，不能满足题干要求。

其余各项均能解释。

题型 4　概念的划分问题

1. B

题干将中华女子学院的学生按照"性别"和"优秀"两个标准进行了两次划分，故可断定此题属于<u>二次划分模型</u>，采用九宫格法进行解题。

方法一：大交大＞小交小。

①该校女生比男生多，即：女生＞男生。

②优秀的学生超过了一半，即：优秀生＞非优秀生。

故：优秀女生＞不优秀男生。

方法二：九宫格法。

设优秀女生为 a 人，不优秀女生为 b 人，优秀男生为 c 人，不优秀男生为 d 人，如表 1-1 所示：

表 1-1

成绩 性别	优秀	不优秀
女生	a	b
男生	c	d

由①可知，$a+b>c+d$。

由②可知，$a+c>b+d$。

两式相加得：$2a+b+c>2d+b+c$，化简可得：$a>d$。

即：优秀女生＞不优秀男生。故 B 项正确。

2. C

题干将"120名正式代表"按照"性别"和"区域"两个标准进行了两次划分，故可断定该题属于二次划分模型，采用九宫格法进行解题。

根据题干可得以下九宫格（表1-2）：

表1-2　　　　　　　　　　　　　　　人

代表（120人）	男性代表（75人）	女性代表[120−75=45（人）]
中国[120−55=65（人）]	a	b
非洲（55人）	c	d

又由于中国男性代表共35人，即$a=35$，故有：

Ⅰ项，非洲男性代表人数$c=75-a=75-35=40$（人）。

Ⅱ项，中国女性代表人数$b=65-a=65-35=30$（人）。

Ⅲ项，非洲女性代表人数$d=55-c=55-40=15$（人）。

综上，正确答案为C项。

3. A

题干将"1 000名优秀人才"按照"引进的方式""学科种类""学位"三个标准进行了三次划分，故可断定该题属于三次划分模型，可采用双九宫格法或者剩余法进行解题。

方法一：双九宫格法。

根据题干已知信息可得以下两表（表1-3和表1-4）：

表1-3　　　　　　　　　　　　　　　人

管理类人才（361人）	博士	非博士
国内	a	b
国外	c	d

表1-4　　　　　　　　　　　　　　　人

非管理类人才（639人）	博士	非博士（250人）
国内	x	y
国外（206人）	z	w

故有：

非管理类博士人才：639−250=389（人）。

非管理国内人才：639−206=433（人）。

补充进表格，可得表1-5：

表1-5　　　　　　　　　　　　　　　人

非管理类人才（639人）	博士（389人）	非博士（250人）
国内（433人）	x	y
国外（206人）	z	w

国内引进的具有博士学位的252人，即：$a+x=252$，则 $a=252-x$。

由于 $z+w=206$，故 z 的最大值为206，此时 x 的最小值为 $389-206=183$。

此时 a 取到最大值，为 $252-x=252-183=69$。

国内引进的具有博士学位的管理类人才少于70人。

方法二：剩余法。

根据题干已知信息，可得表1-6：

表1-6

	国内博士	国内非博士	国外博士	国外非博士
管理类	a	b	c	d
非管理类	x	y	z	w

根据题干数据可得：

管理类人才361人，非管理类不具有博士学位的人才250人，国外引进的非管理类人才206人，国内引进的具有博士学位的252人。

①式：管理类人才＋非管理类不具有博士学位的人才＋国外引进的非管理类人才＋国内引进的具有博士学位的人才＝$(a+b+c+d)+(y+w)+(z+w)+(a+x)=361+250+206+252=1\,069$（人）。

②式：总人数＝$a+b+c+d+x+y+z+w=1\,000$（人）。

由①－②可得：$a+w=69$。故 a 的最大值是69，一定小于70，正确答案为 A 项。

4. D

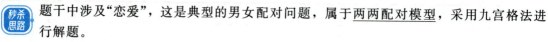 题干中涉及"恋爱"，这是典型的男女配对问题，属于<u>两两配对模型</u>，采用九宫格法进行解题。

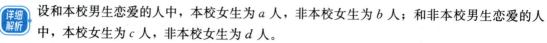 设和本校男生恋爱的人中，本校女生为 a 人，非本校女生为 b 人；和非本校男生恋爱的人中，本校女生为 c 人，非本校女生为 d 人。

根据题意，可得表1-7：

表1-7

男生＼女生	本校女生	非本校女生
本校男生	a	b
非本校男生	c	d

已知本校女生比本校男生多200人，故有：$(a+c)-(b+d)=a-d=200$（人）。

Ⅰ项，显然不成立。

Ⅱ项，由"$a-d=200$"可知，$a>d$，即在和本校学生恋爱的非本校人中，男生多于女生。故此项成立。

Ⅲ项，由"$(a+c)-(b+d)=200$"，可知 $a+c>b+d$，即在和本校学生恋爱的人中，男生多于女生。故此项成立。

第2章 判断

第❶节 假言判断秒杀技巧

题型5 假言推理

1. E

第1步：画箭头。

题干：①¬完美人格→¬脱颖而出。

第2步：逆否。

题干的逆否命题为：②脱颖而出→完美人格。

第3步：找答案。

A项，完美人格←脱颖而出，等价于②，符合题干。

B项，脱颖而出→完美人格，等价于②，符合题干。

C项，¬（脱颖而出∧人格不完美）＝¬脱颖而出∨完美人格＝脱颖而出→完美人格，等价于②，符合题干。

D项，¬完美人格→¬脱颖而出，等价于①，符合题干。

E项，完美人格→脱颖而出，根据箭头指向原则、②可知，"完美人格"后无箭头指向，故此项不符合题干。

2. C

第1步：画箭头。

题干：①办好公司→至少一件事情比别人好（做得最好）。

第2步：逆否。

题干的逆否命题为：②¬至少一件事情比别人好（即，所有事都不是最好）→办不好公司。

第3步：找答案。

A项，在市场竞争中站稳脚跟（办好公司）→至少一件事情做得最好，与①相同。

B项，所有事都不是最好→在市场竞争中败下阵来（办不好公司），与②相同。

C项，至少一件事做得最好→获得巨额利润。由①可知"至少一件事情做得最好"后无箭头指向，故不能"必然"推出它一定能获得巨额利润。故此项不接近题干的意思。

D项，¬至少在一件事情上做得最好→它就不能在市场竞争中获得成功（办不好公司），与②相同。

E项，由①可知"至少一件事情做得最好"后无箭头指向，故公司是"有可能"失败的，符合题干。

3. E

第1步：画箭头。

题干：
①不苟且←有品位。

②不霸道←有道德。

③不掠夺←有永续的生命。

第2步：逆否。

题干的逆否命题为：

④苟且→无品位。

⑤霸道→无道德。

⑥掠夺→不会有永续的生命。

第3步：找答案。

A项，苟且→无品位，等价于④，符合题干。

B项，霸道→无道德，等价于⑤，符合题干。

C项，掠夺→不会有永续的生命，等价于⑥，符合题干。

D项，有道德→不霸道，等价于②，符合题干。

E项，无道德→霸道∧苟且，根据箭头指向原则、②可知，"无道德"后无箭头指向，故此项不符合题干。

4. C

第1步：画箭头。

题干：①┐自信→输。

第2步：逆否。

题干的逆否命题为：②┐输→自信。

第3步：找答案。

A项，┐输→赢，┐赢→输，根据箭头指向原则、②可知，"┐输"没有箭头指向"赢"，故此项不符合题干。

B项，自信→赢，根据箭头指向原则、②可知，"自信"后无箭头指向，故此项不符合题干。

C项，┐输→自信，等价于②，符合题干。

D项，┐自信→┐输，根据①可知，此项不符合题干。

E项，自信→赢，根据箭头指向原则、②可知："自信"后无箭头指向，故此项不符合题干。

5. C

第1步：画箭头。

教授：①┐不是纯金制成的→不能将它举过头顶并随意挥舞，可简写为：实心纯金→不能举过。

第2步：逆否。

教授的逆否命题为：②能举过→┐实心纯金。

等价于：③能举过→┐实心∨┐纯金。

等价于：④能举过→空心∨┐纯金。

第3步：找答案。

A项，由④知，能举过不一定是空心的，故此项不符合教授的意思。

B项，纯金→实心，教授的话不直接涉及"纯金"与"实心"的关系，故此项不符合教授的意思。

C项，实心纯金→不能举过，等价于①，符合教授的意思。

D项，纯金∧┐实心（空心的纯金杯）→能举过，根据箭头指向原则，由"空心的纯金杯"推不出任何结论，故此项不符合教授的意思。

E项，纯金→空心，教授的话不直接涉及"纯金"与"空心"的关系，故此项不符合教授的意思。

6. B

 第1步：画箭头。

题干：①己所不欲→勿施于人。

第2步：逆否。

题干的逆否命题为：②施于人→己所欲。

第3步：找答案。

A项，己所欲←施于人，等价于②，符合题干。

B项，己所欲→施于人，根据箭头指向原则、②可知，"己所欲"后无箭头指向，故此项不符合题干。

C项，己所不欲→不施于人，等价于①，符合题干。

D项，施于人→己所欲，等价于②，符合题干。

E项，己所不欲→不施于人，等价于①，符合题干。

第 ❷ 节 联言选言判断秒杀技巧

题型 6 联言选言推理

1. E

 题干：并非本届世界服装节既成功又节俭，即：￢（成功∧节俭）＝（￢成功∨￢节俭）＝（节俭→￢成功）。

 A项，成功∧￢不节俭，与题干的意思不同。

B项，节俭∧￢不成功，与题干的意思不同。

C项，￢节俭∧￢不成功，与题干的意思不同。

D项，￢节俭→成功，与题干的意思不同。

E项，节俭→￢成功，与题干的意思相同。

2. E

 小白的采访情况只有三种可能：采访到0个人、1个人、2个人。根据小白的回答，可知他否定了"2个人"和"0个人"这两种可能，故他采访到了1个人。即E项正确。

 ①并非两个都采访到了：￢（陈∧王），等价于：￢陈∨￢王，即二人至少有一个没采访到。

②并非一个也没采访到：即￢（￢陈∧￢王），等价于：陈∨王，即二人至少采访到了一个。

故可知，小白采访到了一位，没有采访到另外一位，即E项正确。

3. E

 ①张珊：喜欢绿茶∧喜欢咖啡。

②张珊的朋友：￢（喜欢绿茶∧喜欢咖啡）＝￢喜欢绿茶∨￢喜欢咖啡。

③张珊的朋友：都喜欢红茶。

A项，题干未提及张珊是否喜欢红茶，故此项有可能为真。

B项，由②知，有可能张珊的朋友都不喜欢绿茶，但是喜欢咖啡，故此项有可能为真。

C项，由②、③知，此项有可能为真。

D项，由②知，存在两者都不喜欢的可能，故此项有可能为真。

E项，由①、②知，张珊喜欢喝的饮料，他的朋友不会都喜欢喝。故此项不可能为真。

4. D

 东哥：现现∀昊然，可知现现和昊然两人中，聘用且仅聘用一位。

 A项，现现和昊然两人中，聘用且仅聘用一位，故如果聘用现现，就不聘用昊然，为真。

B项，现现∀昊然，为真。

C项，现现和昊然两人中，聘用且仅聘用一位，故如果不聘用现现，则一定聘用昊然，为真。

D项，东哥对于两位代言人，只是给了一个客观评价，并没有给出倾向聘用哪一位，故D项不可能推出。

E项，现现和昊然两人中，聘用且仅聘用一位，故不能同时聘用两人，为真。

5. A

 题干有两种断定：

①推至更小的轨道∀逐出太阳系，可简写为：推∀逐。

②推至更小的轨道∨逐出太阳系，可简写为：推∨逐。

 题干中的两个已知条件和所有选项均涉及两个判断：是否推至更小的轨道、是否逐出太阳系。故此题可看作<u>双判断模型</u>，可使用对当关系法或真值表法。

方法一：对当关系法。

①推∀逐，有两种可能：推真逐假，推假逐真。这两种可能均可以使"推∨逐"为真。即，若①为真，则②也为真（即①和②为推理关系），与题干"两种断定只有一种为真"矛盾，故①为假，②为真。

由①为假可推出：¬（推∀逐）＝（推∧逐）∨（¬推∧¬逐）。

又由于②为真，故必有：推∧逐。

方法二：真值表法（如表2-1所示）。

表2-1

判断 情况	推	逐	①推∀逐	②推∨逐
情况1	√	√	×	√
情况2	√	×	√	√
情况3	×	√	√	√
情况4	×	×	×	×

可见，只有在情况1发生时，判断①、②满足一真一假。故必有：推∧逐。

6. D

 甲：¬效率→公平，等价于：效率∨公平。

乙：效率∧公平。

丙：效率∀公平。

丁：￢公平→￢效率，等价于：公平∨￢效率。

 题干中的四个已知条件均涉及两个判断：是否效率、是否公平。故此题可看作**双判断模型**，可使用对当关系法或真值表法。

 方法一：真值表法（如表 2-2 所示）。

表 2-2

判断 情况	效率	公平	甲 效率∨公平	乙 效率∧公平	丙 效率∀公平	丁 ￢效率∨公平
情况 1	√	√	√	√	×	√
情况 2	√	×	√	×	√	×
情况 3	×	√	√	×	√	√
情况 4	×	×	×	×	×	√

根据上述真值表可知，"上述 4 人的预测均正确"是不可能的。故 D 项正确。

方法二：对当关系法。

乙：既要效率，又要公平。

丙：要么效率，要么公平。

乙和丙的话为反对关系，不可能同时为真，故"上述 4 人的预测均正确"是不可能的。故 D 项正确。

题型 7 箭摩根模型

1. B

 题干：①假日→A堵∧B堵，等价于：￢（A堵∧B堵）→￢假日，即，②￢A堵∨￢B堵→￢假日。

 Ⅰ项，等价于：A堵∧B堵→假日，由①可知，"A堵∧B堵"后无箭头指向，故此项可真可假。

Ⅱ项，"A堵∧￢B堵"为真，因此，￢B堵一定为真，由②可知，￢B堵→￢假日，因此，此项正确。

Ⅲ项，等价于：￢假日→￢A堵∧￢B堵，由②可知，"￢假日"后无箭头指向，故此项可真可假。

2. D

 题干：①￢称职∨愚蠢→看不见，逆否得：②看见→￢（￢称职∨愚蠢），等价于：③看见→称职∧￢愚蠢。

 A项，￢称职→看不见，由①可以推出。

B项，有的称职→看见，互换得：有的看见→称职，由③可以推出。

C项，看见→称职∨￢愚蠢，由③可以推出。

D项，看不见→¬ 称职∨愚蠢，由①知，"看不见"后无箭头指向，故此项不能推出。

E项，愚蠢→看不见，由①可以推出。

3. D

 题干：①¬ 每个工作日都出勤(有的工作日缺勤)→¬ 绩效工资∨¬ 奖励工资。

逆否得：②绩效工资∧奖励工资→每个工作日都出勤(所有工作日不缺勤)。

 A项，所有工作日不缺勤→绩效工资∧奖励工资，根据箭头指向原则、②可知，"所有工作日不缺勤"后无箭头指向，故此项不符合题干。

B项，所有工作日不缺勤→可能(绩效工资∧奖励工资)，根据箭头指向原则、②可知，"所有工作日不缺勤"后无箭头指向，故此项不符合题干。

C项，有某个工作日缺勤→可能(绩效工资∨奖励工资)，根据①可知，此项可真可假。

D项，¬ 每个工作日都出勤→¬ 绩效工资∨¬ 奖励工资，与题干等价。

E项，所有工作日不缺勤→¬ 绩效工资∧¬ 奖励工资，根据箭头指向原则、②可知，"所有工作日不缺勤"后无箭头指向，故此项不符合题干。

4. B

 ①威达建材广场的商店→垃圾桶。

②威达建材广场的商店→绿色垃圾桶∨红色垃圾桶。

 Ⅰ项，由②可知，垃圾桶颜色有三种可能：有绿无红，有红无绿，红绿都有。可见，未必有绿色的。此项不一定为真。

Ⅱ项，①等价于：¬ 垃圾桶→¬ 威达建材广场的商店，故此项一定为真。

Ⅲ项，由②可知，"红色垃圾桶"后面无箭头，故此项可能为真也可能为假。

5. E

 题干：张珊→李思∧王伍∧赵陆，等价于：¬ 李思∨¬ 王伍∨¬ 赵陆→¬ 张珊。

 A、B项，"¬ 张珊"后无箭头指向，故可真可假。

C项，"李思∧王伍∧赵陆"后无箭头指向，故可真可假。

D项，由题干无法判断"¬ 赵陆"与"李思和王伍"是否参加该学术会议的关系，故可真可假。

E项，因为"¬ 王伍→¬ 张珊"，故若王伍没参加该学术会议，则张珊也没参加该学术会议，故"张珊和赵陆不会都参加该学术会议=¬ 张珊∨¬ 赵陆"为真。

6. D

 题干：¬ 甲∧¬ 乙→丙，等价于：¬ 丙→甲∨乙。

 方法一：

由丙没有考上研究生，可知甲或者乙考上了研究生。

又由：甲∨乙=¬ 乙→甲。

故再加上条件：乙没有考上研究生，可得甲考上了研究生。

方法二：

由公式"A→B=¬ A∨B"，可得：¬ 甲∧¬ 乙→丙=¬ (¬ 甲∧¬ 乙)∨丙，等价于：甲∨乙∨丙，又等价于：¬ 乙∧¬ 丙→甲。

故 D项正确。

第❸节 简单判断秒杀技巧

题型❽ 简单判断的对当关系

1.

 题干的主语(判断对象)为"爱老吕的学生",所以,先判断主语为"爱老吕的学生"的命题。

题干:已知"所有爱老吕的学生都长得萌萌的"为真。

画一个六边形(见图2-1),代表性质命题对当关系图。命题为真,画"√";命题为假,画"×";命题真假不定,画"?"(我们用黑色表示已知条件,用蓝色表示推理出来的情况)。

故:(1)为假,(2)为真,(3)为假,(4)为真。

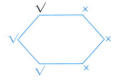

图 2-1

(5)酱肚是不是学生不知道,所以此命题可真可假。

(6)等价于:有的爱老吕的学生长得萌萌的,为真。

(7)等价于:有的爱老吕的学生长得萌萌的,为真。

(8)等价于:有的"不爱老吕的学生"长得萌萌的,可真可假。

(9)等价于:"不爱老吕的学生"不是长得萌萌的,可真可假。

(10)等价于:爱老吕的学生不是长得萌萌的,与题干为反对关系,为假。

(11)显然为假。

2.

题干的主语(判断对象)为"颜值高的人",所以,先判断主语为"颜值高的人"的命题。

题干:已知"所有颜值高的人都不是正义者"为真。

画一个六边形(见图2-2),代表性质命题的对当关系图。命题为真,画"√";命题为假,画"×";命题真假不定,画"?"(我们用黑色表示已知条件,用蓝色表示推理出来的情况)。

图 2-2

故:(1)为真,(2)为假,(6)为真,(7)为假。

(9)等价于:有的颜值高的人是正义者,即左下角,为假。

(10)等价于:颜值高的人都是正义者,即左上角,为假。

由题干可知:所有颜值高的人都不是正义者,逆否可得:正义者→颜值不高,即所有正义者颜值不高。此时判断对象为"正义者",可得右侧六边形(我们用黑色表示已知条件,用蓝色表示推理出来的情况),如图2-3所示:

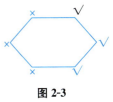

图 2-3

故:(3)为真,(4)为假,(5)为假,(8)为假。

综上所述:(1)真,(2)假,(3)真,(4)假,(5)假,(6)真,(7)假,(8)假,(9)假,(10)假。

3.

题干的主语(判断对象)为"熟读老吕逻辑者",所以,先判断主语为"熟读老吕逻辑者"的命题。

题干:已知"有的熟读老吕逻辑者是天才"为真。

画一个六边形（见图 2-4），代表性质命题的对当关系图。命题为真，画"√"；命题为假，画"×"；命题真假不定，画"?"（我们用黑色表示已知条件，用蓝色表示推理出来的情况）。

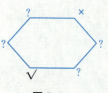

图 2-4

故：(4)可真可假，(5)可真可假，(6)为假，(10)可真可假。

题干等价于：有的天才是熟读老吕逻辑者。此时判断对象为"天才"，得右侧六边形（我们用黑色表示已知条件，用蓝色表示推理出来的情况），如图 2-5 所示：

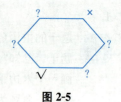

图 2-5

故：(1)为真，(2)可真可假，(7)可真可假，(8)为假，(9)可真可假。

(3)等价于：有的天才不是熟读老吕逻辑者，可真可假。

综上所述：(1)真，(2)可真可假，(3)可真可假，(4)可真可假，(5)可真可假，(6)假，(7)可真可假，(8)假，(9)可真可假，(10)可真可假。

4.

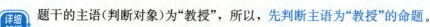

题干的主语（判断对象）为"教授"，所以，先判断主语为"教授"的命题。

题干：已知"所有教授都是知名学者"为假，等价于：有的教授不是知名学者。

画一个六边形（见图 2-6），代表性质命题的对当关系图。命题为真，画"√"；命题为假，画"×"；命题真假不定，画"?"（我们用黑色表示已知条件，用蓝色表示推理出来的情况）。

故：(1)可真可假，(2)为真，(7)为假，(8)可真可假，(9)可真可假。

(3)等价于：有的教授不是知名学者，为真。

图 2-6

题干又等价于：有的"不知名学者"是教授，"知名学者"是不是教授无法判断，故(4)、(5)、(6)、(10)均可真可假。

综上所述：(1)可真可假，(2)真，(3)真，(4)可真可假，(5)可真可假，(6)可真可假，(7)假，(8)可真可假，(9)可真可假，(10)可真可假。

5. B

题干：有的新生未到网络中心办理注册手续为真。

Ⅰ项，"有的不"为真时，"所有不"的真假情况无法确定。

Ⅱ项，"有的不"和"所有都"两者为矛盾关系，题干为真，则此项一定为假。

Ⅲ项，"有的"和"有的不"两者为下反对关系，一真另不定，无法确定此项的真假情况。

Ⅳ项，"有的不"为真时，无法推出"某个"的真假情况。

综上，无法确定真假情况的是Ⅰ项、Ⅲ项和Ⅳ项。

6. C

题干：某小区所有的未经驯化的大型犬都被扑杀了。

Ⅰ项，题干不涉及"经过驯化的大型犬"的情况，可真可假。

Ⅱ项，题干不涉及"小型犬"的情况，可真可假。

Ⅲ项，由题干可知，有的未经驯化的大型犬被扑杀了，根据"有的互换原则"，可知此项为真。

7. B

 题干：①所有的超市都被检查过了∧②没有发现假冒伪劣产品。

 Ⅰ项，没有超市被检查过，等价于：所有的超市都没被检查过，与①是反对关系，此项必为假。

Ⅱ项，根据"推理关系"中的"所有→有的"可知，此项为真。

Ⅲ项，与①是矛盾关系，此项必为假。

Ⅳ项，根据"推理关系"中的"所有→某个"可知，此项为真。注意：售卖假冒伪劣产品的超市已被检查过，与"没有发现假冒伪劣产品"并不矛盾，因为"检查了"不代表"能发现"。

综上，可确定为假的是Ⅰ项和Ⅲ项。

8. C

 ①该部门所有员工都得到年终奖金→该部门所有员工都考评合格。

②财务部有的员工考评合格。

③综合部所有员工都得到了年终奖金。

④行政部的赵强考评合格。

 Ⅰ项，可能为真。根据题干信息②，财务部有的员工考评合格，可能是财务部所有员工考评合格。

Ⅱ项，可能为真。根据题干信息①和④，赵强是否得到年终奖金是不确定的，故可能为真。

Ⅲ项，不可能为真。根据题干信息①和③，可知综合部所有员工都考评合格了，故必为假。

Ⅳ项，可能为真。根据题干信息①和②，财务部员工是否得到年终奖金是不确定的，故可能为真。

9. C

 ①社区组织的活动有两种类型：养生型和休闲型。

②社区有的老人参加了所有养生型活动。

③社区有的老人参加了所有休闲型活动。

 题干信息②等价于：所有的养生型活动都有人参加。

题干信息③等价于：所有的休闲型活动都有人参加。

可见，所有养生型的活动和所有休闲型的活动都有老人参加，即所有的社区活动都有老人参加，故C项正确。

第④节 负判断秒杀技巧

题型9 简单判断的负判断

1.

 (1)并非所有的鸟都会飞＝有的鸟不会飞。

(2)并非有的鸟会飞＝所有的鸟都不会飞。

(3)并非所有的鸟都不会飞＝有的鸟会飞。

(4)并非有的鸟不会飞＝所有的鸟都会飞。

(5)有的鸟不可能会飞＝有的鸟必然不会飞。

(6)有的鸟不必然会飞＝有的鸟可能不会飞。

(7)不可能所有的鸟都会飞＝必然有的鸟不会飞。

(8)鸟不可能都会飞＝不可能所有的鸟都会飞＝必然有的鸟不会飞。

(9)鸟都会飞是不可能的＝不可能所有的鸟都会飞＝必然有的鸟不会飞。

(10)鸟可能不都会飞＝可能不是所有的鸟都会飞＝可能有的鸟不会飞。

(11)鸟都不可能会飞＝所有的鸟都不可能会飞＝所有的鸟必然都不会飞。

(12)并非不可能鸟都会飞＝可能鸟都会飞。

(13)并非不必然有的鸟会飞＝必然有的鸟会飞。

(14)并非有的鸟不可能会飞＝所有的鸟可能都会飞。

(15)并非所有的鸟不必然会飞＝有的鸟必然会飞。

2. D

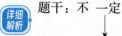

题干：不 一定 有 居住着智能生物的星球。

等价于： 可能 没有 居住着智能生物的星球。

故：宇宙中，除了地球，可能没有居住着智能生物的星球，D 项正确。

3. A

题干： 不 可能 存在一个学生 解出 所有的题目。

等价于：不 可能 存在一个学生 所有的题目 解出。

等价于： 必然 任何学生 有的题目 解不出。

故：任何学生必然有题目解不出，A 项正确。

4. C

题干：有粉丝喜欢所有火箭少女，等价于：所有火箭少女都有粉丝喜欢（即被喜欢）。

题干的矛盾命题为：并非 所有 火箭少女都 有 粉丝喜欢。

等价于： 有的 火箭少女 没有 粉丝喜欢。

等价于： 有的 火箭少女 所有 粉丝不喜欢。

即若题干为真，则 C 项不可能为真。

5. E

题干：不 必然 节目 受到 所有人 的喜欢。

等价于： 可能 节目 没有受到 有的人 的喜欢。

故春晚的节目可能没有受到有的人的喜欢，即 E 项正确。

6. D

题干：不必然 任何经济发展都 导致生态恶化，

等价于： 可能 有的 经济发展 不导致 生态恶化，

题干：但不可能　有不阻碍经济发展的生态恶化。

等价于：必然 没有 不阻碍经济发展的生态恶化。

等价于：必然所有生态恶化都阻碍经济发展。

故：有的经济发展可能不导致生态恶化，但任何生态恶化都必然阻碍经济发展。所以 D 项正确。

7. C

题干：不　一定　会出　那种难题。

等价于：可能　不会出　那种难题了。

故：酱心的话是指这次考试可能不出那种难题了，即 C 项正确。

8. D

题干：　①天下最勤奋的皇帝也　不　可能　处理完　（天下所有的事务）。

等价于：　②天下最勤奋的皇帝也　　必然　处理不完　（天下所有的事务）。

也等价于：③天下最勤奋的皇帝也　　必然　有的(有)事物　处理不完。

由②可知，D 项正确。

注意，在句①中，"天下所有的事务"是一个宾语，可认为是"处理完"这个动作的对象，可看作一个整体，故由句①到句②时，此宾语可不做变化。

在句③中，"有的事物处理不完"，即"有的事物不能被处理完"，此时，"有的事物"在这个分句中做了主语，因此把句②中的"所有"变成了句③中的"有的"。

9. D

题干：①并非(对所有奖牌获得者进行了尿样化验∧没有发现兴奋剂使用者)。

等价于：②没有对所有的奖牌获得者进行尿样化验∨发现了兴奋剂使用者。

等价于：③有的奖牌获得者没有进行尿样化验∨发现了兴奋剂使用者，故Ⅰ项必为真。

Ⅱ项的含义为：有的奖牌获得者没有进行尿样化验∧发现了兴奋剂使用者，"或者"不能推"并且"，所以，Ⅱ项可真可假。

③又等价于：④对所有的奖牌获得者进行尿样化验→发现了兴奋剂使用者，故Ⅲ项必为真。

综上，Ⅰ、Ⅲ两项必然为真，故 D 项正确。

题型 10　假言判断的负判断

1. D

题干：企业能获得利润→管理者的素质就是好的。

其矛盾命题为：企业能获得利润∧管理者的素质不好。

A、B、C、E 项都能说明上述矛盾命题。

D 项，"越办越糟"的工厂有可能仍然有利润，也有可能没有利润，故此项不能质疑题干。

2. A

题干信息 世界级的马拉松选手：￢（元旦∨星期天∨得病）→跑步不少于两小时。

等价于：￢元旦∧￢星期天∧￢得病→跑步不少于两小时

其矛盾问题为：￢元旦∧￢星期天￢得病∧跑步少于两小时

选项详解 A项，元旦和星期天相连最多两天，所以这三天中至少有一天既不是元旦，也不是星期天。他又没有身体不适，所以如果他是世界级的马拉松选手，他应该跑步不少于两小时。但他只跑了一个半小时，说明他不可能是世界级的马拉松选手。

B项，题干没有涉及吊环训练，可真可假。

C项，由于他有身体不适，所以没有跑两小时也可能是世界级的马拉松选手。

D项，有可能这一天是元旦，或者他身体不适，所以仍有可能是世界级的马拉松选手。

E项，题干没有涉及跳高，可真可假。

3. C

题干信息 考古研究会：三年级以上的学生∧对考古有兴趣∧至少选修过一门考古学相关课程→可以参加考古挖掘实习。

选项详解 Ⅰ项，小张是二年级学生，不符合题干的前提，不能说明考古研究会的规定没有得到贯彻。

Ⅱ项，小李未选修过考古学相关课程，不符合题干的前提，不能说明考古研究会的规定没有得到贯彻。

Ⅲ项，四年级学生∧对考古有兴趣∧选修过两门考古学相关课程∧￢被批准参加考古挖掘实习，与题干矛盾，说明考古研究会的规定没有得到贯彻。

故 C 项正确。

4. E

题干信息 ①甲不外出∨乙不外出∨丙不外出。

②丙外出∧甲外出→乙不外出。

③甲外出→乙外出。

选项详解 E项，甲外出∧乙不外出，是题干信息③的负命题，不可能为真。

其余各项都可能为真。

5. D

题干信息 题干：￢（某人是美院的学生↔会画油画）。

详细解析 题干等价于：（￢某人是美院的学生∧会画油画）∨（某人是美院的学生∧￢会画油画）。

故 D 项正确。

第3章 推理

第❶节 串联推理秒杀技巧

题型 11 串联推理的基本模型

1. B

第1步：画箭头。

①有一流科研实力→厚实的理论基础。

②发表学术文章→有一流科研实力。

③推免资格→发表学术文章。

第2步：串联。

由③、②和①串联得：推免资格→发表学术文章→有一流科研实力→厚实的理论基础。

第3步：逆否。

逆否得：￢厚实的理论基础→￢有一流科研实力→￢发表学术文章→￢推免资格。

第4步：分析选项，找答案。

A项，￢厚实的理论基础→￢发表学术文章，符合题干。

B项，厚实的理论基础→发表学术文章，根据箭头指向原则、①可知，此项不符合题干。

C项，有一流科研实力→厚实的理论基础，符合题干。

D项，￢（有一流的科研实力∧￢厚实的理论基础）＝￢有一流的科研实力∨厚实的理论基础＝有一流的科研实力→厚实的理论基础，符合题干。

E项，￢有一流的科研实力∨厚实的理论基础＝有一流的科研实力→厚实的理论基础，符合题干。

2. A

第1步：画箭头。

①相互理解→相互尊重。

②相互信任→相互理解。

③没有一个人尊重不自重的人，即所有人不尊重不自重的人，即如果不自重，则不被尊重（￢自重→￢被尊重）。

④没有一个人信任他所不尊重的人，即所有人不信任他所不尊重的人，即如果不被尊重，则不被信任（￢被尊重→￢被信任）。

第2步：串联。

由③、④串联得：￢自重→￢被尊重→￢被信任，故 A 项为真（此时已经可以直接找到答案，故无须再进行逆否）。

由②、①串联得：相互信任→相互理解→相互尊重。

B项，相互尊重→相互信任，由上述分析可知，"相互尊重"后无箭头指向，故此项可真可假。

题干中没有提到不自信会怎么样，故 C、D、E 项均可能为真，也可能为假。

3. B

第1步：画箭头。

①广江市←不理睬。

②广江市→付税。

③付税→牢骚。

第2步：串联。

由①、②、③串联得：④不理睬→广江市→付税→牢骚。

第3步：逆否。

逆否得：¬ 牢骚→¬ 付税→¬ 广江市→理睬。

第4步：分析选项，找答案。

Ⅰ项，不理睬→付税，符合题干，为真。

Ⅱ项，¬ 牢骚→理睬，符合题干，为真。

Ⅲ项，牢骚→不理睬，根据箭头指向原则、④可知，"牢骚"后无箭头指向，此项可真可假。

4. C

第1步：画箭头。

①面粉价格上涨→面包成本大幅度增加。

②根据题干"在这种情况下，佳食面包店将会考虑以扩大饮料的经营来弥补面包销售利润的下降"，这说明，在这种情况下，面包销售利润会下降。

即：面包成本大幅度增加→面包销售利润下降。

③避免整体收益明显减少→面包销售利润不下降。

等价于：面包销售利润下降→整体收益明显减少。

第2步：串联。

串联①、②、③可得：④面粉价格上涨→面包成本大幅度增加→面包销售利润下降→整体收益明显减少。

第3步：逆否。

逆否得：⑤¬ 整体收益明显减少→¬ 面包销售利润下降→¬ 面包成本大幅度增加→¬ 面粉价格上涨。

第4步：分析选项，找答案。

A项，整体收益减少→面粉的成本增加，根据箭头指向原则、④可知，"整体收益减少"后无箭头指向，此项可真可假。

B项，整体收益减少→扩大饮料的经营∀减少面包的销售，根据箭头指向原则、④可知，"整体收益减少"后无箭头指向，此项可真可假。

C项，面粉价格继续上涨→整体收益将明显减少，由④知，此项为真。

D项，由⑤知，整体收益不减少，那么面粉成本不会大幅增加。但不确定会不会"降低"。故此项可真可假。

E项，题干不涉及"面包销售量"，故此项可真可假。

5. D

第1步：画箭头。

①新招聘的研究人员→"引进人才"∨北京户籍应届博士。

②应届博士→博士后公寓。

③"引进人才"→"牡丹园"小区。

第2步：串联。

由①可得：④┐北京户籍应届博士→"引进人才"。

由④、③串联可得：⑤┐北京户籍应届博士→"引进人才"→"牡丹园"小区。

第3步：逆否。

逆否可得：┐"牡丹园"小区→┐"引进人才"→北京户籍应届博士。

第4步：分析选项，找答案。

A项，博士后公寓→┐副高以上职称，根据箭头指向原则、②可知，"博士后公寓"后无箭头指向，此项可真可假。

B项，博士学位→北京户籍，题干未涉及"博士学位"与"北京户籍"之间的推理。

C项，"牡丹园"小区→┐博士学位，根据箭头指向原则、⑤可知，"牡丹园"小区后无箭头指向，此项可真可假。

D项，非应届毕业的博士研究生，一定不是北京户籍应届博士，由⑤知，一定住在"牡丹园"小区，必然为真。

E项，有些具有副高以上职称的"引进人才"→博士学位，由③无法推出此项，故此项可真可假。

6. D

第1步：画箭头。

①巴克纳文集→保存在藏书室里。

②藏书室里的书→无价的书。

③藏书室里的书→不是海明威写的。

④藏书室里的书→列入目录卡。

第2步：串联。

串联①和③可得：⑤巴克纳文集→保存在藏书室里→不是海明威写的。

串联①和②可得：⑥巴克纳文集→保存在藏书室里→无价的书。

第3步：逆否。

注意，逆否这一步并非必须的，如果能从串联直接找到答案，则无须逆否；另外，当我们熟练度足够以后，即使不做逆否，直接根据"否后必否前"也可以进行答案分析。

第4步：分析选项，找答案。

A项，无价的书→保存在藏书室里，根据箭头指向原则、⑥可知，"无价的书"后无箭头指向，此项可真可假。

B项，由⑥知，巴克纳文集是无价的。无价的意思是价值很高，而不是没有价值，故此项不符合题干。

C项，海明威的书→无价的，由②、③可知，无法判断此项真假。

D项，有的巴克纳文集→┐包括海明威写的书，由⑤可知，此项必然为真。

E项，列入目录卡→藏书室里，根据箭头指向原则、④可知，"列入目录卡"后无箭头指向，此项可真可假。

7. A

第1步：画箭头。

①救助过李佳→被王玥救助过。

②赵欣→救助过小组的所有成员。

③被王玥救助过→被陈蕃救助过。

第2步：串联。

由①、③串联得：救助过李佳→被王玥救助过→被陈蕃救助过。

由②知，赵欣救助过李佳，故有：赵欣→救助过李佳→被王玥救助过→被陈蕃救助过。

故赵欣被陈蕃救助过，即陈蕃救助过赵欣，故 A 项正确。

8. B

第1步：画箭头。

①微波炉清洁剂→氯气，逆否可得：┐ 氯气→┐ 微波炉清洁剂。

②浴盆清洁剂→氯气，逆否可得：┐ 氯气→┐ 浴盆清洁剂。

③排烟机清洁剂→无气体。

④未知类型清洁剂→┐ 氯气。

第2步：串联。

串联④、①可得：⑤未知类型清洁剂→┐ 氯气→┐ 微波炉清洁剂，故该清洁剂不是微波炉清洁剂。

串联④、②可得：⑥未知类型清洁剂→┐ 氯气→┐ 浴盆清洁剂，故该清洁剂不是浴盆清洁剂。

由⑤和⑥可得：⑦未知类型清洁剂→┐ 浴盆清洁剂 ∧ ┐ 微波炉清洁剂。

第3步：分析选项，找答案。

Ⅰ项，未知类型清洁剂→排烟机清洁剂，由⑦可知，无法判断此清洁剂是否为排烟机清洁剂，故此项可真可假。

Ⅱ项，未知类型清洁剂→┐ 浴盆清洁剂 ∧ ┐ 微波炉清洁剂，等价于⑦，此项必然为真。

Ⅲ项，未知类型清洁剂→排烟机清洁剂 ∨（微波炉清洁剂 ∨ 浴盆清洁剂），由⑦可知，无法判断此清洁剂是否为排烟机清洁剂，故此项可真可假。

9. D

第1步：画箭头。

①没有信仰→没有道德。

②没有道德→没有法律约束。

③法律、道德、信仰是社会和谐运行的基本保障。

④信仰是社会和谐运行的基石。

第2步：串联。

由①、②串联得：⑤没有信仰→没有道德→没有法律约束。

第3步：逆否。

逆否得：⑥法律约束→道德→信仰。

第4步：分析选项，找答案。

A项，题干说"道德是社会和谐运行的基本保障"，是不是"基石"，题干没有表述，此项可真可假。

B项，信仰→法律约束，根据箭头指向原则、⑥可知，"信仰"后无箭头指向，此项可真可假。

C项，产生道德和信仰的基础→社会和谐运行，题干并未涉及"产生道德和信仰的基础"，此项可真可假。

D项，法律约束→信仰，等价于⑥，此项必然为真。

E项，没有道德→没有信仰，由②可知，此项可真可假。

10. C

第1步：画箭头。

①尊重他人→美德。

②赢得他人尊重→尊重他人。

第2步：串联。

由②和①串联得：③赢得他人尊重→尊重他人→美德。

第3步：逆否。

逆否可得：④¬ 美德→¬ 尊重他人→¬ 赢得他人尊重。

第4步：分析选项，找答案。

A项，赢得幸福→美德，题干未涉及"赢得幸福"，故此项可真可假。

B项，赢得他人尊重→加强内在修养，由③可知，此项可真可假。

C项，¬ 美德→¬ 赢得他人尊重，等价于④，此项必然为真。

D项，题干并未涉及尊重是单方面的还是双方的。

E项，¬ 尊重他人→¬ 幸福，由④可知，此项可真可假。

题型 12 事实假言模型

1. C

方法一：串联法。

第1步：画箭头，如有需要，可写出逆否命题。

①$E \rightarrow ¬ F \wedge K$。

②$G \vee H \rightarrow ¬ J$。

③$¬ G \rightarrow ¬ K$，等价于：$K \rightarrow G$。

④E。

第2步：串联。

串联④、①、③、②可得：$E \rightarrow ¬ F \wedge K \rightarrow G \rightarrow ¬ J$。

第3步：确定事实，找答案。

因此，采用E、K、G，不采用F、J。故C项正确。

方法二：事实出发法。

思路：题干由事实和假言构成，故此题为事实假言模型，用"事实出发做串联"即可秒杀。

注意，当熟练掌握"事实出发法"后，无须再将题干刻画成箭头，从事实出发可以直接串出答案。

从事实出发，由条件④可知，采用论文E，即：E。

由"E"知，条件①的前件为真，则其后件也为真，可得：$¬ F \wedge K$。

由"K"知，条件③后件为假，则其前件为假，可得：G。

由"G"知，选言命题一真则真，故条件②的前件"G∨H"为真，则其后件为真，可得：¬J。

因此，采用 E、K、G，不采用 F、J。

故 C 项正确。

2. B

 方法一：串联法。

第 1 步：画箭头，如有需要，可写出逆否命题。

①吴纪∨赵嘉→李思，等价于：¬李思→¬吴纪∧¬赵嘉。

②李思∨孙斌→周武，等价于：¬周武→¬李思∧¬孙斌。

③¬周武。

第 2 步：串联。

由条件③、②、①的逆否命题串联可得：¬周武→¬李思∧¬孙斌→¬吴纪∧¬赵嘉。

第 3 步：确定事实，找答案。

6 人中已有 5 人被排除，故参与该项攻坚任务的专家是钱宜。故 B 项正确。

方法二：事实出发法。

题干"周武并未参与该科研攻坚任务"是事实，条件①和②显然是假言。故此题为事实假言模型，用"事实出发做串联"即可秒杀。注意，当熟练掌握"事实出发法"后，无须再将题干刻画成箭头，从事实出发可以直接串出答案。

从事实出发，由条件③可知：周武未参与。

可知条件②的后件为假，故其前件也为假，可得：李思、孙斌均未参与。

又由"李思未参与"可知，条件①的后件为假，可知其前件也为假，可得：吴纪、赵嘉均未参与。

综上，6 人中已有 5 人被排除，故参与该项攻坚任务的专家是钱宜。故 B 项正确。

3. B

 题干中"大田是海待"是事实，"如果……那么……"是假言，故此题为事实假言模型，可使用口诀"事实出发做串联"秒杀。

 由事实可知，题干中假言判断的后件为假，根据"否后必否前"，可知题干中假言的前件为假。

即：¬（真才实学∧基本社交能力∧准确自我定位），等价于：¬真才实学∨¬基本社交能力∨¬准确自我定位。

故 B 项正确。

4. B

 方法一：串联法。

第 1 步：画箭头，如有需要，可写出逆否命题。

①雪诺∧夜王→¬三傻，等价于：三傻→¬雪诺∨¬夜王，等价于：¬三傻∨¬雪诺∨¬夜王，等价于：三傻∧雪诺→¬夜王。

②龙母→夜王，等价于：¬夜王→¬龙母。

③雪诺∧三傻。

第 2 步：串联。

由③、①和②串联可得：三傻∧雪诺→¬夜王→¬龙母。

第3步：确定事实，找答案。

由于三傻∧雪诺是事实，故夜王和龙母不能活下来。

方法二：事实出发法。

题干中王伍的话是事实，张珊、李思的话是假言，故此题为事实假言模型。

由事实出发：由王伍的话可知，雪诺和三傻能活下来。

只有张珊的前件涉及"雪诺"，但其前件是个联言判断，仅由"雪诺能活下来"推不出任何信息。

张珊的后件涉及"三傻"，由"三傻能活下来"可知其后件为假，故其前件也为假，即：┐（雪诺∧夜王），等价于：┐雪诺∨┐夜王，等价于：雪诺→┐夜王。

又知：雪诺能活下来，故夜王不能活下来。

李思的判断为：龙母→夜王。故李思的后件为假，其前件为假，即：龙母不能活下来。

综上：雪诺和三傻能活下来，夜王和龙母不能活下来。

A项，龙母∧夜王，一定为假。

B项，并非或者夜王能活下来或者龙母能活下来，等价于：┐夜王∧┐龙母，为真。

C项，┐龙母∧夜王，一定为假。

D项，龙母∧┐夜王，一定为假。

E项，由题干信息可以确定谁能活下来，故此项一定为假。

5. C

方法一：串联法。

第1步：画箭头，如有需要，写出逆否命题。

①甲→乙，等价于：┐乙→┐甲。

②┐甲←丙。

③┐丙∀（┐乙∨┐戊）。

④丙→丁。

⑤┐乙。

第2步：串联。

由条件⑤和①串联，可知：┐甲。

由条件③可以推出：┐乙∨┐戊→丙，从而有：⑥┐乙→丙。

由条件⑤、⑥和④串联得：┐乙→丙→丁。

第3步：确定事实，找答案。

由于"┐乙"为真，故有：丙、丁。综上，甲不上场，丙、丁上场，故C项正确。

方法二：事实出发法。

题干中"乙不上场"是事实，且条件①、②和④均为假言，故此题为事实假言模型，用"事实出发做串联"即可秒杀。注意"∀"可以推出"→"。

从事实出发，由条件⑤可知，乙不上场，即：┐乙。

观察题干信息发现条件①和③都涉及乙。

先看条件①，由"┐乙"可知条件①的后件为假，故其前件为假，可得：┐甲。

再看条件③：┐丙∀（┐乙∨┐戊）。

由"┐乙"为真，可知，"┐乙∨┐戊"为真。由于不相容选言命题的两个选言肢命题必为一真一假，故条件③中的"¬丙"为假，即：丙。

条件④：丙→丁。故由丙可知，丁上场。

综上，甲不上场，丙、丁上场，故 C 项正确。

6. E

题干中条件(2)、(3)是假言，条件(1)是"选言判断"，选言判断可等价于假言。条件(4)是不相容的选言判断，即它只有两种可能：用铁青不用墨绿、用墨绿不用铁青。此类条件老吕称

为"半事实"，在题干没有事实的情况下，优先考虑半事实。

由"半事实"出发，分两种情况讨论：

情况一：用铁青不用墨绿。

此时，根据条件(3)：用铁青→用天蓝，可知，用天蓝。

故条件(2)的后件为假，它的前件也为假，即：不使用橙黄。

再由条件(1)可知，不使用橙黄→用墨绿。此时，与"不用墨绿"矛盾。故此种情况不成立。

故只能是情况二：使用墨绿，不使用铁青。

故 E 项正确。

7. C

这道题里面出现五个人和五个座位的对应关系，因此，有很多老师及考生认为这种题是"综合推理题"，这种想法是错的。这会让此类题的解法复杂化。

切记：当题干中出现"事实"和"假言"时，事实和假言的优先级是优于对应关系的。

题干中"丁坐在 B 座"是事实，条件(1)和(2)是假言，故此题为事实假言模型。

方法一：串联法。

第 1 步：画箭头，如有需要，写出逆否命题。

①甲坐 C 座∨乙坐 C 座→丙坐 B 座，等价于：丙不坐 B 座→甲不坐 C 座∧乙不坐 C 座。

②戊坐 C 座→丁坐 F 座，等价于：丁不坐 F 座→戊不坐 C 座。

③丁坐 B 座。

第 2 步：串联。

由条件③、①串联可得：丁坐 B 座→丙不坐 B 座→甲不坐 C 座∧乙不坐 C 座。

由条件③、②串联可得：丁坐 B 座→丁不坐 F 座→戊不坐 C 座。

第 3 步：确定事实，找答案。

"丁坐在 B 座"是事实，故可得：甲、乙、戊均不坐 C 座，故丙坐 C 座。

方法二：事实出发法。

从事实出发，由条件③可知：丁坐在 B 座。

观察题干信息发现条件①涉及"B 座"，条件②涉及"丁"。

先看条件①，既然丁坐在 B 座，则丙不可能坐在 B 座，即条件①的后件为假，故其前件必为假，故有：甲和乙都不坐 C 座。

再看条件②，既然丁坐在 B 座，则丁不可能坐在 F 座，即条件②的后件为假，故其前件必为假，故有：戊不坐 C 座。

综上，丁、甲、乙、戊都不坐在 C 座，故丙坐在 C 座，即 C 项正确。

串联法与事实出发法的对比		
方法	优势	劣势
串联法	1. 解析直观易懂，思路清晰。 2. 对学员基础要求较低。	1. 题干的文字比较多时，画箭头、逆否、串联等步骤均需要用大量的文字表达。 2. 做题速度慢。
事实出发法	1. 从事实出发可以直接串出答案。 2. 可以省去画箭头和做串联的步骤，因而解题速度更快。	1. 对基础要求很高。 2. 解析过程中包含分析，不如串联法直观。
建议： 1. 基础阶段用串联法，强化、冲刺阶段用事实出发法。 2. 基础不好的同学用串联法，基础扎实的同学用事实出发法。 3. 由于"事实出发法"解题速度更有优势，因此，本书后文一般使用"事实出发法"进行解析。		

8. A

题干中条件(3)是事实，条件(1)和(2)是假言，故此题为事实假言模型，用"事实出发做串联"即可秒杀。

从事实出发，由条件(3)发现涉及三个人"任刚""李玲""王强"。谁是突破口呢？重复信息为突破口。

条件(1)也同时涉及"任刚"和"李玲"，故先看条件(1)。

由条件(1)可知，若任刚排第三，则李玲排第一，与"任刚的排序与李玲相邻"矛盾。故得：任刚不排在第三。

可知条件(2)的后件为假，故其前件也为假，可得：王强第一∨王强第二。

此时，可分成两种情况讨论：

若王强第一，由任刚与王强不相邻，可知，任刚不能排第二，又因为任刚不能排第三，故任刚排第四。

若王强第二，由任刚与王强不相邻，可知，任刚不能排第一和第三，故任刚排第四。

综上，A项正确。

9. C

此题的题干均为假言，没有事实。按传统思路来做题的话，首先要把题干画为箭头，再串联，最后5个选项逐项分析，方可解出答案。

但是观察选项，发现5个选项中，只有C项是假言，其他选项是事实。这类题老吕称为"选项事实假言模型"。

选项为事实假言的题目中，带假言的选项的前件相当于补充了一个新条件，用于推出其后件。也就是说，这样的选项相当于比其他选项多一个条件，更有可能是答案。

故此题直接先看C项。

把C项的前件看作已知"事实"，即，多数援助A国的国家继续派遣人员去A国，可简写为：多数援助国援助。

故"如果人质惨遭杀害，将使多数援助 A 国的国家望而却步"的后件为假，可知其前件为假，即：人质未被杀害。

故"如果 A 国政府不答应反政府武装组织的要求，该组织会杀害人质"的后件为假，可知其前件为假，即：答应。

故"如果 A 国政府答应反政府武装组织的要求，该组织将以此为成功案例，不断复制绑架事件"的前件为真，故后件也为真，即：绑架事件会被复制，绑架事件还将发生。

故 C 项的前件可以推出其后件。综上，C 项正确。

选项事实假言模型

当选项由事实和假言来构成时，带假言的选项一般是答案，即有如下口诀：

选项事实和假言，假言选项优先选；

选项前件当已知，判断后件的真实。

---

10. E

 观察选项，发现 5 个选项中，有的选项是事实，有的选项是假言。故此题为<u>选项事实假言模型</u>。优先代入含假言的选项（E 项）进行验证。

 把 E 项的前件看作已知"事实"，则赵若兮是 N 大学历史学院的老师。

直接找题干中的重复信息"赵若兮"和"N 大学历史学院"。

由"N 大学历史学院的老师都曾经到甲县的所有乡镇进行历史考察"，故由"赵若兮是 N 大学历史学院的老师"可知：赵若兮对"甲县所有乡镇"进行了历史考察。

又由题干知：赵若兮"未到郢镇"进行历史考察。

故项郢镇一定不是甲县的。

可见，由 E 项的前件可以推出 E 项的后件，故 E 项为真。

题型 13 有的串联模型

1. D

 方法一：四步解题法。

第 1 步：画箭头。

①所有男教师都是精力充沛的人，即：男教师→精力充沛。

②不爱运动的人精力也不充沛，即：¬ 爱运动→¬ 精力充沛＝精力充沛→爱运动。

③有的男教师很害羞，即：有的男教师→害羞＝有的害羞→男教师。

第 2 步：从"有的"开始做串联。

将③、①、②串联可得：④有的害羞→男教师→精力充沛→爱运动。

第 3 步：逆否。

逆否得：⑤¬ 爱运动的人→¬ 精力充沛→¬ 男教师。

第 4 步：分析选项，找答案。

Ⅰ项，有的害羞→爱运动，由④可知，此项为真。

Ⅱ项，由④可知，有的害羞的男教师爱运动，即：有的害羞的爱运动的人是男教师，与此项是下反对关系，一真另不定，故此项可真可假。

Ⅲ项，并非所有不爱运动的人都是男教师，即：有的不爱运动的人不是男教师，由⑤可知，此项为真。

故 D 项正确。

方法二：有的开头法。

观察题干，发现题干信息中有一个带"有的"的判断，即"有的男教师很害羞"。故直接从该判断进行串联。

有的男教师→害羞。但观察其余条件，发现其余条件均不涉及"害羞"。

故互换得：有的害羞→男教师。

找重复信息"男教师"，即，所有男教师都是精力充沛的人，可得：有的害羞→男教师→精力充沛。

找重复信息"精力充沛"，即，不爱运动的人精力也不充沛，逆否得：精力充沛的人爱运动。

综上可得：有的害羞→男教师→精力充沛→爱运动。

该方法的优势在于，我们无需对题干信息进行符号化，即可快速完成串联。后面的步骤与方法一相同。

2. C

方法一：四步解题法。

第 1 步：画箭头。

①所有甲都属于乙，即：甲→乙＝¬乙→¬甲。

②有些甲属于丙，即：有的甲→丙＝有的丙→甲。

③所有乙都属于丁，即：乙→丁＝¬丁→¬乙。

④没有戊属于丁，即：戊→¬丁＝丁→¬戊。

⑤有些戊属于丙，即：有的戊→丙＝有的丙→戊。

第 2 步：从"有的"开始做串联。

观察题干信息，②中带有的，故从②开始串联，将②、①、③和④串联可得：⑥有的丙→甲→乙→丁→¬戊。

⑤中带有的，故从⑤开始串联，将⑤、④、③和①串联可得：⑦有的丙→戊→¬丁→¬乙→¬甲。

第 3 步：逆否。

逆否这一步非必须，可以优先分析选项。

第 4 步：分析选项，找答案。

A项，有的丙→丁，符合⑥，可以推出。

B项，戊→¬乙，符合⑦，可以推出。

C项，有的甲→戊＝有的戊→甲，根据⑦"戊→¬甲"可知，此项与题干矛盾，故不能推出。

D项，甲→丁，符合⑥，可以推出。

E项，有的丙→¬甲，符合⑦，可以推出。

方法二：有的开头法。

从"有的"出发，发现有两个带"有的"的条件。

条件①："有些甲属于丙"，条件②："有些戊属于丙"。

先分析条件①，发现由"丙"推不出东西。故互换得：有的丙→甲。

找"甲"，发现"所有甲都属于乙"，故有：有的丙→甲→乙。

找"乙"，发现"所有乙都属于丁"，故有：有的丙→甲→乙→丁。

找"丁"，发现"没有戊属于丁"，即"戊→ ⌐ 丁＝丁→ ⌐ 戊"，故有：③有的丙→甲→乙→丁→ ⌐ 戊。

再分析条件②，发现由"丙"推不出东西。故互换得：有的丙→戊。

找"戊"，由条件③逆否得：戊→ ⌐ 丁→ ⌐ 乙→ ⌐ 甲。

故串联可得：④有的丙→戊→ ⌐ 丁→ ⌐ 乙→ ⌐ 甲。

选项分析同方法一。注意，方法二中条件③同方法一中⑥，条件④同方法一中⑦。

3. D

本题使用有的开头法。

"有些新生刚入学就当上了校学生会干部"，即：有的新生→校学生会干部。

找"校学生会干部"，可知，所有校学生会干部都没有申请本年度的甲等奖学金。

故可串联得：有的新生→校学生会干部→ ⌐ 甲等奖学金。

找" ⌐ 甲等奖学金"，由题干信息"所有宁夏籍的学生都申请了本年度的甲等奖学金"知： ⌐ 甲等奖学金→ ⌐ 宁夏。

故可串联得：①有的新生→校学生会干部→ ⌐ 甲等奖学金→ ⌐ 宁夏。

逆否可得：②宁夏→甲等奖学金→ ⌐ 校学生会干部。

A 项，由①可知，有的新生→ ⌐ 宁夏，"有的"不能推出"所有"，故此项可真可假。

B 项，由①可知，有的新生→ ⌐ 甲等奖学金，与此项是下反对关系，一真另不定，故此项可真可假。

C 项，有的宁夏→ ⌐ 新生，由①、②均无法推出此项，无法确定此项真假。

D 项，有些新生→ ⌐ 宁夏，由①知，此项必然为真。

E 项，有些学生会干部→宁夏，与①矛盾，此项必然为假。

4. D

①蝴蝶是一种非常美丽的昆虫，即：蝴蝶→昆虫。

②蝴蝶翅膀一般色彩鲜艳，"一般"的意思即"多数"，故此句的意思为：多数蝴蝶翅膀色彩鲜艳。

"多数"可以推出"有的"，故可将此句符号化为：有的蝴蝶→翅膀色彩鲜艳，等价于：有的翅膀色彩鲜艳→蝴蝶。

由②、①串联可得：③有的翅膀色彩鲜艳→蝴蝶→昆虫。

A 项，蝴蝶是昆虫，不代表蝴蝶的首领是昆虫的首领，由题干不能得出此项。

B 项，蝴蝶是昆虫，不代表最大蝴蝶是最大的昆虫，由题干不能得出此项。

C 项，蝴蝶品种繁多，不代表"各种昆虫"品种繁多，由题干不能得出此项。

A、B、C 三项由个体"蝴蝶"的性质，企图得到"昆虫"的性质，即混用了个体与集合体的性质。

D 项，由③知：有的翅膀色彩鲜艳→昆虫，等价于：有的昆虫→翅膀色彩鲜艳。故此项为真。

E 项，题干不涉及体形大小的比较，由题干不能得出此项。

5. C

详细解析 **方法一：有的开头法。**

①所有的山东人都是黄种人，即：山东人→黄种人。

②所有的山东人都喜欢吃煎饼卷大葱，即：山东人→喜欢吃煎饼卷大葱。

③有些黄种人喜欢吃北京烤鸭，即：有的黄种人→喜欢吃北京烤鸭。

观察题干信息，发现③中带"有的"，首先考虑从③串联，但发现"喜欢吃北京烤鸭"后面无法串联。

将③互换可得：有的喜欢吃北京烤鸭→黄种人，但发现"黄种人"后也无法串联。

观察①和②，符合**双所有串联公式**，即：

由①可得：有的黄种人→山东人，从而与②串联得：④有的黄种人→山东人→喜欢吃煎饼卷大葱。

由②可得：有的喜欢吃煎饼卷大葱→山东人，从而与①串联得：⑤有的喜欢吃煎饼卷大葱→山东人→黄种人。

Ⅰ项，由④可知，有的黄种人是山东人，与此项"有些黄种人不是山东人"是下反对关系，一真另不定，故此项可真可假。

Ⅱ项，由③可知，有些黄种人喜欢吃北京烤鸭，与此项"有些黄种人不喜欢吃北京烤鸭"是下反对关系，一真另不定，故此项可真可假。

Ⅲ项，由④可知，有的黄种人→喜欢吃煎饼卷大葱，故此项为真。

方法二：欧拉图法。

"所有 A 是 B"，如图 3-1 所示：

但要注意易错点，就是"所有 A 是 B"这个判断，也存在一种可能是 A 与 B 完全等价，如图 3-2 所示：

"有的 A 是 B"，由于只知道 A、B 有重合部分，但并不确定 A 和 B 的具体位置关系，故可将其中一个用虚线表示，以表示位置不确定。如图 3-3 所示：

图 3-1

图 3-2

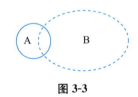

图 3-3

故题干信息可表示为图 3-4：

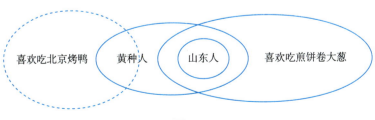

图 3-4

Ⅰ项，由图 3-4 可知，"有的黄种人不是山东人"是真的，但要注意易错点，即存在"黄种人"与"山东人"完全等价的可能，此时，"有的黄种人不是山东人"是假的。故此项可真可假。

Ⅱ项，由图 3-4 可知，"喜欢吃北京烤鸭"是虚线，与黄种人的位置关系不定，故"有些黄种人不喜欢吃北京烤鸭"可真可假。

Ⅲ项，由图 3-4 可知，"黄种人"与"喜欢吃煎饼卷大葱"有交集，故"有些黄种人喜欢吃煎饼卷大葱"必然为真。

6. C

方法一：有的开头法。

题干有以下信息：

①所有喜欢川菜的顾客都喜欢徽菜，即：川菜→徽菜，等价于：¬徽菜→¬川菜。

②所有喜欢川菜的顾客都不喜欢粤菜，即：川菜→¬粤菜，等价于：粤菜→¬川菜。

③有些喜欢粤菜的顾客也喜欢徽菜，即：有的粤菜→徽菜。

从带"有的"的项开始串联，先看③，发现"徽菜"后无法做串联。

互换可得：④有的徽菜→粤菜，与②串联：⑤有的徽菜→粤菜→¬川菜。

观察①、②有重复信息"所有喜欢川菜的顾客"，符合<u>双所有串联公式</u>。

故可得：⑥有的徽菜→川菜→¬粤菜。也可得：⑦有的¬粤菜→川菜→徽菜。

> **证明：**
>
> 由①川菜→徽菜，可得：有的川菜→徽菜，互换得：有的徽菜→川菜，与②串联得：⑥有的徽菜→川菜→¬粤菜。
>
> 同理，由②川菜→¬粤菜，可得：有的川菜→¬粤菜，互换得：有的¬粤菜→川菜，与①串联得：⑦有的¬粤菜→川菜→徽菜。

A 项，有的徽菜→川菜，由⑥知，此项为真。

B 项，有的徽菜→粤菜，由⑤知，此项为真。

C 项，由②可知，川菜→¬粤菜，即喜欢川菜一定不喜欢粤菜，故"有的喜欢徽菜的顾客<u>既喜欢川菜又喜欢粤菜</u>"为假。

D 项，有的徽菜→¬川菜，由⑤知，此项为真。

E 项，有的徽菜→¬粤菜，由⑥知，此项为真。

方法二：欧拉图法。

题干信息如图 3-5 所示：

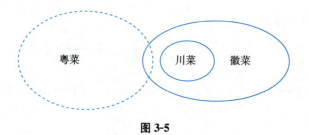

图 3-5

A 项，"徽菜"与"川菜"有交集，故此项"有的喜欢徽菜的顾客喜欢川菜"为真。

B项，"徽菜"与"粤菜"有交集，故此项"有的喜欢徽菜的顾客喜欢粤菜"为真。

C项，"川菜"与"粤菜"没有交集，故不可能存在"既喜欢川菜又喜欢粤菜"的人，故此项为假。

D项，由图易知，"有的喜欢徽菜的顾客不喜欢川菜"为真。

E项，由图易知，"有的喜欢徽菜的顾客不喜欢粤菜"为真。

题型 14 假言事实模型

1. A

题干中小王的第一句话为选言（可看作假言），第二句话为假言，选项均为事实。故此题为假言事实模型。常用两种解题思路：找矛盾法、二难推理法。

方法一：串联找矛盾法。

第1步：将题干符号化。

①股票∨基金。

②¬基金→¬股票。

第2步：串联。

将题干中的选言①变为假言，等价于：③¬股票→基金。

由②、③串联得：¬基金→¬股票→基金。

可见，由"¬基金"出发推出了矛盾，故"¬基金"为假，"基金"为真。

第3步：推出答案。

故小王买了基金，A项正确。

方法二：先将题干符号化，再找二难推理法(1)。

①股票∨基金，等价于：¬股票→基金。

②¬基金→¬股票，等价于：股票→基金。

根据二难推理的公式(3)，可知：必然购买基金，故A项正确。

方法三：先将题干符号化，再找二难推理法(2)。

①股票∨基金，等价于：¬基金→股票。

②¬基金→¬股票。

由"¬基金"既推出了"股票"又推出了"¬股票"（矛盾），故"¬基金"为假，"基金"为真。以上找矛盾的过程，即二难推理公式(4)。

故小王买了基金，A项正确。

2. D

题干中的已知条件均为假言，选项均为事实。故此题为假言事实模型。常用两种解题思路：找矛盾法、二难推理法。

方法一：串联找矛盾法。

第1步：将题干符号化。

①¬李正→¬王兴。

②¬王兴→李正。

③李正→周成。

④¬周成∨¬赵立，等价于：周成→¬赵立。

第 2 步：串联。

由①、②串联得：¬李正→¬王兴→李正。

故由"¬李正"出发推出了矛盾，故"¬李正"为假，故"李正"为真。

第 3 步：推出答案。

由③、④串联得：李正→周成→¬赵立。

故不录取赵立。

方法二：先将题干符号化，再找二难推理法。

第 1 步：将题干符号化，同方法一。

第 2 步：找二难推理。

①等价于：王兴→李正。

结合②：¬王兴→李正。

根据二难推理公式(3)，可得：李正。

第 3 步：推出答案。

由③、④串联得：李正→周成→¬赵立。

故不录取赵立。

方法三：通过重复元素，找二难推理法。

第 1 步：找重复元素。

观察题干，发现甲的后件"不录取王兴"和乙的前件"不录取王兴"完全相同。

第 2 步：找二难推理。

此时，逆否甲的话易出二难推理（口诀：前件后件一个样，后件逆否出二难）。

逆否甲的话可得：王兴→李正。

结合乙的话：¬王兴→李正。

根据二难推理公式(3)，可得：录取李正。

第 3 步：推出答案。

找"李正"，可知丙的话前件为真，故其后件为真，可得：录取周成。

找"周成"，由丁的话可知，不录取赵立。

故 D 项正确。

3. D

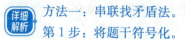
题干中的已知条件均为假言，选项均为事实。故此题为**假言事实模型**。常用两种解题思路：找矛盾法、二难推理法。

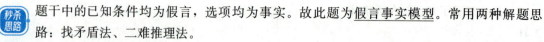
方法一：串联找矛盾法。

第 1 步：将题干符号化。

①停工停产→经济下滑。

②经济下滑→严重饥荒。

③严重饥荒→¬停工停产。

第 2 步：串联。

由①、②、③串联可得：停工停产→经济下滑→严重饥荒→¬ 停工停产。

第 3 步：推出答案。

可见，由"停工停产"出发推出了矛盾，故"停工停产"为假，"¬ 停工停产"为真。

故 D 项正确。

方法二：通过重复元素，找二难推理法。

第 1 步：找重复元素。

观察题干，发现①的后件和②的前件均为"经济下滑"。

第 2 步：找二难推理。

此时，逆否①易出二难推理（口诀：前件后件一个样，后件逆否出二难）。

逆否①可得：¬ 经济下滑→¬ 停工停产。

串联②、③可得：经济下滑→严重饥荒→¬ 停工停产。

第 3 步：推出答案。

根据二难推理公式(3)，可得：¬ 停工停产。

故 D 项正确。

4. C

 题干中的已知条件均为假言，选项均为事实。故此题为假言事实模型。常用两种解题思路：找矛盾法、二难推理法。

 ①经济有效运作→人人富有。

②政治稳定→财富公正分配。

③理想国度→经济有效运作∧政治稳定。

此题③的后件与①和②构成二难推理的公式(5)，直接套公式即可：

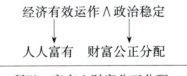

所以，富有∧财富公正分配。

故：理想国度→人人都是富有的，并且财富也是公正的分配。因此，C 项正确。

5. A

 题干中出现选言和假言，选项均为事实。故此题为假言事实模型。常用找矛盾法、二难推理法。

 通过重复元素，找二难推理法。

①李清华∨小孙未北大。

②张北大→孙北大。

③张未北大→李清华。

观察②、③，可知②的前件出现"张北大"，③的前件出现"张未北大"，则由②、③继续往后推理，容易出现二难推理（口诀：前件一正一反，容易出现二难）。

由②出发，张北大→孙北大。由"孙北大"结合条件①可知：孙北大→李清华。

故②、①串联可得：张北大→孙北大→李清华。

由③知：张未北大→李清华。

根据二难推理公式(3)可知，"李清华"为真，即小李考上了清华为真，A 项正确。

6. B

 题干中出现选言和假言，选项均为事实，故此题为假言事实模型。常用找矛盾法、二难推理法。

 此题的题干比较复杂，此时，想找到突破口一般需要分析哪个元素出现的次数多。

观察已知条件，可知"人参"出现三次，次数最多，故优先分析"人参"。

条件(1)：人参∨党参，等价于：¬人参→党参。

找"党参"，故由条件(2)知：党参→白术。即：¬人参→党参→白术。

同理，由条件(4)、(5)知：人参→首乌→白术。

由二难推理公式(3)可知：必有白术。

由条件(3)知：有白术则没有人参，再结合条件(1)知，有党参。

综上，该中药制剂中一定包含白术和党参，即B项正确。

7. D

 题干中出现选言(可看作假言)和假言，选项均为事实，故此题为假言事实模型。常用找矛盾法、二难推理法。

 将条件(4)变成假言：樊哙∨项庄，等价于：(5)¬项庄→樊哙。

条件(5)的前件为"¬项庄"，而(1)的前件为"项庄"，故由条件(1)、(5)出发做推理，容易出现二难推理(口诀：前件一正一反，容易出现二难)。

将条件(1)、(2)、(3)串联可得：项庄→¬范增→张良→樊哙∨沛公。

故有：项庄→樊哙∨沛公，由条件(1)可知：项庄→¬沛公。故只可能是：(6)项庄→樊哙。

根据条件(5)、(6)，由二难推理的公式(3)可得：樊哙。

故赵嘉选择了"樊哙"，D项正确。

8. B

 这道题里面出现六个人和六家公司的对应关系，因此，有很多老师及考生认为这种题是"综合推理题"，这种想法是错的。实际上，这道题的主干条件是条件(2)和条件(3)，皆为假言，而选项皆为事实，故优先考虑找矛盾法、二难推理法。

 由于此题条件(2)和条件(3)比较复杂，遇到这种题时不要慌，要观察其中的重复信息。

发现两个条件的后件分别为"丙不选择南华"和"丙选择南华"，故"丙"就可以作为串联的桥梁。

方法一：找矛盾法。

由条件(2)：乙选长今→丙不选南华∧己不选天和。

此时有"丙不选南华"，故将条件(3)逆否可得：丙不选南华→丁选北清∧戊选长今。

故，若乙选长今，则戊也选长今，与条件(1)矛盾。故乙不选长今。

方法二：二难推理法。

将丙作为突破口，由条件(2)可得：丙选南华→乙不选长今。

由条件(3)可得：丙不选南华→丁选北清∧戊选长今；再结合条件(1)可得：戊选长今→乙不选长今。故有：丙不选南华→乙不选长今。

由二难推理公式(3)可知：乙不选长今。

故B项正确。

题型 15 数量假言模型

1. D

 题干由数量关系(8进4)和假言构成,故此题为数量假言模型。此题中,数量关系为8进4,无须再另外计算。此类题常用两种方法:在数量关系处找矛盾法、二难推理法。

 方法一:找矛盾法。

已知条件中,"己"出现的次数最多,故先分析"己"。

由条件(2)可得:丁→己,逆否得:¬己→¬丁。

由条件(3)可得:丙∨庚∨辛→己,逆否得:¬己→¬丙∧¬庚∧¬辛。

故,若己不进决赛,则丁、丙、庚、辛均不进决赛,此时只余下3人能进决赛,与"8进4"矛盾。

故"己不进决赛"为假,己必进决赛。

再由条件(1):己→戊,可知,戊必进决赛。

方法二:二难推理法。

由条件(2)和(3)可得:丁∨丙∨庚∨辛→己。

也就是说,丁、丙、庚、辛中只要有人进决赛,则己必进决赛。

若四人均不进决赛,由数量关系"8进4"知,余下的4人都进决赛,则己也必进决赛。

故由二难推理的公式(3)可知,己必进决赛。

再由条件(1):己→戊,可知,戊必进决赛。

综上,D项正确。

2. C

 题干由数量和假言构成,故此题为数量假言模型。此题有多组数量关系,故优先计算数量关系。可使用口诀"题干数量加假言,数量关系优先算;如有事实就串联,还有矛盾和二难"秒杀。

 第1步:优先算数量关系。

由条件(2)知,甲、乙、丁、戊、己5人中至多3人进决赛,故至少淘汰2人。

由条件(3)知,壬、癸中至多1人进决赛,即至少淘汰1人。

由条件(1)知,10人中最多淘汰3人。

综上,可知10人恰好淘汰3人,且甲、乙、丁、戊、己中淘汰2人,壬、癸中淘汰1人。

第2步:推出事实。

故余下的3人(丙、庚、辛)均进决赛。

第3步:由推出来的事实进行串联推理。

由条件(4)知,"丙、庚进决赛"可推出"甲、壬均未进决赛"。

由于壬、癸仅淘汰1人,故癸进决赛。

故条件(5)的后件为假,故其前件也为假,即:戊没进决赛。

故淘汰的三人为:甲、壬、戊。进决赛的七人为:乙、丙、丁、己、庚、辛、癸。

故C项为真。

3. D

 题干由数量和假言构成,故此题为数量假言模型。可使用口诀"题干数量加假言,数量关系优先算;如有事实就串联,还有矛盾和二难"秒杀。

第1步：优先算数量关系。

由"4个项目分给3个人，每人至少一项，且每人的选择不同"知，4＝2＋1＋1，即，3人所选择的项目数分别为：2项、1项、1项。

第2步：推出事实。

由条件(1)知，甲选了2项。

第3步：由推出来的事实进行串联推理。

故条件(2)的后件"甲只选择篮球（即只选1项）"为假。

故条件(2)前件也为假，得：￢（乙短跑∨丙短跑），等价于：￢乙短跑∧￢丙短跑，故甲选择短跑。

再由"￢丙短跑"可知，条件(3)的后件为假。

故条件(3)的前件也为假，得：￢（￢甲足球∨￢乙跳高），等价于：甲足球∧乙跳高。

综上，甲选择了短跑和足球，乙选择了跳高，丙只能选择篮球。

由丙选篮球可知，D项不可能为真。

B项，丙跳高→甲短跑，等价于：￢丙跳高∨甲短跑，由于"甲短跑"为真，故此项为真。

E项，甲足球→￢丙跳高，等价于：￢甲足球∨￢丙跳高，由于"￢丙跳高"为真，故此项为真。

其余两项显然为真。

4. B

 题干由选人(数量)和假言构成，故此题为**数量假言模型**。可使用口诀"题干数量加假言，数量关系优先算；如有事实就串联，还有矛盾和二难"秒杀。

 第1步：优先算数量关系。

由5人去4村驻村考察，每人只去一个村，每个村至少去1人，可知，四个村去的人数分别为2人、1人、1人、1人。

第2步：推出事实。

找重复信息，发现条件①的前件有"甲去赵村"，条件③的后件也有"甲去赵村"，此时逆否条件③，往往可以出现二难推理（口诀：前件后件一个样，后件逆否出二难）。

由条件③逆否得：￢甲去赵村→丁去王村∧戊去王村。

由条件①可得：甲去赵村→丁去王村。

根据二难推理公式(3)可知，丁去王村。

此时，由丁去王村，将条件②、①串联可得：丁去王村→戊去王村∧￢甲去陈村→￢甲去赵村∧￢乙去赵村。

整理以上信息有：丁和戊去王村，甲不去陈村也不去赵村，故甲去李村。乙不去赵村，故乙去陈村。丙去赵村。

故B项正确。

5. E

 题干由数量和假言构成，故此题为**数量假言模型**。可使用口诀"题干数量加假言，数量关系优先算；如有事实就串联，还有矛盾和二难"秒杀。

 第1步：优先算数量关系。

由"两家销售茶叶、两家销售水果、两家销售糕点、两家销售调味品"，可知每种商品都有两家店售卖，总数等于8。

由"每家都销售上述4类商品中的2～3种"知，每家店至少售卖两种商品，至多售卖三种商品。

由于8＝3＋3＋2，故三家店售卖的商品数量分别为3种、3种、2种。

第2步：推出事实。

"美佳不销售调味品"是事实，但由此事实推不出任何信息。

观察条件(1)和(2)，发现有共同信息"海奇销售水果"。

故串联得：美佳销售水果→海奇销售水果→海奇销售糕点，逆否得：海奇不销售糕点→海奇不销售水果→美佳不销售水果。

故，若"海奇不销售糕点"，则海奇和美佳都不销售水果，此时最多有1家店卖水果，与"两家店"卖水果矛盾，故海奇销售糕点。

同理，若海奇不销售水果，则美佳也不销售水果，与"两家店销售水果"矛盾，故海奇销售水果。

此时，只有条件(3)没做分析，故分析条件(3)：若美佳销售糕点，则新月也销售糕点。此时有3家店销售糕点，与"两家销售糕点"矛盾，故美佳不销售糕点，故新月和海奇销售糕点。

由此题补充的事实：美佳不销售调味品。故美佳只能销售茶叶和水果。

故，销售两种商品的是美佳，其余店铺销售三种产品。

根据上述信息可得表3-1：

表 3-1

商品 商店	茶叶	水果	糕点	调味品
美佳	√	√	×	×
海奇		√	√	
新月			√	

由于调味品有两家销售，根据上表可知，海奇和新月均销售调味品。

因为每家商店至多销售3中商品，因此，海奇不销售茶叶、新月销售茶叶。

综上，每家商店售卖的商品如表3-2所示：

表 3-2

商品 商店	茶叶	水果	糕点	调味品
美佳	√	√	×	×
海奇	×	√	√	√
新月	√	×	√	√

综上，E项正确。

6. D

 此题有两问，整理出题干信息可通用于两题，性价比较高，故先整理题干信息：

①乙→￢戊。

②丁→￢庚∧￢己，等价于：庚∨己→￢丁。

③己、乙和丙中选择2人。

④7位研究生中选择4人。

 本题中补充了一个事实条件：没有选择己，故优先从事实出发解题。

找"己"，由③可得：¬己→乙∧丙，即，乙和丙均被选择。

再由①知，未选择戊。

此时只有②未使用，分析条件②可知，丁→¬庚，等价于：¬丁∨¬庚。

故丁、庚两人中必有人未被选择。

综上有：己和戊未入选，丁与庚中也有人没入选。

根据④可知，7人中只有3人未入选，所以，甲一定入选。

综上，一定会入选的学生是甲、乙、丙。故D项正确。

7. A

 此题补充了一个新条件：甲、丙二者必居其一，即，甲∀丙。

情况1：选择甲，但不选择丙。

根据③：己、乙和丙中选择两人，因此，不选择丙，那么乙、己两人均选择。

再由①：乙→¬戊，可知，不选择戊。

再由②得：己→¬丁，故不选择丁。

综上，不选择丙、戊、丁，故入选的四人为：甲、乙、己、庚。

情况2：选择丙，但不选择甲。

根据③：己、乙和丙中选择两人。已经选择了丙，则乙、己两人有且仅有一人入选。

假设选择乙，但不选择己。

根据①"乙→¬戊"可知，戊不入选。

此时，不入选的人有甲、己、戊，则余下4人为乙、丙、丁、庚均入选。与②矛盾，因此，假设错误。故乙不入选，己入选。

综上，情况1和情况2中，己都入选，故己一定入选。

所以，A项正确。

题型 16　串联推理的矛盾命题

1. D

 题干出现多个假言，提问方式为"以下哪种发现最能削弱上述断言"，故此题考查的是串联推理的矛盾命题。先将题干串联，再找矛盾命题即可求解。

 第1步：画箭头。

①第二味觉←边吃边呼吸。

②边吃边呼吸←高效率的新陈代谢。

第2步：串联。

由②、①串联可得：高效率的新陈代谢→边吃边呼吸→第二味觉。

第3步：找矛盾命题。

找以下三种情况，均与题干矛盾：

情况1：高效率的新陈代谢∧¬边吃边呼吸。

情况2：高效率的新陈代谢∧¬第二味觉。

情况3：边吃边呼吸∧¬第二味觉。

此类题的答案一般是情况1，因为如果答案设计为情况2或情况3的话，题干中设计的串联推理就没有意义了。

观察选项易知，D项为情况2，故D项最能削弱题干。

2. C

秒杀思路　题干中出现选言(可看作假言)和假言，提问方式为"以下哪项一定为假"，故此题考查的是串联推理的矛盾命题。先将题干串联，再找矛盾命题即可求解。

详细解析　第1步：画箭头。

学者一：①大熊猫灭绝→西伯利亚虎灭绝。

学者二：②北美玳瑁灭绝→¬巴西红木灭绝。

学者三：北美玳瑁灭绝∨¬西伯利亚虎灭绝，等价于：③西伯利亚虎灭绝→北美玳瑁灭绝。

第2步：串联。

串联①、③和②可得：大熊猫灭绝→西伯利亚虎灭绝→北美玳瑁灭绝→¬巴西红木灭绝。

故有：④大熊猫灭绝→¬巴西红木灭绝。

第3步：找矛盾命题。

C项，"大熊猫灭绝∧巴西红木灭绝"与④矛盾，故此项一定为假。

3. D

秒杀思路　题干出现多个假言，提问方式为"以下哪项最能削弱上述断言"，故此题考查的是串联推理的矛盾命题。先将题干串联，再找矛盾命题即可求解。

详细解析　第1步：画箭头。

①培养创造型人才→提高教育质量。

②不注重逻辑思维的培养→不能提高教育质量，等价于，提高教育质量→注重逻辑思维的培养。

③注重逻辑思维的培养→提高逻辑思维能力。

第2步：串联。

由①、②和③串联可得：培养创造型人才→提高教育质量→注重逻辑思维的培养→提高逻辑思维能力。

故有④：培养出高水平的创造型人才→提高逻辑思维能力。

第3步：找矛盾命题。

④与"培养出高水平的创造型人才∧没提高逻辑思维能力"矛盾，故D项最能削弱题干。

4. C

秒杀思路　题干出现多个假言，提问方式为"下列哪项一定为假"，故此题考查的是串联推理的矛盾命题。先将题干串联，再找矛盾命题即可求解。

详细解析　第1步：画箭头。

①喜欢戏剧→理解戏剧的精髓。

②理解戏剧的精髓→具有一定的文化背景。

③具有一定的文化背景→进行过专业化的学习。

第2步：串联。

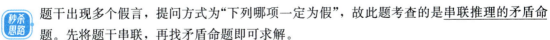

由①、②和③串联可得：喜欢戏剧→理解戏剧的精髓→具有一定的文化背景→进行过专业

化的学习。

第3步：找矛盾命题。

C项中，"喜欢戏剧∧不具有一定的文化背景"与"喜欢戏剧→具有一定的文化背景"矛盾，故一定为假。

5. B

题干是全称命题（相当于假言），提问方式为"以下哪项不可能为真"，故此题考查的是<u>串联推理的矛盾命题</u>。先将题干串联，再找矛盾命题即可。

第1步：画箭头。

①所有的短跑运动员都是北京人，即：短跑运动员→北京人。

②所有的女运动员都是上海人，即：女运动员→上海人。

③所有会讲吴方言的人都是女运动员，即：会讲吴方言→女运动员。

第2步：串联。

由①、②和③串联可得：短跑运动员→北京人→￢上海人→￢女运动员→￢会讲吴方言。

第3步：找矛盾命题。

Ⅱ项中，"短跑运动员∧讲吴方言"与"短跑运动员→￢会讲吴方言"矛盾，故此项不可能为真。

其余各项均不与题干矛盾。故B项正确。

题型 17　隐含三段论与补充条件题

1. A

题干由一个前提和一个结论构成，要求找到"使上述论证成立"的项，故此题考查的是<u>隐含三段论</u>。

第1步：将题干中的前提符号化。

前提①：有的网络维护→涉及个人信息安全。

第2步：将题干中的结论符号化。

结论：有的网络维护→不可以外包。

第3步：补充从前提到结论的箭头，从而得到结论。

根据"成对出现"的原理，可知答案一定涉及"涉及个人信息安全"和"不可以外包"。

易知，补充前提②：涉及个人信息安全→不可以外包。

可与前提①串联得：有的网络维护→涉及个人信息安全→不可以外包，从而得到结论。

故答案为前提②：所有涉及个人信息安全的都不可以外包，A项正确。

2. B

题干由一个前提和一个结论构成，要求选"补充以下哪项作为前提"的项，故此题考查的是<u>隐含三段论</u>。

第1步：将题干中的前提符号化。

前提①：有些工程师→博士学位。

互换得：有些博士学位→工程师。

第2步：将题干中的结论符号化。

结论：有些获得博士学位的人技术水平很高，即：有些博士学位→技术水平很高。

第3步：补充从前提到结论的箭头，从而得到结论。

根据"成对出现"的原理，可知答案涉及"工程师"和"技术水平很高"。

易知，需要补充前提②：工程师→技术水平很高。

即可串联得：有些博士学位→工程师→技术水平很高，从而推出题干的结论。

故前提②就是答案，B项正确。

3. B

题干由两个前提和一个结论构成，要求找到"上述推理的假设"，"假设"即隐含前提，故此题是考查的是隐含三段论。

第1步：将题干中的前提符号化。

前提①：没有鸟类是爬行动物，即所有鸟类都不是爬行动物，即：鸟类→￢爬行动物＝爬行动物→￢鸟类。

前提②：所有的蛇都是爬行动物，即：蛇→爬行动物。

第2步：如果有多个前提，将前提串联。

串联前提②和①得：蛇→爬行动物→￢鸟类。

第3步：将题干中的结论符号化。

结论：没有蛇属于游禽家族，即所有蛇不属于游禽家族，即：蛇→￢游禽。

第4步：补充从前提到结论的箭头，从而得到结论。

根据"成对出现"的原理，可知答案涉及"￢鸟类"和"￢游禽"。

易知，补充前提③：￢鸟类→￢游禽。

可与前提②和①串联成：蛇→爬行动物→￢鸟类→￢游禽。

从而有：蛇→￢游禽，故可以得出结论。

补充的前提③等价于：游禽→鸟类，即所有游禽都是鸟类，故 B 项正确。

4. A

题干由两个前提和一个结论构成，要求找到"最能反驳上述论证"的项，故此题考查的是反驳三段论。

第1步：将题干中的前提符号化。

前提①：有些参加跳高的选手也参加短跑比赛，即：有的跳高→短跑。

前提②：所有参加跳高比赛的选手都不参加跳远比赛，即：跳高→￢跳远。

第2步：如果有多个前提，将前提串联。

从有的开始串联两个前提，发现"短跑"后面无法串联，故将前提①互换得：有的短跑→跳高。

从而与前提②串联得：③有的短跑→跳高→￢跳远。

第3步：写题干结论的矛盾命题。

题干的结论为：参加短跑比赛的选手都参加铅球比赛。

结论的矛盾命题为：有的参加短跑比赛的选手不参加铅球比赛。

即：④有的短跑→￢铅球。

第4步：补充从前提到结论的矛盾命题的箭头，从而反驳题干的结论。

观察③和④，易知补充前提：￢跳远→￢铅球。

可得：有的短跑→跳高→￢跳远→￢铅球，从而得到：有的短跑→￢铅球。

故补充的条件"¬跳远→¬铅球"就是答案，即不参加跳远比赛的选手都不参加铅球比赛，故 A 项正确。

5. D

 题干由一个前提和两个结论构成，要求找出"张华的论证使用了哪项作为前提"，故此题考查的是隐含三段论。

 第 1 步：将题干中的前提符号化。
张华的前提①：李军→吸烟。

第 2 步：将题干中的结论符号化。
张华的结论①：李军→不是年轻人的好榜样。
张华的结论②：李军不应被名人俱乐部接纳，即：李军→不应被名人俱乐部接纳。
其中张华的结论①又是结论②的前提。

第 3 步：补充从前提到结论的箭头，从而得到结论。
根据"成对出现"的原理，可知答案涉及"吸烟"和"不是年轻人的好榜样"，"不是年轻人的好榜样"和"不应被名人俱乐部接纳"。
易知，补充前提②：吸烟→不是年轻人的好榜样，即选项Ⅱ。
即可串联：李军→吸烟→不是年轻人的好榜样。
从而有：李军→不是年轻人的好榜样，即可得出结论①。
补充前提③：不是年轻人的好榜样→不应被名人俱乐部接纳，即选项Ⅲ。
即可串联得：李军→不是年轻人的好榜样→不应被名人俱乐部接纳，从而有：李军→不应被名人俱乐部接纳，即可得出结论②。
综上，前提②和前提③即为需要补充的前提，故 D 项正确。

6. B

 题干由两个前提和一个结论构成，要求找出"能使题干论证成立"的前提，故此题考查的是隐含三段论。

 第 1 步：将题干中的前提符号化。
前提①：关心员工福利→卓有成效。
前提②：关心员工福利→解决中青年员工的待遇。

第 2 步：将题干中的结论符号化。
结论：不把注意力放在解决中青年员工待遇问题上的经理人，都不是卓有成效的经理人。
即：¬解决中青年员工的待遇→¬卓有成效。

第 3 步：补充从前提到结论的箭头，从而得到结论。
最终的结论要指向"¬卓有成效"。而前提①指向"卓有成效"，得不出"¬卓有成效"。
故考虑前提②，将前提②逆否：¬解决中青年员工的待遇→¬关心员工福利。
补充前提③：¬关心员工福利→¬卓有成效。
即可串联得：¬解决中青年员工的待遇→¬关心员工福利→¬卓有成效。
从而有：¬解决中青年员工的待遇→¬卓有成效，即可得出结论。
补充的前提③等价于：卓有成效→关心员工福利，即 B 项正确。

7. A

 题干由三个前提和一个结论构成，要求找出"最能保证上述论证的成立"的项，且题干的前提能进行串联，故此题考查的是隐含三段论。

第1步：将题干中的前提符号化。

前提①：所有的小说家是想象力丰富的，即：小说家→想象力丰富的。

前提②：所有想象力丰富的人都博览群书，即：想象力丰富的→博览群书。

前提③：博览群书→通晓古今。

第2步：如果有多个前提，将前提串联。

串联①、②和③可得：小说家→想象力丰富的→博览群书→通晓古今。

第3步：将题干中的结论符号化。

结论：小说家都是勤奋好学的，即：小说家→勤奋好学的。

第4步：补充从前提到结论的箭头，从而得到结论。

根据"成对出现"的原理，可知答案涉及"通晓古今"和"勤奋好学的"。

易知，补充前提④：通晓古今→勤奋好学的。

即可串联得：小说家→通晓古今→勤奋好学的。

从而得：小说家→勤奋好学的，即题干的结论。

补充的前提④等价于：通晓古今的人一定是勤奋好学的。故A项正确。

8. C

题干由三个前提和一个结论构成，要求找出"最可能是上述论证的假设"的项，且题干的前提能进行串联，故此题考查的是隐含三段论。

第1步：将题干中的前提符号化。

前提①：张珊是红星中学学生，对篮球感兴趣，即，张珊→篮球。

前提②：该校学生或者对排球感兴趣，或者对足球感兴趣。即，红星中学学生：排球∨足球，等价于：￢足球→排球。

前提③：如果对篮球感兴趣，则对足球不感兴趣，即：篮球→￢足球。

第2步：如果有多个前提，将前提串联。

串联①、③和②可得：张珊→篮球→￢足球→排球。

第3步：将题干中的结论符号化。

结论：张珊对乒乓球感兴趣，即：张珊→乒乓球。

第4步：补充从前提到结论的箭头，从而得到结论。

根据"成对出现"的原理，可知答案涉及"排球"和"乒乓球"。

易知，补充前提④：排球→乒乓球。

可得，张珊→排球→乒乓球。

从而得：张珊对乒乓球感兴趣，即题干的结论。

补充的前提④即为答案，即，该校对排球感兴趣的学生都对乒乓球感兴趣。故C项正确。

> **注意：**
> 此题不能选B项，因为B项的主体是"所有人"，而我们只要假设"红星中学的学生对排球感兴趣的，也对乒乓球感兴趣"，就能得到题干结论，不需要"所有人"。另外，A项错误的原因与B项错误的原因相类似；A项的主体是该校所有的学生，但我们需要假设的仅仅是"该校对排球感兴趣的学生，也对乒乓球感兴趣"。故A项假设过度。

题型 18　推理结构相似题

1. D

此题的问题是"以下哪项与题干的论证最为类似"，故为**推理结构相似题**。后面如无必要，我们不再写此题型的秒杀思路。

题干：726 车间生产的产品(A)→合格(B)，所以，不合格的产品(¬B)→不是 726 车间生产的(¬A)。

将题干符号化：A→B，所以，¬B→¬A，是正确的推理。

A 项，入场的考生(A)→经过了体温测试(B)，所以，没入场的考生(¬A)→没经过体温测试(¬B)，与题干不同。

B 项，出厂设备(A)→合格(B)，所以，合格(B)→出厂设备(A)，与题干不同。

C 项，已发表(A)→校对过(B)，所以，校对过(B)→已发表(A)，与题干不同。

D 项，真理(A)→不怕批评(B)，所以，怕批评(¬B)→不是真理(¬A)，与题干相同。

E 项，不及格(A)→没好好复习(B)，所以，没好好复习(B)→不及格(A)，与题干不同。

2. D

题干：科学(A)离不开测量(B)，测量(B)离不开长度单位(C)。长度单位(C)是人为约定(D)。因此，科学(A)是人为约定(D)。

将题干符号化：A 离不开 B，B 离不开 C。C 有性质 D。因此，A 有性质 D。

A 项，A 离不开 B，B 离不开 C。因此，要有 A，必须有 C。与题干不同。

B 项，A 离不开 B，B 离不开 C。不是所有人都 C。因此，不是所有人都 A。与题干不同。

C 项，A 可以 B，B 需要 C，C 需要 D。因此，A 可以 D。与题干不同。

D 项，B 必须有(离不开)C，A 必须有(离不开)B。C 有性质 D。因此，A 有性质 D。与题干相同。

E 项，A 离不开 B，B 离不开 C。C 需要 D。因此，不 D 是不 A 的开始。与题干不同。

3. C

题干：所有重点大学的学生(A)都是聪明的学生(B)，有些聪明的学生(B)喜欢逃学(C)，小杨(X)不喜欢逃学(¬C)，所以，小杨(X)不是重点大学的学生(¬A)。

将题干符号化：所有 A 都是 B，有的 B 是 C，X 不是 C，所以，X 不是 A。

A 项，所有 A 都是 B，有的 B 是 C，X 不是 C，所以 X 不是 A。与题干一致。

B 项，所有 A 都是 B，有的 B 是 C，X 不是 C，所以 X 不是 A。与题干一致。

C 项，所有 A 都是 B，有的 B 是 C，X 不是 D，所以 X 不是 A。此项里面有一个概念的偷换："人"和"普通人"，与题干不同。

D 项，所有 A 都是 B，有的 B 是 C，X 不是 C，所以 X 不是 A。与题干一致。

E 项，所有 A 都是 B，有的 B 是 C，X 不是 C，所以 X 不是 A。与题干一致。

4. D

题干：草木(A)是无情的(B)，人(C)不是草木(¬A)，所以，人(C)不是无情的(¬B)。

将题干符号化：A→B，C→¬A，所以，C→¬B。要得到题干的结论需补充：B→A，故题干所犯的逻辑错误为"混淆充分必要条件"。

A项，A→B，A→C；D→B，所以，D→C，与题干的逻辑结构不同。

B项，A→B，C→￢B，所以，C→￢A，与题干的逻辑结构不同。

C项，A→B，C→A，所以，C→B，与题干的逻辑结构不同。

D项，A→B，C→￢A，所以，C→￢B。要得到题干的结论需补充：B→A，故题干所犯的逻辑错误为"混淆充分必要条件"，与题干相同。

E项，A→B，C→A，所以，C→B，与题干的逻辑结构不同。

5. D

题干：科学（A）不是宗教（￢B），宗教（B）都主张信仰（C），所以主张信仰（C）都不是科学（￢A）。

将题干符号化：A→￢B，B→C，所以C→￢A。

A项，A→B，C→￢A，所以C→￢B。与题干不一致。

B项，A→B，C→B，所以C→A。与题干不一致。

C项，￢A→￢B，C→A，所以C→B。与题干不一致。

D项，A→￢B，B→C，所以C→￢A。与题干一致。

E项，A→B，B→C，所以C→A。与题干不一致。

6. B

题干：没有一个科学家喜欢朦胧诗（即，科学家都不喜欢朦胧诗，A→￢B），而绝大多数科学家（A）都擅长逻辑思维（C）。因此，至少有些喜欢朦胧诗的人（B）不擅长逻辑思维（￢C）。

将题干符号化：A→￢B，而绝大多数A→C，因此，有的B→￢C。

A项，A→￢B，而绝大多数A→C，因此，有的C→￢B。与题干不一致。

B项，A→￢B，而绝大多数A→C，因此，有的B→￢C。与题干一致。

C项，A→￢B，而绝大多数C→A，因此，有的C→￢D。与题干不一致。

D项，A→￢B，而绝大多数C→A，因此，有的C→￢B。与题干不一致。

E项，A→B，而绝大多数A→C，因此，有的C→￢B。与题干不一致。

7. E

题干：所有景观房（A）都可以看到山水景致（B），但是李文秉家（C）看不到山水景致（￢B），因此，李文秉家（C）不是景观房（￢A）。

将题干符号化：A→B，C→￢B，所以C→￢A。

A项，A→B，C→B，所以，C→A。与题干不一致。

B项，A→B，C→￢A，所以，C→￢B。与题干不一致。

C项，A→B，C→A，所以，C→B。与题干不一致。

D项，A→B，C→D，所以C→￢A，"可以申请"和"申请"是两个完全不同的概念。与题干不一致。

E项，A→B，C→￢B，所以，C→￢A。与题干一致。

8. C

题干：只要上学期间成绩优秀（A），就能获得校长奖学金（B）。小王获得了校长奖学金（B），所以，小王在上学期间成绩优秀（A）。

将题干符号化：A→B；B，所以A。

A项，A→B；￢A，所以￢B。与题干不一致。

B 项，A∧￢B；所以，A 不一定 B。与题干不一致。

C 项，A→B；B，所以 A。与题干一致。

D 项，A→B；￢B，所以 A。与题干不一致。

E 项，A→B；A，所以 B。与题干不一致。

9. C

 题干：湖队是不可能进入决赛的（￢A）。如果湖队进入决赛（A），那么太阳就从西边出来了（B）。

将题干符号化：￢A，如果 A，那么 B（B 为荒谬的结论）。

A 项，￢A，如果 A，怎么没发生 B（暗含与现实的矛盾，但不是荒谬的结论）？与题干不一致。

B 项，￢A，如果 A，不可能 B（暗含与现实的矛盾，但不是荒谬的结论）。与题干不一致。

C 项，￢A，如果 A，那么 B（B 为荒谬的结论）。与题干一致。

D 项，￢A，如果 A，那么 B（B 不是荒谬的结论）。与题干不一致。

E 项，￢A，如果 A，那么 B（B 不是荒谬的结论）。与题干不一致。

第 2 节 综合推理秒杀技巧

题型 19 匹配题

1. B

 题干是 3 个男人和 3 个女人做一一匹配，故此题为两组元素的一一匹配模型。题干中无假言，故使用口诀"事实/问题优先看，重复信息是关键。两组匹配用表格，三组匹配就连线"秒杀。

 由条件(2)"杰克在和琳达跳舞"，结合条件(1)可知，杰克不是琳达的丈夫。

同时可知，杰克没和爱丽思跳舞。

由条件(4)知，露丝的丈夫正和爱丽思跳舞，故杰克不是露丝的丈夫。

故杰克是爱丽思的丈夫，他正在与琳达跳舞。

由条件(3)知，迈克的舞伴是詹姆斯的妻子，故迈克的舞伴不是爱丽思。当然，也不是琳达。

故迈克的舞伴是露丝，即，露丝是詹姆斯的妻子。

余下的两个人是迈克和琳达，他们是夫妇。

故夫妇关系为：杰克——爱丽思、迈克——琳达、詹姆斯——露丝，即 B 项正确。

2. E

 题干出现学生、省份、专业、楼层的一一匹配，故此题为多组元素的一一匹配模型。题干中无假言，故使用口诀"事实/问题优先看，重复信息是关键。两组匹配用表格，三组匹配就连线"秒杀。

 方法一：重复信息分析法。

从确定事实出发，条件③庄来自山东，是确定事实，故先分析与③有关的信息。

由③可知，庄不是来自河北也不是来自河南。

找重复信息"河北"，发现条件⑤：孔不是来自河北。

故只能是孟来自河北。从而有：孔来自河南。

找重复信息"河南"，由④可知，孔住在3楼。余下的两个人分别是2楼和1楼。

找重复信息"楼层"，由②可知，孟不可能住1楼，故孟住2楼，庄住在1楼，且庄是物理学专业。

找重复信息"专业"，由⑤可知，孔不是历史专业，故孔是医学专业，孟是历史专业。

因此，可得表3-3。

表3-3

楼层	学生	家乡	所学专业
3	孔	河南	医学
2	孟	河北	历史
1	庄	山东	物理

故E项正确。

方法二：连线法。

将题干信息连线如图3-6所示(确定存在对应关系用实线，确定不存在对应关系用虚线，不确定有没有关系不划线)。

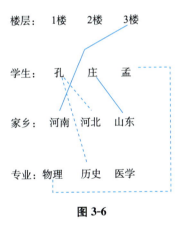

图 3-6

观察学生与家乡之间的连线，易知孔来自河南。因为河南与3楼之间有连线，故有：
孔——河南——3楼，且不学历史，如图3-7所示。

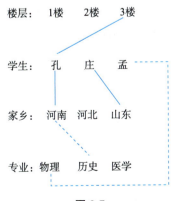

图 3-7

由②可知，孟不可能住 1 楼，故孟住 2 楼，故庄住在 1 楼且学物理，又由庄来自山东，故有：庄——1 楼——山东——物理，如图 3-8 所示。

图 3-8

由于河南与历史之间是虚线，故河南只能和医学相连。将余下的图补充完整，可得图 3-9。

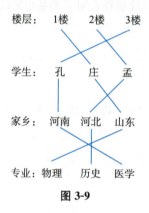

图 3-9

综上，E 项正确。

3. C

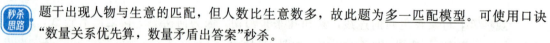

秒杀思路　题干出现人物与生意的匹配，但人数比生意数多，故此题为<u>多一匹配模型</u>。可使用口诀"数量关系优先算，数量矛盾出答案"秒杀。

详细解析　数量关系优先算，由条件(5)可知，4＝2＋1＋1，故三种生意中有一种生意是两个人做，余下的两种生意分别有一个人做。

从事实出发，由条件(1)知，福建人单独做服装批发。故其余三人不做服装批发。

结合条件(2)知，广东人也不做服装加工，故广东人做服装零售。

由条件(3)知，上海人和另外某人做同一种生意。

结合条件(1)、(4)可知，此人既不是福建人，也不是浙江人，故此人一定是广东人。

故上海人和广东人都做服装零售，即 C 项正确。

4. A

秒杀思路　题干出现人物与组别的匹配，但人数比组别数多，故此题为<u>多一匹配模型</u>。可使用口诀"数量关系优先算，数量矛盾出答案"秒杀。

详细解析 先算出数量关系：由①知，6＝2＋2＋1＋1＝3＋1＋1＋1。

又由②、③知，仪仪和宁宁这2人加入同一组，还有一人和豆子加入同一组。故数量关系只能是6＝2(仪仪和宁宁)＋2(豆子和某一人)＋1＋1。

此题题干信息比较复杂，可以考虑画表格法，由于仪仪和宁宁在同一个组，可将二人捆绑列入同一行。根据题干信息，可得表3-4。

表3-4

选手＼组别	声乐组	舞蹈组	唱作组	卖萌组
仪仪、宁宁				×⑥
婷婷	√④	×④	×④	×④
超越		×⑤	×⑤	
岐岐				
豆子				

观察声乐组，可知若仪仪、宁宁加入声乐组，则声乐组有3人，与"2＋2＋1＋1"这一数量关系矛盾，故这二人不加入声乐组。

若岐岐加入声乐组，声乐组2人，仪仪和宁宁2人，还有1人与豆子在同一组，与"2＋2＋1＋1"这一数量关系矛盾，故岐岐不能加入声乐组，故A项正确。

继续分析，同理，超越也不能加入声乐组。结合上表，可知超越只能加入卖萌组。综上，可得表3-5。

表3-5

选手＼组别	声乐组	舞蹈组	唱作组	卖萌组
仪仪、宁宁	×			×⑥
婷婷	√④	×④	×④	×④
超越	×	×⑤	×⑤	√
岐岐	×			
豆子				

另外，岐岐也不能加入卖萌组，否则卖萌组2人，仪仪和宁宁2人，还有1人与豆子在同一组，也与"2＋2＋1＋1"这一数量关系矛盾。故得表3-6。

表3-6

选手＼组别	声乐组	舞蹈组	唱作组	卖萌组
仪仪、宁宁	×			×⑥
婷婷	√④	×④	×④	×④

续表

组别 选手	声乐组	舞蹈组	唱作组	卖萌组
超越	×	×⑤	×⑤	√
岐岐	×			×
豆子				

5. A

 已知：⑦豆子加入的是唱作组，可得表 3-7。

表 3-7

组别 选手	声乐组	舞蹈组	唱作组	卖萌组
仪仪、宁宁	×			×⑥
婷婷	√④	×④	×④	×④
超越	×	×⑤	×⑤	√
岐岐	×			×
豆子			√⑦	

故仪仪和宁宁不可能加入唱作组，否则，会出现 3 人都在唱作组，与"2＋2＋1＋1"这一数量关系矛盾。

此时，仪仪和宁宁只能加入舞蹈组，故 A 项正确。

6. E

 已知：⑧岐岐没加入唱作组，可得表 3-8。

表 3-8

组别 选手	声乐组	舞蹈组	唱作组	卖萌组
仪仪、宁宁	×			×⑥
婷婷	√④	×④	×④	×④
超越	×	×⑤	×⑤	√
岐岐	×		×⑧	×
豆子				

故岐岐只能加入舞蹈组。

此时，仪仪和宁宁不可能加入舞蹈组，否则，会出现 3 人都在舞蹈组，与"2＋2＋1＋1"这一数量关系矛盾。

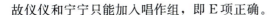

故仪仪和宁宁只能加入唱作组,即E项正确。

7. C

题干是5个人和3所学校的匹配问题,故此题为<u>两组元素的多一匹配模型</u>。此题中,题干的问题是"哪一项<u>可能</u>正确",故可使用选项排除法。

A项,不满足题干条件(2)。

B项,不满足题干条件(5)。

C项,满足题干条件。

D项,不满足题干条件(4)。

E项,不满足题干条件(2)。

8. D

由此题题干知:(6)张珊和孙琪报考同一所学校。

找重复信息"张珊",故由(2)、(6)可知,张珊、赵柳、孙琪报考同一所学校。

再根据(5)可知,李思、王伍报考了同一所学校。

由(3)可知,李思、王伍报考了北大或者清华。

故D项可能正确。

9. D

题干是甲、乙、丙、丁、戊五人和北京、西安和南京三座城市的匹配,但两种元素的数量不一致,故此题属于<u>两组元素的多一匹配模型</u>,可使用口诀"数量关系优先算,数量矛盾出答案"秒杀。

第1步:数量关系优先算。

由题干知,一个城市三人都将前往,一个城市有两人前往,另一个城市只有一人前往。

相当于:5个人去了6个地方。由于每人都将前往一至两个城市,故5个人去的城市的数量为"2、1、1、1、1",即5人中有1人去了2个城市,由⑤知,这个人是乙。其余4人均只去了一个城市。

第2步:画表格,推结论。

根据题干信息可得表3-9。

表3-9

城市 人物	北京	西安	南京
甲	×(③)		
乙			
丙	×	×	√(④)
丁			
戊		×(③)	

由②可得:乙和丙去了相同的地方,故乙去了南京⑥。

又知,丁和甲去了相同的城市(设为A市),故A市去的总人数为两人或三人。

由于乙既去了有两个人去的城市,也去了有三个人去的城市。故A市乙也去了。

即,丁、甲和乙三人共同去了A市。

由于丙去了南京，故丁、甲和乙三人不可能去南京，否则南京会有4人。

由于甲没去北京，可得：⑦丁、甲和乙三人共同去了西安，故D项正确。

另外，综上所述可得下表3-10。

表3-10

人物\城市	北京	西安	南京
甲	×（③）	√（⑦）	×
乙	×	√（⑦）	√（⑥）
丙	×	×	√（④）
丁	×	√（⑦）	×
戊	√	×（③）	×

10. B

题干是5个时间和4种商品的匹配，故此题属于**两组元素的多一匹配模型**。

由条件(1)可知：小周只在两个连续的下午卖玩具汽车，符合这一条件的时间只有以下3种情况：星期一和星期二、星期二和星期三、星期五和星期六。

再由条件(3)可知：小周星期六不卖玩具汽车，故排除星期五和星期六。

那么，只剩下星期一和星期二、星期二和星期三这两种可能。

显然，无论哪种可能，都有星期二。故星期二小周一定会卖玩具汽车，所以正确答案为B项。

11. A

题干出现人物与两个分队的匹配，但人数比分队数多，故此题为**多一匹配模型**。可使用口诀"数量关系优先算，数量矛盾出答案"秒杀。因题干信息较多，也可以使用表格法。

(1)陈必须编组在第二分队。

(2)周和郑不在同一分队。

(3)冯和郑至多有一人编组在第一分队。

(4)如果吴编组在第二分队，则王也必须编组在第二分队。

(5)王和楚两人形影不离。

题目的问题中出现新条件(6)：周在第一分队。

条件(1)和条件(6)都是事实，由于"周"在条件(6)和条件(2)里都出现，即"周"为重复元素，故优先分析条件(6)。

由条件(6)知，周在第一分队。

由条件(2)知，周和郑不在同一分队，故郑在第二分队。

由条件(5)王和楚两人形影不离，故将二人捆绑，并将已知信息和上述结论列入表3-11。

表3-11

分队\人物	周	吴	郑	王楚	冯	陈
第一分队3人	√		×			×
第二分队4人	×		√			√

假设"王和楚"在第一分队。

则第一分队的人员为周、王、楚；第二分队人员为陈、郑、吴、冯，与条件(4)矛盾。

因此，"王和楚"在第二分队。

综上，第一分队的人员是：吴、周、冯；第二分队的人员是：陈、郑、楚、王。

故 A 项正确。

12. E

 题干出现文房四宝与四层抽屉的一一对应关系，故此题是<u>两组元素的一一匹配模型</u>。另外，根据题干信息⑤，可知此题还是个<u>真假话问题</u>。由于题干信息比较复杂，也可以使用表格法。

 将题干信息列入表 3-12。

表 3-12

书画用具\姓名	笔	墨	纸	砚	猜对数
小李	一	二	三	四	1
小王	一	三	四	二	1
小赵	四	三	一	二	0
小杨	四	二	三	一	2

由于"小赵一个都没猜对"，所以，与小赵猜的相同的均是错的，可得表 3-13。

表 3-13

书画用具\姓名	笔	墨	纸	砚	猜对数
小李	一	二	三	四	1
小王	一	三(×)	四	二(×)	1
小赵	四(×)	三(×)	一(×)	二(×)	0
小杨	四(×)	二	三	一	2

由于"小王猜对一个"，假设他认为"笔在第一层"为真，则小李猜"笔在第一层"也为真。

又由于"小李猜对一个"，所以小李猜的"墨在第二层，纸在第三层"均为假，那么小杨把笔、墨、纸都猜错了，与"小杨猜对两个"矛盾，故"笔在第一层"为假，所以"纸在第四层"为真。

综上，可得表 3-14。

表 3-14

书画用具\姓名	笔	墨	纸	砚	猜对数
小李	一(×)	二	三(×)	四	1
小王	一(×)	三(×)	四(√)	二(×)	1
小赵	四(×)	三(×)	一(×)	二(×)	0
小杨	四(×)	二	三(×)	一	2

由于小杨猜对两个，故墨在第二层，砚在第一层。

综上所述，砚在第一层，墨在第二层，笔在第三层，纸在第四层。

故 E 项正确。

题型 20　选人问题

1. B

秒杀思路　此题是四人择一问题，为选一模型，选一模型也可称为择偶问题。数量关系往往是突破口。

详细解析　已知 4 位男性嘉宾中只有 2 位博士，又知老周和老吴都是博士，故老李和老张不是博士，排除老李和老张。

已知 4 位男性嘉宾中有 3 位高个子，故只有一位矮个子，又由(3)知老张和老李身高相同，所以他们不可能都是矮个子，故老张和老李都是高个子。

再由(4)知，老周不是高个子，故排除老周。

此时已排除了三人，故只剩下老吴符合酱心的全部择偶条件，B 项正确。

2. D

秒杀思路　此题题干信息太多，而且提问方式为"下面哪项符合上述关于录取结果的断定"，当问题是"符合""可能符合""不符合"时，一般可以使用选项排除法。

详细解析　选项排除法 1：由条件去验证选项。

条件(1)：甲、乙两人中至少有一人录取，可排除 A 项、B 项。

条件(2)：甲、丁不能都录取，可排除 E 项。

条件(3)：甲、戊、己三人有两人录取，可排除 C 项。故 D 项正确。

选项排除法 2：逐个看选项，判断是否满足条件。

A 项，不满足条件(1)、(3)、(5)。

B 项，不满足条件(1)、(5)、(6)。

C 项，不满足条件(3)。

D 项，满足题干的断定。

E 项，不满足条件(2)、(3)、(5)。

3. D

秒杀思路　此题是从 8 人中选择 5 人，故是选人问题中的选多模型。此题已知条件中有选言和假言，而且在本题问题中又给出了新的假言"如果庚被选上，则辛也被选上"，故此题也可以看作数量假言模型，常用找矛盾法、二难推理法。

详细解析　此题组有两问，两问共用条件①到⑤，故可先分析这 5 个条件，得出来的结论可以用到两道题中。题干条件如下：

①甲、乙、丙三人选两人。

②丁、戊、己三人选两人。

③￢甲 ∨ ￢丙。

④丁 → ￢乙，等价于：乙 → ￢丁。

⑤8 选 5。

①和③都涉及甲和丙，故分析这两个条件：

由③：﹁甲 ∨ ﹁丙，可知，甲、丙两人中至少有一人不入选。

再由①：甲、乙、丙三人选两人。可知，无论甲和丙谁不选，乙一定会被选上。

找"乙"，由④可知，乙入选则丁被淘汰。

找"丁"，由②可知，丁被淘汰则戊、己入选。

综上，乙、戊、己入选，并且此结论也可用于本题组的第2问。

此题又给出新条件⑥：庚→辛。

此时依据数量关系分析：根据①、②可知，甲、乙、丙、丁、戊、己 6 人中有 4 人被选上，因为一共选 5 人，故余下的庚、辛有且仅有一人入选。

若庚入选，根据⑥可得，辛也入选，与"庚、辛有且仅有一人入选"矛盾，因此，庚不入选、辛入选。

综上，乙、戊、己、辛四人一定入选。故 D 项正确。

4. B

 由上题分析可知：乙、戊、己入选。

此题又补充新条件：戊→﹁甲，故甲不入选。

找"甲"，由①可知，乙、丙会被选上，故 B 项正确。

5. D

 此题是从 8 人中选择 4 人，故是选人问题中的选多模型。此题中的条件中出现多处选言和假言，故此题也可以看作数量假言模型，常用找矛盾法、二难推理法。

 可将题干中的男、女标注到姓氏后，以方便做题，得：

①小组成员既要有女性，也要有男性。

②李男与赵女不能都入选，即：﹁李男 ∨ ﹁赵女。

③钱女与孙女不能都入选，即：﹁钱女 ∨ ﹁孙女。

④周男→﹁吴男，等价于：吴男→﹁周男。

⑤3 位女性(赵女、钱女、孙女)和 5 位男性(李男、周男、吴男、郑男、王男)共 8 人中选出 4 人。

本题给出了新条件：李一定要入选，根据事实优先原则，先分析本条件。

找"李"，由②知：赵女不入选。

找"赵"，发现其他条件都没有"赵"，但由于赵是女性，故分析涉及女性的条件。

由①知，小组成员有女性，故钱女、孙女至少入选一人；又根据③知，钱女与孙女不能都入选。故二人必然一人入选，一人不入选。

即，要么钱入选，要么孙入选，D 项为真。

6. A

 本题给出了新条件：赵女和吴男入选。

根据"赵女入选"和②可知，李男不入选。

根据"吴男入选"和④可知，周男不会入选。

此时男性的情况为：李男不入选、周男不入选、吴男入选，郑男和王男暂时不确定。

由③知，钱女和孙女至多入选一，即 0 人入选或 1 人入选。

再加上已入选的赵女和吴男，共有 2 人或 3 人。

因为一共要选 4 人，故余下郑男和王男两人入选 2 人或 1 人，即郑男和王男至少入选一人。

故或者王入选，或者郑入选，A 项正确。

7. E

此题从 5 人中选择 3 人，故是选人问题中的<u>选多模型</u>。此题中的条件中出现多处选言和假言，故此题也可以看作<u>数量假言模型</u>，常用找矛盾法、二难推理法。

(1)甲和乙两人中至少要选择一人。

(2)乙和丙两人中至多能选择一人。

(3)如果选择丁，则丙和戊两人都要选择。

(4)在甲、乙、丙、丁和戊等 5 人中应选择 3 人。

题干信息中，条件(1)和(2)都只涉及了两个人，而条件(3)涉及了三个人。

故由条件(3)出发，若丁入选，则丙、戊都入选；由条件(1)可知，甲、乙中也至少还有一人入选；因此，至少 4 人入选，与条件(4)"5 人中有 3 人入选"矛盾。故丁不入选。

此时，余下的 4 人甲、乙、丙、戊中只有一人不入选。

由条件(2)：乙和丙两人中至多能选择一人，说明这两人中有人被淘汰。

故，甲和戊一定入选，E 项正确。

题型 21 排序问题

1. A

根据①可知，张刚第三个到达；根据③可知，赵大文第五个到达。剩余的三个顺序为：第 1、第 2 和第 4。根据②可知周莺、李达、王欣三人的先后顺序为周莺、王欣、李达；故，三人达到的名次分别是第 1、第 2、第 4。

综上，5 人达到公园的顺序依次为：周莺、王欣、张刚、李达、赵大文。故 A 项正确。

2. A

题干出现大小关系，可用不等式法求解。同时，题干中也有甲、乙、丙和大、中、小学教师的一一匹配，故此题也是个<u>两组元素的一一匹配模型</u>。

第 1 步：将题干信息用不等式表示。

①大学教师＞甲。

②乙＜小学教师，即：小学教师＞乙。

③小学教师＜丙，即：丙＞小学教师。

第 2 步：将能串联的不等式串联。

②、③中有重复元素，显然可以串联成：丙＞小学教师＞乙。

第 3 步：推出事实，判断选项的正确性。

故丙、乙均不是小学老师。所以，小学教师是甲。

则有：丙＞甲(小学老师)＞乙。

由"大学教师比甲的学历高"可知，丙是大学教师，故乙是中学教师。

综上，A 项正确。

3. B

 第1步：将题干信息用不等式表示。

①小王一共考了四门科目：政治、英语、专业科目一、专业科目二。

②英语＋专业科目二＝政治＋专业科目一。

③政治＋专业科目二＞英语＋专业科目一。

④专业科目一＞政治＋英语。

第2步：利用不等式的性质运算。

由②＋③可得：2×专业科目二＋英语＋政治＞2×专业科目一＋英语＋政治。

化简可得：专业科目二＞专业科目一。

第3步：推出事实，判断选项的正确性。

结合②可得：政治＞英语。

由④可得：专业科目一＞政治。

故有：专业科目二＞专业科目一＞政治＞英语，即B项正确。

4. C

 第1步：将题干信息用不等式表示。

①J＞O。

②O＞K。

③K＞M。

④N不是最后一名。

⑤P＜L；P＞N；P＞O。

第2步：将能串联的不等式串联。

将题干中可以串联的信息串联得：

⑥J＞O＞K＞M。

⑦L＞P＞O＞K＞M。

⑧P＞N。

 根据本题的已知条件，由于P、O、K的排名连续，故将三人捆绑为(POK)。

由⑥知，J＞O，则必有J＞(POK)。

故由⑥、⑦知，(L与J)＞(POK)＞M，J和L必然为前两名且位置不定。

由⑧知，P＞N，即(POK)＞N，又由④知，N不是最后一名，故只能是M是最后一名。

得：(L与J)＞(POK)＞N＞M。

因此A项可真可假，B、D、E项必然为真，C项必然为假。

5. B

 由⑥和⑦可知，票数大于O的有L、P、J三个人，所以O不可能是前三名；则K、M也不可能是前三名。

又知P＞N，但是不确定N和O的大小关系，若N小于O，则前三名为L、P、J；若N大于O，由于J和L、P的大小关系不确定，则L、P、N、J都可能为前三名。

综上所述，最多有4人是前三名，B项正确。

6. B

因为 P＞J，根据⑥和⑦可知：L＞P＞J＞O＞K＞M。

根据④和⑧可知，N 在 P 和 M 之间的任意位置。

所以，L、P 一定分别为第一名、第二名，M 一定是倒数第一名，其余四人的位置不定。

故最多 3 人的位置可以确定。

7. B

本题的问题为"哪一项列出了<u>可以</u>被第一个录制的唱片的完整且准确的清单"，故可采用选项排除法。

由条件④可知，L 不在第一位，排除 C 项和 D 项。

由条件⑤可知，M 不在第一位，故排除 E 项。

此时只余下 A 项和 B 项，观察这两项，发现 A 项中没有 H，而 B 项中有 H，故分析 H。

假设 H 排在第一位，必然满足条件④。由条件①知，F 排在第二位。

故，剩下的 G、J、K、L、M 五张唱片只要满足条件②和⑤即可。随便排出一种可能的情况，即可说明 H 可以排在第一位。例如表 3-15。

表 3-15

第一位	第二位	第三位	第四位	第五位	第六位	第七位
H	F	G	L	M	J	K

故 B 项正确。

8. C

根据条件④和⑤可知，M 之前必然有 H 和 L，此时，M 最早在第三位。又由条件①"F 必须排在第二位"，故 M 之前至少有 H、L、F 三张唱片，即 M 最早排在第四位录制。

9. D

已知：⑥G 紧挨在 H 的前面。

由条件④和⑤可知：H＜L＜M。

又由条件⑥可得，$\boxed{GH}$＜L＜M。

定捆绑与动捆绑

如果甲与乙相邻，且两个人的位置固定，我们称为定捆绑，用符号 $\boxed{甲乙}$ 表示；甲乙下方的小横线理解为：甲和乙用棍子固定了，因此位置换不了了。

如果甲与乙相邻，且两个人的位置可以互换，我们称为动捆绑，用符号 $\boxed{甲乙}$ 表示；甲乙下方没有小横线，故甲和乙可以动来动去，互换位置。

若 G 在第一位，根据条件⑥则可知，H 在第二位；与条件①矛盾；因此，G 不能在第一位。

结合条件①"F 必须排在第二位"，则必有：F（第二位）＜$\boxed{GH}$＜L＜M。

所以，J 和 K 中必然有一人在第一位；由于第二位必须是 F，因此，J、K 两人必然是一人在 F 前，一人在 F 后。即 J 和 K 不可能相邻，D 项必然为假。

题型 22 方位问题

1. A

题干已知 E、F、G、H、I 自北向南一字形排列，又有以下信息：

①F 与 H 相邻并且在 H 的北边，将 FH 捆绑，得 FH。

②I 和 E 相邻，即 IE。

③G 在 F 的北边某个位置。

题干出现由北往南一字形排列，故此题为一字方位模型。

由此题的问题知：G 与 I 相邻并且在 I 的北边，即 GI

又由条件②IE 知，GIE，即自北往南为 G、I、E，且三座岛相邻。

再根据条件③和①可知，F 和 H 位于 E 的南边。

再结合条件①中"F 在 H 的北边"可得，5 个岛由北至南的顺序依次为：G、I、E、F、H。

故 A 项正确。

2. C

方法一：穷举法。

由此题的问题知：G 在最北边。根据题干已知条件，由北至南可能的情况为：

①G、F、H、I、E。

②G、F、H、E、I。

③G、I、E、F、H。

④G、E、I、F、H。

方法二：排列组合法。

此题也可以使用排列组合的方法：

G 在最北边，位置固定，不用考虑。将 FH 和 IE 进行排列 A_2^2，再将 IE 进行内部排列 A_2^2，

故共有 $A_2^2 A_2^2 = 4$(种)可能的排列顺序，C 项正确。

3. C

题干出现由从左往右呈现一字形排列，故此题为一字方位模型。但此题在排序的基础之上，还需要将 6 种蔬菜与 6 块菜地进行匹配，故此题也可以认为是一一匹配模型。

此题补充⑤：S 种植在偶数号的菜池中，即：S 种植在 2 号、4 号、6 号菜池中的一个。

找重复信息"S"，发现③中涉及"S"。由⑤分析可知，S 不种植在 3 号菜池中，故由③可得，3 号菜池种植 Y。

又由题干"每块菜池只能种植其中的一种"，故 L 不种植在 3 号菜池中。再结合④可知，S 不种植在 2 号菜池中。

若 S 种植在 6 号菜池，其右边将没有位置种植 L，因此，S 不能种植在 6 号菜池中。再结合⑤可得，S 种植在 4 号菜池中。

综上，Y 种植在 3 号菜池，S 种植在 4 号菜池。故 C 项正确。

4. B

此题补充条件⑥：S和Q种植在奇数号的菜池中。

A项，若H种植在1号菜池中，根据①可知，Q将无地方种植，故此项排除。

B项，Y种植在2号菜池，由③可知，S种植在3号菜池，再由④可知，L种植在4号菜池。此时还需要满足①、②，故存在以下可能：X种在1号菜池，Q种在5号菜池，H在6号菜池。满足题意，故B项可能为真。

考试时，解到此处即可选择B项然后做下一道题了。做练习时我们可以继续分析其余选项。

C项，H种植在4号菜池，则由①知Q种植在1、2、3号菜池中的一个。由③可知，Q不可能种在3号菜池。再由⑥知，Q种在奇数池，故Q不可能种在2号菜池。此时，Q只能种在1号菜池，由②知，X种在6号菜池。综上，1、4、6号菜池被占用。由④知，L紧挨着S的右侧种植，故只能是S在2号菜池（与⑥"S在奇数池"矛盾），L在3号菜池（与③"3号菜池种植Y或S"矛盾），故排除此项。

D项，L种植在5号菜池，由④知S种在4号菜池，与⑥"S在奇数池"矛盾，排除此项。

E项，L种在1号菜池，无法满足④，排除此项。

5. B

题干中出现左、中、右三个位置，呈一字形排列，故此题为一字方位模型。另外，此题还涉及位置、家乡、目的地的匹配，故此题也是三组元素的一一匹配模型。

先将题干中的座位和目的地列入表3-16。

表3-16

座位	左边	中间	右边
目的地	法国	德国	英国
家乡（某国人）			

④和⑤是两个人一问一答，因此，"要去法国的乘客"和"德国人"并非同一人，即：德国人不去法国。再根据④可知，德国人也不去自己的家乡德国，故德国人去英国。

再结合③可知，德国人坐在右边。

由④可知，法国人的目的地不是家乡法国，故法国人去德国，余下的英国人去法国。

综上，可得表3-17。

表3-17

座位	左边	中间	右边
目的地	法国	德国	英国
家乡（某国人）	英国人	法国人	德国人

故B项"中间座位的乘客是法国人"正确。

6. C

题干出现8个人坐在圆桌周围，故此题为围桌而坐模型。

根据题干，可画一个圆桌并编号，如图3-10所示。

题干中没有确定事实，故从重复信息出发作为突破口。

发现②、③中均有T先生，故先把T先生的位置安排好，不妨令其坐在1号位。

由②可知，H太太坐在T先生对面(5号位)的女士的右手边，故H太太在4号位。

由③可知，T先生右边的人是位女士(8号位)，她的对面4号位也是位女士，这位女士坐在F先生左边的第2个位置，故F先生在2号位。

此时可得图3-11。

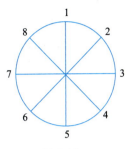

图 3-10

图 3-11

由①可知，G先生的左边也是位先生，故G先生只能坐在6号位。故H先生在7号位。故由①可知，F太太在3号位。

此时可得图3-12。

由图3-12可知，H先生和H太太被隔开了。故C项正确。

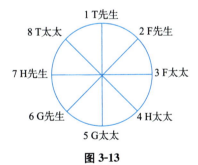

图 3-12

7. A

由于"只有一对夫妇是被隔开的"，故G太太坐5号位，T太太坐8号位，可得图3-13。

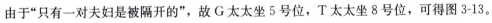

图 3-13

故A项"G太太和H太太相邻"正确。

8. B

题干出现7个家庭成员坐在长方形桌子周围，故此题为围桌而坐模型。本题的提问方式为"下面哪项是可以接受的"，故使用选项排除法。

根据(4)，阿姨和爸爸不能相邻，排除A、E项。

根据(5)，若爸爸不坐在桌头时，爷爷坐在桌头，排除C、D项。

故B项正确。

9. B

因为爷爷与小明相对，且题干的已知条件中有相邻元素存在，因此，可以从这些特殊的位置关系入手。

已知：(6)爷爷坐在小明的对面。

根据(6)可知，爷爷不坐在桌头，故(5)的后件为假，可得：爸爸坐桌头。

由(3)"妈妈和阿姨相邻"，可知妈妈、阿姨及爷爷和小明中的一个坐在桌子的一边，余下的三人坐在桌子的另外一边。如图 3-14 所示。

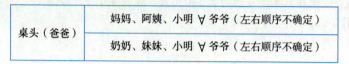

图 3-14

此时，爷爷和小明不可能坐在桌子的中间位置，否则不满足妈妈和阿姨相邻。

由(2)"妹妹坐在靠近桌尾处"，可知爷爷和小明坐在靠桌头的一侧。如图 3-15 所示。

图 3-15

所以奶奶一定坐在中间，与妹妹相邻。故 B 项正确。

10. D

已知：小明坐在爸爸的对面，故爸爸不坐在桌头，由(5)可知，爷爷在桌头。

已知：小明与阿姨相邻，又由(3)可知，妈妈和阿姨相邻。故阿姨坐在小明和妈妈的中间，三人在桌子的同一边。

由(2)可知，妹妹在另外一边靠近桌尾处。若小明也坐在另一边的桌尾处，则小明与妹妹对面，与"小明坐在爸爸的对面"矛盾，故小明只可能坐在靠近桌头处，爸爸坐在他的对面。故可得图 3-16。

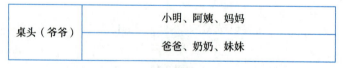

图 3-16

因此，妈妈坐在离桌头最远的位置，并且其对面是妹妹。故 D 项正确。

11. B

题干是十字路口的四个方向上分别有饭店、旅馆、书店和火车站，故此题为<u>东南西北方位模型</u>。

根据已知条件"书店在饭店的东北方"，可知有两种可能，即：

情况 1：书店在东方，饭店在南方；情况 2：书店在北方，饭店在西方。

假设情况1为真，饭店在南方，则饭店不可能在火车站的西北方，不满足条件，排除。故只可能是情况2。

此时，根据"饭店在西方"和"饭店在火车站的西北方"，可知火车站在南方。由于旅行者此时在十字路口，故他往南走即可到达火车站，即 B 项正确。

继续推理，可知由于书店在北方，故旅馆在东方。

题型 23 数独问题

1. E

 本题为<u>数独问题</u>。解题关键在于找突破口。

 本题较为简单，突破口很多。由于第一列中已知信息较多，不妨从第一列入手。

根据每行、每列不重复可知，第一列第四行的交点不能填"爱国"，故只能填"敬业"。所以，①处填"爱国"。可得图 3-17。

爱国	②	③	④
友善		敬业	
诚信	友善		
敬业			爱国

图 3-17

根据每行、每列不重复可知，第一行和第四列均不能填"爱国"。故，第二行第四列的交点处也不能填爱国，所以第二行第二列的交点填"爱国"，第二行第四列的交点填"诚信"。如图 3-18 所示。

爱国	②	③	④
友善	爱国	敬业	诚信
诚信	友善		
敬业			爱国

图 3-18

由以上分析知，②处不能填"爱国"，故只能填"敬业"。故第二列最下方填"诚信"。易知第三列最下方填"友善"。如图 3-19 所示。

爱国	敬业	③	④
友善	爱国	敬业	诚信
诚信	友善		
敬业	诚信	友善	爱国

图 3-19

由以上分析知，④处不能填"诚信"，故③处填"诚信"。观察第一行可知，④处填"友善"。
故①、②、③、④依次填入的是：爱国、敬业、诚信、友善。

2. E

由于每个特殊框内均有"金"，并且每列不能重复；因此，②所在的特殊框内，"金"必然是
在②左边的空格。如图 3-20 所示。

水				金
	土			
			金	②
		木		火

图 3-20

由于每行不能重复，因此，"木"字所在特殊框中，"火"只能填在第四行第一列。如图 3-21
所示。

水				金
	土			
火		③	金	②
		木		火

图 3-21

由“每行不重复”可知，③不是金、火。

由“每列不重复”可知，③不是木。

由“每个特殊框不重复”可知，③不是土。

因此，③是水。第四行还剩木、土。

根据“每列不重复”可知，③左边的空格不是土，因此，一定是木，故②是土。

综上，E项正确。

3. C

详细解析 根据每行、每列均不重复可知，第一列第三行的交点不是1、5、2、3，因此，第一列第三行是4。

因为第四行已经有3，根据“每列含有1～5这5个数字”，故第一列第四行不能是3，因此，第一列第四行、第一列第五行(①)分别是2、3。

补充后如图3-22所示。

1	②	4		
5	1		③	
4	2		3	
2				3
①3			1	

图 3-22

由于“粗线条围成的小区域内均含有1、2、3、4、5个数字”，因此，②是3。

根据“行、列、粗线框不重复原则”可知，③不能填入1、2、3、5。因此，③填入的是4。

综上，①、②、③方格中依次填入的数字为3、3、4。

题型 24 其他综合推理

1. D

题干信息 ①小刘说：如果我不知道的话，小红肯定也不知道。

②小红说：刚才我不知道，听小刘一说我就知道了。

③小刘说：哦，那我也知道了。

④小刘仅知道月份，小红仅知道日期。

详细解析 题干中的月份均有多个不同的日期，因此，在小刘知道月份的情况下，他不知道张老师的生日。

故由①知，小红不知道张老师的生日。

小刘能断定小红不知道张老师的生日，说明，已知月份(M值)的情况下，这个月里的每个日期(N值)都是重复的。因为，如果这个月里有一个日期不重复而是唯一的，那么小红就可以只通过日期判断张老师的生日。

6月中，有7日这个唯一日期；12月中，有2日这个唯一日期；故排除6月和12月。

故张老师的生日在3月或9月。

根据②可知，此时，小红确定了张老师的生日。

说明小红所知道的日期（*N*值）在3月和9月具有唯一性，这样才可以通过*N*值判断生日。

因此，排除3月和9月重复的日期：5日。

此时，张老师的生日还有三种可能：3月4日、3月8日和9月1日。

根据③可知，此时小刘知道了张老师的生日，说明小刘此时可以仅根据月份（*M*值）确定生日，由于3月有两种可能，无法直接确定生日，故排除3月。

综上，张老师的生日是9月1日。

2. E

①甲乙丙丁戊己庚辛壬癸为十干，也称天干。子丑寅卯辰巳午未申酉戌亥为十二支，也称地支。

②顺次以天干配地支，如甲子、乙丑、丙寅、……、癸酉、甲戌、乙亥、丙子等，六十年重复一次，又称六十花甲子。

③公元2014年为甲午年，公元2015年为乙未年。

由②可知：④干支纪年60年一循环。

由题干信息可得表3-18。

表3-18

年份	2014	2015	2016	2017	2018	2019	2020	2021	2022	2023	2024	…
天干	甲	乙	丙	丁	戊	己	庚	辛	壬	癸	甲	…
地支	午	未	申	酉	戌	亥	子	丑	寅	卯	辰	…

由上表信息可知，2024年为甲辰年，故D项错误。

由上表信息可知，2018年为戊戌年，再结合④可知，2078年也为戊戌年，故B项错误。

根据天干十年一循环可知，2047年、2087年的天干均与2017年一致，即：2047年、2087年的天干为"丁"，故C项错误。

根据地支12年一循环可知，2087年的地支和2015年地支一致（2087＝2015＋6×12）；因此，2087年的地支为"未"。

综上，根据干支纪年，公元2087年为丁未年，故E项正确。

3. C

①甲说他手里的两数相加为10。

②乙说他手里的两数相减为1。

③丙说他手里的两数之积为24。

④丁说他手里的两数之商为3。

由①可得，甲拿的可能是1和9，2和8，3和7，4和6。

由③可得，丙拿的可能是3和8，4和6。

由④可得，丁拿的可能是1和3，2和6，3和9。

根据上述信息可知，满足丙要求的组合数最少，故可以此为突破口，进行分类讨论。

若丙拿的是3和8，那么丁拿的是2和6，因此，甲拿的是1和9，剩余的数字为4、5、7，则乙拿的是4和5，剩下没人拿的数字则为7。

若丙拿的是4和6，那么分为两种情况：①若丁拿的是1和3，则甲拿的是2和8，剩余的数字为5、7、9，则乙拿的数字不满足题干要求。②若丁拿的是3和9，因此，甲拿的是2和8，剩余的数字为1、5、7，则乙拿的数字也不满足题干要求。

故C项正确。

4. B

 ①张老师的班里有60个学生，男生30个，女生30个。

②40个学生喜欢数学。

③50个学生喜欢语文。

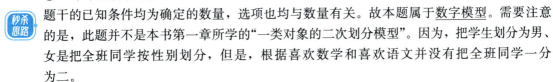 题干的已知条件均为确定的数量，选项也均与数量有关。故本题属于数字模型。需要注意的是，此题并不是本书第一章所学的"一类对象的二次划分模型"。因为，把学生划分为男、女是把全班同学按性别划分，但是，根据喜欢数学和喜欢语文并没有把全班同学一分为二。

若Ⅰ项为真，那么喜欢语文的人最多有40个，不符合③，故Ⅰ项为假。

若Ⅱ项为真，那么喜欢数学的人最多有40个，符合题干，故Ⅱ项可能为真。

若Ⅲ项为真，那么喜欢数学的人最多有30个，不符合②，故Ⅲ项为假。

故B项正确。

第3节 真假话推理秒杀技巧

题型25 真假话问题

1. D

 题干已知四个判断"只有一假"，故此题为真假话问题。优先找矛盾关系。如果题干中没有矛盾，则根据"只有一假"，可以找反对关系。

 甲：所有人都得了奖学金。

乙：¬班长 → ¬学习委员。

丙：¬班长。

丁：有的没得奖学金。

第1步：找矛盾。

甲与丁的话矛盾，必有一真一假。

第2步：判断其他已知条件的真假。

根据"只有一假"可知，乙和丙说的都是真话。

第3步：推出结论。

由丙说真话可知，班长没得奖学金。又由乙的话为真可知，学习委员也没得奖学金。可见，甲说的是假话，丁说的是真话。故正确答案为D项。

2. B

 题干已知四个判断"两真两假"，故此题为<u>真假话问题</u>。优先找矛盾关系，如果题干中没有矛盾，可以找其他对当关系：反对关系、下反对关系、推理关系。

 ①小王∨小陈。

②¬ 小王→小李，等价于：小王∨小李。

③¬ 小王∧¬ 小陈。

④小王。

第1步：找矛盾。

①和③互为矛盾关系，故①和③一真一假。

由于已知"两真两假"，故②和④一真一假。

第2步：找其他对当关系。

④和②是推理关系，如果④为真，则②也为真，与"②和④一真一假"矛盾。故④为假。因此，②为真。

第3步：推出结论。

根据④为假可知：小王未被录用。

根据②为真可知：¬ 小王→小李，故小李被录用。

故 B 项正确。

3. B

 题干已知四个判断"只有一真"，故此题为<u>真假话问题</u>。优先找矛盾关系，如果题干中没有矛盾，则根据"只有一真"，可以找下反对关系或推理关系。

 ①冰箱部门经理：手机部门赢利。

②彩电部门经理：冰箱部门赢利→¬ 彩电部门赢利，等价于：¬ 冰箱部门赢利∨¬ 彩电部门赢利。

③电脑部门经理：¬ 手机部门赢利→¬ 电脑部门赢利。

④手机部门经理：冰箱部门赢利∧彩电部门赢利。

第1步：找矛盾。

根据公式"A→B"与"A∧¬ B"矛盾，可知②和④矛盾，必有一真一假。

第2步：判断其他已知条件的真假。

根据"只有一真"，可知①和③都为假。

第3步：推出结论。

由①为假，可知：手机部门没有赢利。

由③为假，可知：手机部门没有赢利∧电脑部门赢利。

所以，电脑部门没有赢利必然为假，即 B 项必然为假，其余各项均可能为真。

4. C

 题干已知四个判断"只有一真"，故此题为<u>真假话问题</u>。优先找矛盾关系，如果题干中没有矛盾，则根据"只有一真"，可以找下反对关系或推理关系。

 ①¬ 山南队→江北队，等价于：山南队∨江北队。

②¬ 山北队∧¬ 江南队。

③江南队。

④￢山南队。

第 1 步：找矛盾。

题干中没有矛盾关系。注意：②和③可以同时为假，故不是矛盾关系，而是反对关系。

根据"只有一真"，找题干中的下反对关系或推理关系。

第 2 步：找下反对关系或推理关系。

①和④为下反对关系，至少有一真。

可用二难推理证明如下：

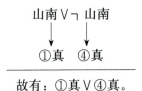

故有：①真∨④真。

再根据"只有一真"，可知②、③均为假。

第 3 步：推出结论。

由③为假可得：￢江南队。

再由②为假可得：山北队∨江南队；等价于：￢江南队→山北队。

故山北队是冠军队，即 C 项正确。

5. D

本题的题干信息与上题几乎完全相同，但是，上题是已知这四个判断"只有一真"，而本题是已知这四个判断"只有一假"。根据上题的分析，我们已经知道题干中没有矛盾关系。此题要注意：

当已知"只有一真"时：可以找下反对关系、推理关系。

当已知"只有一假"时：可以找反对关系。

①￢山南队→江北队，等价于：山南队∨江北队。

②￢山北队∧￢江南队。

③江南队。

④￢山南队。

第 1 步：找矛盾。

题干中无明显的矛盾关系。根据"只有一假"，找题干中的反对关系。

第 2 步：找反对关系。

②和③是反对关系，至少有一假。

可用二难推理证明如下：

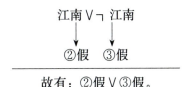

故有：②假∨③假。

再根据"只有一假"，可知①和④均为真。

第 3 步：推出结论。

由④真可知：￢山南队。

再由①真可知：￢山南队→江北队，故江北队是冠军，即 D 项正确。

6. C

题干已知 4 个判断"只有一假"，故此题为<u>真假话问题</u>。优先找矛盾关系。如果题干中没有矛盾，则根据"只有一假"，可以找反对关系。

①甲：¬ 李→¬ 张，等价于：李∨¬ 张。

②乙：¬ 李∧张。

③丙：王→¬ 赵，等价于：¬ 王∨¬ 赵。

④丁：¬ 王∧¬ 李。

第 1 步：找矛盾。

根据公式"A∨¬ B"与"¬ A∧B"矛盾，可知①和②矛盾，必有一真一假。

第 2 步：判断其他已知条件的真假。

根据"只有一假"，得③和④都为真。

第 3 步：推出结论。

由丁的话为真可知，小王和小李都未进决赛。故 C 项正确。

> **注意：**
>
> 题干中并未说明 4 人中有几人进入半决赛，故在解题过程中，不可根据常识认为题干中 4 个人是有 2 人进决赛，再结合第 3 步推出的结论认为小张和小赵进入决赛。

7. B

题干已知三个判断"只有一个被采纳"，即，只有一个判断为真，故此题为<u>真假话问题</u>。优先找矛盾关系，如果题干中没有矛盾，则根据"只有一真"，可以找下反对关系或推理关系。

①王总经理：纳米∧生物医药。

②赵副总经理：智能←生物医药，等价于：¬ 生物医药∨智能。

③李副总经理：纳米∧生物医药→智能，等价于：¬ 纳米∨¬ 生物医药∨智能。

第 1 步：找矛盾。

题干中无明显的矛盾关系。根据"只有一真"，找题干中的下反对关系或推理关系。

第 2 步：找其他对当关系。

②和③是推理关系。若②为真，则③也为真，与"只有一真"矛盾，因此②为假。

第 3 步：推出结论。

根据②为假可得：生物医药∧¬ 智能。

根据题干的已知条件，无法判断"纳米技术"是否发展，即：纳米技术可能发展，可能不发展。故只有 B 项符合董事会的研究决定。

8. D

题干已知四个判断"只有一个符合事实"，即，只有一个为真，故此题为<u>真假话问题</u>。优先找矛盾关系，如果题干中没有矛盾，则根据"只有一真"，可以找下反对关系或推理关系。

①临东区旅游局局长：临西区第三→江北区第四，等价于：¬ 临西区第三∨江北区第四。

②临西区旅游局局长：江南区第二→¬ 临西区第一，等价于：¬ 江南区第二∨¬ 临西区第一。

③江南区旅游局局长：¬ 江南区第二。

④江北区旅游局局长：江北区第四。

第1步：找矛盾。

题干中无明显的矛盾关系。根据"只有一真"，找题干中的下反对关系或推理关系。

第2步：找其他对当关系。

③和②是推理关系。若③为真，则②也为真，与"只有一真"矛盾，因此，③为假。

④和①是推理关系。若④为真，则①也为真，与"只有一真"矛盾，因此，④为假。

第3步：推出结论。

根据③、④为假可得：⑤江北区不是第四、江南区第二。

综上，可知要么①为真，要么②为真。

可进行如下假设：

假设①为真，则②为假，即江南区第二并且临西区第一，再由⑤可知，江北区第三，故临东区第四。

假设②为真，则①为假，即临西区第三并且江北区不是第四，故江北区第一、江南区第二、临西区第三、临东区第四。

所以，无论①和②哪个为真，都可推出临东区第四。故 D 项正确。

9. C

 题干中有三种对成绩的预测，已知这三种预测"每一种均对了一半，错了一半"，故此题为一个人多个判断问题。可应用选项排除法、假设法、找对当关系法来进行解题。

 方法一：找反对关系法。

(2)中的"绿队获得第三名"和③中的"绿队获得第四名"两者为反对关系，至少一假；再根据"每一种估计均对了一半，错了一半"可得，(2)、(3)中的另外两句"蓝队获亚军""红队获亚军"至少一真。因此，黄队获亚军一定为假。根据"每一种估计均对了一半，错了一半"和(1)可知：(4)蓝队获得冠军。

根据(2)、(4)可知，绿队获得第三，再结合(3)可知，红队获得亚军。

综上，第一名至第四名的顺序为：蓝队、红队、绿队、黄队。

方法二：假设法。

假设"黄队获亚军"为真，则"绿队得第三名""绿队得第四名"均为真，与题干矛盾。故"蓝队获冠军"为真。

根据"每一种均对了一半，错了一半"可知，"绿队得第三名""红队获亚军"为真。

综上，第一名至第四名的顺序为：蓝队、红队、绿队、黄队。

10. B

 题干中有人说真话，有人说假话，故此题为真假话问题。

 由于不易判断谁说真话，不妨假设张山说真话。

故张山的话"李思说谎了"为真。由李思说谎，可知，李思"王武说谎了"为假。故王武说真话，即，"张山和李思都说谎了"为真。此时，"张山说谎"与假设矛盾，故假设不成立，即，张山说假话。

由"说假话的人前后两句说的都是假话"，可知，张山的话"李思说谎了"为假，即：李思说真话。故，李思的话"我出场3次，张山出场1次，王武没出场"，为真。

故 B 项正确。

11. A

 题干中四个人对三个箱子里的物品进行了预测，已知每人的预测均有对错，故此题为一个人多个判断问题。可应用选项排除法、假设法、找对当关系法来进行解题。

 题干已知：4 人中有 1 个人恰好猜对了 2 个，其余 3 人都只猜对了 1 个，即 12 个猜测中有 5 个是正确的，有 7 个是错的。

对 1 号箱的猜测：因为李思和赵陆的猜测一样，故对于 1 号箱中的物品，4 人共计有 3 个猜测。由于"1 号箱"和"奖品"是一一匹配，因此，这 3 个猜测，至少有 2 个是错的。

对 3 号箱的猜测：4 人的猜测全部不同，而"4 号箱"和"奖品"也是一一匹配，因此，这 4 个猜测中，至少有 3 个是错的。

因此，对于 1 号箱和 3 号箱的猜测，至少有 5 个是错的。结合题干中"12 个猜测 5 真 7 假"可知，对 2 号箱的猜测中，至多有 2 个错误的。

若"2 号箱是 vivo 手机"，则张珊、李思、赵陆对 2 号箱的猜测均错误，排除。

若"2 号箱是荣耀手机"，则张珊、李思、王伍对 2 号箱的猜测均错误，排除。

故 2 号箱子里放的只能是华为手机，A 项正确。

第4章 论证

第❶节 四大核心题型秒杀技巧：削弱题

题型 26 普通论证的削弱

1. A

题干中有关键词"因此"，可知"因此"前面是论据，"因此"后面是科学家的结论。

科学家：①深海间歇泉附近生长着这种虾爱吃的细菌类生物；②间歇泉能发射一种暗淡的光线————证明→这种虾背部的感光器官是用来寻找间歇泉，从而找到食物的。

A项，这种虾的感光器官对间歇泉发射出的光并不敏感，那么显然它不可能通过感光器官来寻找间歇泉，提出反面论据，从而削弱科学家的结论。

B项，无关选项，题干讨论的是"虾"，此项讨论的是"人"。（干扰项·偷换论证对象）

C项，此项试图质疑题干中的背景信息"在那里生长着它爱吃的细菌类生物"，论证逻辑题中一般默认背景信息为真，故对背景信息进行质疑的选项一般可直接排除。

D项，无关选项，题干的论证不涉及"其他品种的虾"。（干扰项·偷换论证对象）

E项，首先，题干的论证不涉及"其他品种的虾"。另外，此项中"同样发现"一词，间接肯定了题干中的"这种虾"也可以，略有支持。

2. A

题干中有关键词"因此"，可知此前为论据，此后为结论。

题干的论据：

①如果检查得足够彻底，就会使那些本没有疾病的被检查者无谓地饱经折腾，并白白地支付了昂贵的检查费用。

②如果检查得不够彻底，又可能错过一些严重的疾病，给病人一种虚假的安全感而延误治疗。

③一个医生往往很难确定该把一个检查进行到何种程度。

题干的结论：

对普通人来说，没有感觉不适就去接受医疗检查是不明智的。

A项，支持题干，说明病人确实可以在感觉到不适之后再去医院检查。

其余各项均提供新论据，说明即使没有感觉到不适，也应该去医院接受医疗检查，削弱题干。

3. E

题干中有关键词"这非常明显地证明"，可知此前为论据，此后为结论。

题干：①为了节省燃油，大多数航空公司都尽量减轻飞机的重量；②过去，最安全的飞机座椅是非常重的，因此只安装很少的这类座椅；③今年，最安全的座椅卖得最好————证明→现在的航空公司在安全和省油这两方面更倾向重视安全。

A项，无关选项，题干的结论是"今年"和"现在"的情况，去年的销售量最大的飞机座椅是不是最安全的座椅，并不影响结论的成立性。（干扰项·转移论题）

B项，无关选项，"宣称"重视安全不代表"事实上"重视安全。

C项，在今年的油价有所提高的情况下仍然选择了重量更重的、不省油的安全座椅，说明航空公司确实更重视安全了，支持题干。

D项，无关选项，题干的论据不涉及价格上的比较。（干扰项·无关新比较）

E项，削弱题干，最安全的座椅恰好是重量更轻的座椅，说明航空公司仍然重视省油。

4. E

题干中有关键词"因此，专家们推测"，可知此前为论据，此后为结论。

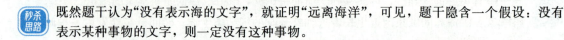题干："亚里洛"中没有表示"海"的文字，但有表示"冬""雪""狼"的文字————→使用"亚里洛"_{证明}

文字的部落或种族在历史上生活在远离海洋的寒冷地带。

既然题干认为"没有表示海的文字"，就证明"远离海洋"，可见，题干隐含一个假设：没有表示某种事物的文字，则一定没有这种事物。

根据"A→B"与"A∧¬B"矛盾可知，举一个反例，说明"没有表示某种事物的文字∧有这种事物"，即可削弱题干的这个隐含假设。

A、B、C项，都是"有表示某种事物的文字"，与隐含假设不矛盾，不能削弱题干。

D项，"没有表示山的文字"，但亚里洛地区可能有山也可能没有山，故不能削弱题干。

E项，由于任何一个地区一定有云，故此项可以说明"没有表示云的文字∧有云"，故此项可以削弱题干。

E项也可以认为是构造和题干类似的论证（类比），而此论证的结论显然是荒谬的（归谬）。即，一个地区没有表示"海"的文字就能证明这里没有海吗？照此来说，没有表示"云"的文字，也就没有云了，而一个地区没有云显然是荒谬的。

5. A

题干中有关键词"其理由是"，可知此前是消费者的行为，此后是消费者行为的理由。

题干：通过透明包装可以直接看到包装内的食品，这样心里有一种安全感，因此，消费者往往喜欢挑选那些用透明材料包装的食品。

A项，光线会对食品营养造成破坏，说明消费者的选择有坏处，削弱消费者的选择。

B项，食品包装与食品卫生没有直接关系，最多说明消费者的选择没有好处，但不能说明消费者的选择有坏处，故此项与A项消费者的选择有坏处相比，削弱力度弱。

C项，"牛奶"仅是一种个例，而且"风味上的变化"可能是好的变化也可能是坏的变化，故此项不能削弱题干。

D项，说明透明包装有利于消费者在挑选产品时排除不新鲜的食品，支持消费者的选择。

E项，世界上许多国家采用阻光包装，不能说明这一做法的合理性，犯了诉诸众人的逻辑错误。

题型 27 拆桥模型的削弱

1. B

锁定关键词"由此得出结论"，可知此前为论据，此后为论点。

题干：得分高的学生对该评价体系的满意度都很高————→表现好的学生对这个评价体系都_{证明}很满意。

论据的论证对象(主语)是"得分高的学生",论点的论证对象是"表现好的学生",二者不同,因此,本题是论证对象不一致型的拆桥模型,指出论证对象的区别即可秒杀。

 A项,题干的论证对象是"得分高的学生",此项是"得分低的学生",偷换了题干的论证对象,不能削弱题干。

干扰项·偷换论证对象

选项中的论证对象与题干中的论证对象不一致,则选项犯了偷换论证对象的逻辑错误,选项是无关选项。

B项,拆桥法,指出了题干中论据与论点中论证对象的区别,故可以削弱。

C项,此项等价于:"有的得分低的学生对该评价体系不满意",偷换了题干的论证对象,不能削弱题干。

D项,无关选项,此项涉及的是该评价体系的"作用",而题干涉及的是"满意度",转移论题,不能削弱题干。

干扰项·转移论题

选项讨论的话题与题干讨论的话题不一致,则选项犯了转移论题的逻辑错误,是无关选项。

干扰项中,常用偷换概念的方式完成论题的转移。

如:涉及与医疗相关的话题时,常偷换以下几个概念:影响、致病、预防、诊断、治疗、治愈、病因、症状。

再如:偷换时间概念。

E项,无关选项,题干不涉及"今年"和"去年"的比较,不能削弱题干。

干扰项·无关新比较

选项中出现与题干无关的新比较,是无关选项。它常有两种表现形式:

1. 题干中无比较,选项进行了比较。例如:

题干:老吕很帅。

选项:老吕不如于宴帅。

选项分析:老吕不如于宴帅,并不能否定老吕很帅。比如于宴全球华人第一帅,老吕全球华人第二帅,那么老吕确实不如于宴,但也还是帅的。故此项并不能很好地削弱题干。

2. 题干中有比较,选项中进行了另外一个比较。例如:

题干:老吕的头发比康哥多。

选项:老吕的英语不如康哥好。

选项分析:"老吕的英语不如康哥好",与"老吕的头发比康哥多"显然是两个不同的话题,选项提出了一个新的比较,是无关选项。

---

2. E

 锁定关键词"由此认为",可知此前为论据,此后为论点。

调查者:爱笑的老人对自我健康状态的评价往往较高 ——证明——> 爱笑的老人更健康。

论据和论点中的论证对象都是"爱笑的老人"（论据对象相同），但是，论证对象的性质不同。论据中"对自我健康状态的评价往往较高"是主观判断，而论点中"更健康"是客观事实，二者存在概念偷换，因此，本题是**偷换概念型的拆桥模型**，指出概念的区别即可秒杀。

A 项，无关选项，题干未涉及"乐观的老人"和"悲观的老人"哪个更长寿的比较。（干扰项·无关新比较）

B 项，指出了部分老人"对自我健康状态的评价不高"的原因，但题干不涉及对原因的分析，无关选项。

> **干扰项·无效他因**
>
> 当题干中分析一个现象的原因时，我们可以用"另有他因"来进行削弱。但是题干不是分析现象的原因时，若选项中出现对原因的分析，则这样的选项是无关选项。

C 项，无关选项，题干不涉及男性和女性的比较。（干扰项·无关新比较）

D 项，指出了"老年人生活更乐观"的原因，但题干不涉及对原因的分析，无关选项。（干扰项·无效他因）

E 项，拆桥法，指出"对自我健康状态的评价往往较高"与"更健康"的区别，即自我健康评价较高不一定就更健康，可以削弱题干。

3. D

锁定关键词"由此指出"，可知此前为论据，此后为论点。

研究人员：幸福或者不幸福不意味着死亡风险的高低 ——证明——→ 不幸福不会对健康状况造成损害。

研究人员的论据和论点的主语均为"幸不幸福"（论据对象相同），但宾语不同（论证对象的性质不同），论据中的宾语是"死亡风险"，论点中的宾语是"健康状况"，指出二者的区别即可秒杀。

A 项，指出题干中的调查存在难度，但是，有难度不代表不能做到，因此不能削弱题干。

B、C 项，"有的"老年人的情况是个别情况，一般不能反驳调查结论。

> **干扰项·不当反例**
>
> 1. 反例可反驳一般性、绝对化结论。
>
> 2. 反例不能反驳多数人的情况、不能反驳平均值、不能反驳调查结论（除非这个调查结论是针对所有人的）。出现用反例来反驳这类情况时，就可称为不当反例。
>
> 3. 不当反例的常用句式："有的""有的不""并非所有""可能不"。
>
> 例如：
>
> "有的人没考上"，可以反驳"所有人考上了"，但不能反驳"多数人考上了"。
>
> "张三可能考不上"可以反驳"张三必然考上"，但不能反驳"张三有可能考上"。
>
> "张三是研究生，但收入不高"，可以反驳"研究生的收入一定很高"，但不能反驳"研究生的平均收入很高"。

D 项，拆桥法，指出了"死亡风险"和"健康状况"的不同，可以削弱题干。

E 项，"少数"个体的情况，不能反驳调查结论。（干扰项·不当反例）

4. B

> **论证结构** 锁定关键词"因此"，可知此前为论据，此后为论点。
>
> 题干：照片<u>只能反映物体某个侧面的真实</u>，而不是全部的真实 —证明→ 以照片作为证据是不恰当的（即，照片<u>不应作为证据</u>）。

> **秒杀思路** 论据和论点的论证对象均为"照片"，但论证对象的性质不同。因此，割断"只能反映物体某个侧面的真实"和"不应作为证据"的联系即可秒杀。

> **选项详解** A项，削弱论据，说明有照片可以反映物体的全部真实，但"理论上说"不代表"实际上"已经做到了，故削弱力度较弱。
>
> B项，此项搭建了"只能反映物体某个侧面的真实"和"可以作为证据"的桥梁，即拆了"只能反映物体某个侧面的真实"和"不应作为证据"的桥梁，故削弱力度最大。
>
> C项，此项中的"参考价值"不等于题干中的"证据"，不能削弱。
>
> D项，说明"有些照片"确实不能作为证据，支持题干。但此项并不能说明所有照片都不能作为证据，故作为支持项，其力度也是很小的。
>
> E项，无关选项，题干不涉及不同照片之间的比较。（干扰项·无关新比较）

题型 28   归纳、类比、演绎的削弱

1. E

> **论证结构** 锁定关键词"这说明"，可知此前为论据，此后为论点。
>
> 某博主：1 000 余个跟帖的<u>网民</u>中85％赞同其观点（关于房价未来走势的文章中的观点） —证明→ 大部分<u>民众</u>赞同该观点。

> **秒杀思路** 论据中的论证对象是"网民"，结论中的论证对象是"民众"，前者是后者的子集。故此题是归纳论证模型，一般指出样本没有代表性或调查者/被调查者不中立即可削弱题干。注意此题的结论为"大部分民众"赞同该观点，并不是绝对化的，故不能用举反例进行削弱。

> **选项详解** A项，无关选项，题干仅涉及是否赞同该"观点"，不涉及是否赞同其"分析"。（干扰项·偷换论证对象）
>
> B项，无关选项，题干仅涉及"关于房价未来走势的文章"，与"其他文章"无关。（干扰项·偷换论证对象）
>
> C项，"有的"跟帖持反对意见，不能削弱85％的人赞同博主的观点。（干扰项·不当反例之有的不）
>
> D项，解释了博主的观点受到认同的原因，故此项支持该博主的结论。
>
> E项，指出题干中的调查对象大部分为该博主的忠实粉丝，作为忠实粉丝当然可能会赞同该博主观点，故样本没有代表性，可以削弱该博主的结论。

2. C

> **论证结构** 锁定关键词"由此指出"，可知此前为论据，此后为论点。
>
> 题干：《就业指南》杂志所做的问卷调查中，超过半数的答卷都把教师作为首选的职业 —证明→ 随着我国教师社会地位和经济收入的提高，大学生毕业后普遍不愿意当教师的现象已经成为过去。

题干用调查问卷得出一般性结论，故此题是**归纳论证模型**，一般指出样本没有代表性或调查者/被调查者不中立即可削弱题干。

 A项，题干不涉及"教师平均收入"与"其他各行业"的比较。（干扰项·无关新比较）

B项，此项指出样本数量只有 1 000 人，即试图说明因为样本数量不足导致样本没有代表性，但由于 1 000 人也不算是很小的样本，而且这 1 000 人遍及 100 多所院校，说明样本在广度上还是有一定的代表性的，故此项削弱力度弱。

C项，指出题干中调查的对象是师范生，师范生当然更有意愿当老师，他们的意见无法代表其他学生的情况，故样本没有代表性，削弱题干。

D项，无关选项，《就业指南》杂志本身是否有影响力，与其做的调查是否真实有效无关。

E项，对于一项调查来说，问卷的回收率越高越好，故此项支持题干。

3. E

 此题没有明显的关键词，此时要根据语意来判断论证结构。论点必须"有所断定"，论据一般为"事实描述"。本题题干第一句话做出了断定，故为论点；第二句话是事实描述，故为论据。

题干：妇女比男子平均矮 15 公分、轻 15 公斤，在遇到暴力事件时，妇女没有男子有效 ——证明→ 妇女适合当警察的想法是荒唐的。

 题干用"遇到暴力事件时"这一特殊情况，总结出"妇女不适合当警察"这个一般性结论，故此题是**归纳论证模型**。

 A项，"有的"妇女比男性高大，不能削弱妇女"平均"比男性矮小。（干扰项·不当反例之有的不）

B项，无关选项，当警察需要经过训练，并不能反驳妇女比男性矮小的事实。

C项，两可选项，由此项无法确定当"罪犯或受害者是妇女"时，女警察处理更有效还是男警察处理更有效。如果妇女更有效，则说明妇女适合当警察，削弱题干；如果男警察处理更有效，则支持题干。

干扰项·两可选项

在削弱或支持题中，如果出现一个选项既存在支持题干的可能性，又存在削弱题干的可能性，则称为两可选项。

D项，支持题干，说明妇女不适合当警察。

E项，举反例，说明有适合妇女的警察职位，削弱题干。注意，本题的结论是"妇女适合当警察的想法是荒唐的"，即"妇女不适合当警察"是一般性结论，因此举反例是有效的。

4. E

 锁定关键词"据此"，可知此前为论据，此后为论点。

题干：在全校师生的抽样调查中，姚军得到 65％以上的支持，得票最多 ——证明→ 最受欢迎的学生会干部是姚军。

 题干用一个调查问卷得出结论，故此题是**归纳论证模型**，一般指出样本没有代表性或调查者/被调查者不中立即可削弱题干。

 A项，无关选项，一般认为选项位置不影响被调查者的选择。

B项，支持题干，说明调查的结果具备普遍的代表性。

C项，多数被调查者不关注学生会成员及其工作，并不影响投票的百分比，故此项不能削弱题干。

D项，"有部分人"没有发表意见，不能削弱调查的有效性。（干扰项·不当反例之有的不）

E项，指出被调查对象不中立，存在偏向姚军的可能，削弱题干。

5. E

 锁定关键词"据此认为"，可知此前为论据，此后为论点。

 题干：注射灭活疫苗可使人体产生对**伤寒、霍乱、流行性脑膜炎等病毒**的抗体 —————→ 研发
证明

灭活疫苗将是人类对抗**新冠病毒**的有效途径。

 题干由"伤寒、霍乱、流行性脑膜炎等病毒"的情况类比到"新冠病毒"的情况，指出类比对象有本质差异即可削弱（也可以认为是拆桥法）。

A项，不能削弱，因为"存在一定的难度"不代表研发灭活疫苗不可行。

干扰项·存在难度

看以下两个断定：

①吕酱心可以很容易地考上研究生。

②吕酱心可以考上研究生。

"考上研究生存在难度"可以质疑①，但不能质疑②，因为有难度并不代表不可行。

B项，不能削弱，因为灭活疫苗不能使人产生"完全的免疫效果"，不代表研发灭活疫苗不是"有效途径"。

干扰项·否定最高级

看以下两个断定：

①你喜欢我，我长得帅肯定是最重要的原因。

②你喜欢我，我长得帅肯定是原因之一。

"帅不是最重要的原因"可以质疑①，但不能质疑②，因为"不是最重要的原因"与"是原因之一"并不矛盾。

类似的：

"不仅仅"只可以削弱"仅仅"。

"不是唯一的"只可以削弱"唯一"。

"不是最重要的"只可以削弱"最重要"。

"不完全"只可以削弱"完全"。

其中"仅仅""唯一""最重要""完全"我们可以认为是最高级，故选项中出现"不仅仅""不是唯一的""不是最重要的""不完全"，则称这个选项为"否定最高级"，常用作削弱题的干扰项。

C项，不能削弱，对于疫苗来说，只要副作用不是非常严重也可使用。

D项，不能削弱，其他措施是有效的，并不能说明题干中的措施无效。

E项，可以削弱，指出了题干中类比对象的差异。

6. E

论证结构　锁定关键词"因此"，可知此前为论据，此后为论点。

题干：①人乘坐一次航班所受到的辐射量，不会大于接受一次牙齿 X 光检查。②一次牙齿 X 光检查的辐射量对人体的影响几乎可以忽略不计——证明→空姐不必担心自己的职业会对健康带来潜在的危害。

秒杀思路　题干由"乘坐一次航班"的情况类比到"空姐"的情况，指出类比对象有本质差异即可削弱（也可以认为是拆桥法）。

选项详解　A项，不能削弱，题干并没有表示辐射对人体无害，只是指出乘坐航班受到的辐射量较小，构不成危害。

B项，说明辐射的影响对空姐存在，但是这种影响不确定是大还是小，如果影响大则削弱题干，如果影响小则支持题干（干扰项·两可选项），而且，题干也不涉及辐射对乘客的影响。（干扰项·偷换论证对象）

C项，题干说的是"飞机的辐射量"不大于"牙齿 X 光检查的辐射量"，此处"飞机的辐射量"并不仅限于"X 射线"造成的辐射，而是包括其他辐射，故此项指出"可能有其他辐射"不能削弱题干。

D项，无关选项，"治疗"手段是否先进与辐射是否"影响"健康无关。

E项，削弱题干，指出虽然一次航行所受到的辐射对人体几乎无影响，但由于空姐长期处于飞行状态，那么随着辐射时间的延长、次数的增多，就会影响其健康。指出了"一次航行"的情况与"空姐"的情况之间的差异。

7. C

论证结构　锁定关键词"因此"，可知此前为论据，此后为论点。

题干中的论据：

①非饱和脂肪酸含量高和饱和脂肪酸含量低的食物有利于预防心脏病。

②鱼通过食用浮游生物中的绿色植物使得体内含有丰富的非饱和脂肪酸"奥米加·3"。

③牛和其他反刍动物通过食用青草同样获得丰富的非饱和脂肪酸"奥米加·3"。

题干中的论点：

多食用牛肉和多食用鱼肉对于预防心脏病都是有效的。

秒杀思路　题干由"鱼"的情况类比到"牛和其他反刍动物"的情况，解题思路为指出类比对象有本质差异。观察论据，鱼"体内含有"奥米加·3，而牛和其他反刍动物"获得"奥米加·3。因此，只要指出牛和其他反刍动物"获得"奥米加·3后，"体内不含"奥米加·3，即可削弱。

选项详解　B项，此项涉及的是"消费者数量"，与牛肉是否能预防心脏病无关。（干扰项·转移论题）

C项，说明牛"获得"的大量非饱和脂肪酸被转化为了饱和脂肪酸，即指出"获得"不代表"体内含有"，削弱题干。

A、D、E项，都给出了新的比较（含量、可吸收度、发病率），但这些新的比较最多能说明牛肉预防心脏病的效果不如鱼肉好，但无法说明牛肉无效。

8. D

论证结构　锁定关键词"由此得出结论"，可知此前为论据，此后为论点。

记者的论据：

①每个强队都必须有一位核心队员，他总能在关键场次带领全队赢得比赛，即，核心队

员：关键场次→赢得比赛。

②有友南参赛的场次，西海队胜率高达75.5％，另有16.3％的平局，8.2％的场次输球；而在友南缺阵的情况下，西海队的胜率只有58.9％，输球的比率高达23.5％。

记者的结论：

友南是上赛季西海队的核心队员。

秒杀思路 记者的论据①是个一般性前提，记者的结论是个别性（只针对友南）结论，故记者的论证是个演绎论证。质疑演绎论证的常见思路是：质疑一般性前提、质疑隐含假设。

选项详解 A项，主教练的话是一种主观判断，未必是事实，不能削弱记者的结论。

> **干扰项·诉诸主观**
>
> 　　用缺少论据的主观观点来削弱或支持客观事实是没有力度的。比如："老吕认为自己长得帅"无法反驳"事实上，老吕长得丑"。

B项，"小组赛中西海队已经确定出线后的比赛"是"非关键场次"，故此项为"非关键场次∧没有赢球"，与一般性前提①不矛盾。

C项，队长的话是一种主观判断，未必是事实，不能削弱记者的结论。（干扰项·诉诸主观）

D项，关键场次∧没有赢球，与一般性前提①矛盾，故此项最能削弱记者的结论。

E项，题干讨论的是"上赛季"，此项讨论是"本赛季"，无关选项。（干扰项·转移论题）

9. A

论证结构 总经理：只有用最流行畅销的明星产品面对农村居民，才能获得他们的青睐。

即：￢明星产品→￢获得青睐。

秒杀思路 总经理的结论出现了绝对化词"只有，才"，故此题是绝对化结论模型，直接找结论的矛盾命题即可反驳。

选项详解 A项，￢明星产品∧获得青睐，与总经理的结论矛盾，最能质疑其论述。

B项，明星产品∧￢获得青睐，与总经理的结论不矛盾，不能质疑其论述。

C项，无关选项，总经理的结论不涉及"产品质量"和"获得青睐"之间的关系。

D项，无关选项，总经理的结论不涉及"虚假广告"。

E项，无关选项，总经理的结论不涉及"白领"。

10. A

论证结构 办公大楼法则：当企业所有的重要工作都已经完成，其时间和精力就开始集中在修建办公大楼上，因此，如果一个企业的办公大楼设计得越完美，装饰得越豪华，则该企业离解体的时间就越近（即，豪华→变差）。

秒杀思路 办公大楼法则的结论中出现绝对化词："如果，那么"，故此题是绝对化结论模型，直接找结论的矛盾命题即可反驳。

选项详解 A项，办公大楼装修得美轮美奂，但企业的事业蒸蒸日上，即"豪华∧￢变差"，与"办公大楼法则"的结论矛盾，最能削弱题干的结论。

B、C项，说明了办公大楼装修豪华的恶果，支持题干。

D项，企业办公大楼越破旧（无因），该企业就越有活力和生机（无果），支持题干。

E项，削弱题干的论据，但A项是题干观点的矛盾命题，故E项的削弱力度不如A项。

题型 29 找原因的削弱

1. C

论证结构 锁定关键词"为什么"，可知此题在找现象的原因。

现象：古希腊会产生城邦制，东方国家却长期存在君主专制。

亚里士多德认为的原因：野蛮民族，尤其是亚细亚蛮族的奴性比古希腊更大。

注意此题问的是"除哪项外"都能削弱。

秒杀思路 找原因型的题目，无论我们用何种方法削弱，其实都是为了说明题干中的原因找错了。但由于削弱方法有 6 种之多，我们一般无法直接预判命题人会用哪种方法命题，所以这种题直接分析选项即可。后面对于此类题（以及其他类型的题），如无必要（或无秒杀方法），我们不再写"秒杀思路"。

选项详解 A项，指出亚里士多德因果倒置，可以削弱。

B项，指出题干中现象的原因是"地理环境的差别"，另有他因，可以削弱。

C项，亚里士多德的观点在情感上是否被接受，与这一观点是否是事实无关，不能削弱。

> **干扰项·诉诸情感**
>
> 试图用情感而不是逻辑来说服别人，这是不恰当的。
>
> 例如：
>
> 陪我去逛街吧！如果你宁愿去上自习也不陪我逛街，我会有多伤心你知道吗？

D项，指出题干中现象的原因是"文化和社会组织不同"，另有他因，可以削弱。

E项，提出反面论据来反驳亚里士多德的观点，可以削弱。

2. C

论证结构 锁定"为什么""是因为"等关键词，可知题干是现象分析型结构，即摆现象、析原因。

题干：人类在长距离奔跑方面要比跑得更快的四足动物更有耐力（现象），这是因为，早期人类是炎热的非洲热带草原上的猎人，即需要奔跑来追赶猎物（原因）。

选项详解 A项，此项有助于说明早期人类确实通过长跑追赶猎物，明否暗肯，支持题干。

B项，此项有助于说明早期人类确实是非洲热带草原上的猎人，明否暗肯，支持题干。

> **干扰项·明否暗肯**
>
> 有一些选项，看起来是否定的语气，但实际上肯定了题干的论证，这种选项叫明否暗肯项。
>
> 例如：
>
> 张三喜欢老吕，是不是因为老吕帅？
>
> ①张三喜欢老吕不仅仅是因为老吕帅。
>
> ②帅仅仅是张三喜欢老吕的原因之一。③除了帅以外，张三还喜欢老吕开着玛莎拉蒂时的专注的眼神。
>
> ①、②、③其实都肯定了帅是张三喜欢老吕的原因，是支持项。

C项，削弱题干，直接说明早期人类不是靠追赶猎物打猎而是通过偷偷靠近来围猎猎物，否因削弱。

D项，说明了狩猎的重要性，但与"长跑"无关。（干扰项·转移论题）

E项，题干涉及的是"早期人类"为什么能形成长跑能力，而此项涉及的是"今天的人类"。（干扰项·偷换论证对象）

3. C

锁定关键词"由此可以得出结论"，可知此前是论据，此后是论点。

观察论据，发现论据是一个现象，而论点是对这个现象的解释。因此，这是一个<u>现象分析型</u>的题目。此时，我们可以将题干中的"由此可以得出结论"，替换为"这是因为"，来帮助我们理解题意。

题干：S市持有驾驶证的人员增加，但交通死亡事故却明显减少（现象），<u>这是因为</u>，S市驾驶员的驾驶技术提高了（原因）。

A项，另有他因，可能是违反交通规则的人变少了导致交通死亡事故减少，削弱题干。

B项，另有他因，交通管理力度加强导致交通死亡事故减少，削弱题干。

C项，支持题干，驾校的培训标准提高了，意味着驾驶员的驾驶技术通过培训得到了提高。

D项，另有他因，由于油价上涨，开车的人也变少了，交通死亡事故减少，削弱题干。

E项，另有他因，路况改善导致交通死亡事故减少，削弱题干。

4. D

锁定关键词"主要原因是"，可知题干是<u>现象分析型</u>结构，即摆现象、析原因。

题干：在过去的十年中，美国年龄在85岁或以上的人口数量开始大量增长（现象），<u>这是因为</u>，这些人在脆弱的孩提时期享受到了美国的良好的健康医疗照顾（原因）。

A项，无关选项，父母寿命低于65岁，无法解释为什么年龄85岁或85岁以上的人会增加。

B项，无关选项，题干不涉及不同年龄组出生人数的比较。（干扰项·无关新比较）

C项，无关选项，题干的论证只涉及寿命，不涉及是否需要护理。（干扰项·转移论题）

D项，指出美国很多85岁以上的人是在20岁或20岁以后才移民至美国的，那么他们在孩提时期并没有享受到美国的良好医疗照顾，否因削弱。

E项，联邦政府用于怀孕妇女和儿童的医疗护理的资金减少（无因），美国公民的寿命有可能会缩短（无果），支持题干。

5. D

锁定关键词"由此认为"，可知此前为论据，此后为论点。观察论据，可论据是一种现象，而论点是对此现象的解释，故此题为<u>现象分析型</u>结构，即摆现象、析原因。可用"这是因为"来替换"由此认为"，来帮助我们理解题意。

题干：蜘蛛越老，结的网就越没有章法（现象），<u>这是因为</u>，随着时间的流逝，这种动物的大脑也会像人脑一样退化（原因）。

A项，无关选项，题干分析的是蛛网好坏的原因，此项分析的是优美的蛛网的作用。（干扰项·转移论题）

B项，年老蜘蛛的大脑较之年轻蜘蛛脑容量明显偏小，支持题干"随着时间的流逝，蜘蛛的大脑出现退化"。

C项，另外有一个原因"运动器官老化"导致了蜘蛛越老结的网就越没有章法。另有他因，可以削弱题干，但是，"运动器官老化"与"大脑退化"是可以共存的，有可能是这两种原因共同导致年老的蜘蛛结网能力变差。故此项并非必然的削弱，力度不如D项。

D项，说明"结网"与"大脑"不相关，直接割裂题干中的因果关系（因果无关），是必然的削弱，力度大。

E项，无关选项，题干分析的是蛛网好坏的原因，此项分析的是蛛网的功能。（干扰项·转移论题）

6. B

> **论证结构**

锁定关键词"有人认为"，可知此前是论据，此后是论点。观察论据，发现论据是一个现象，而论点是对这个现象的解释。故此题为**现象分析型**结构，即摆现象、析原因。此时，我们可以将题干中的"有人认为"，替换为"这是因为"，来帮助我们理解题意。

题干：中国科学院及工程院的新当选院士中有较高比例的官员（现象），这是因为，"官员身份"在院士评选中起到了非常大的作用（原因）。

> **选项详解**

A项，无关选项，是否有这样的规定是"规范"，而题干讨论的是"原因"。

B项，因果倒置，并非因为官员身份对院士评选有非常大的作用，而是优秀的学者对获得行政职务有帮助，可以反驳题干的论证。

C项，有官员身份的学者在"新当选院士"中的比例，不涉及有官员身份的学者在"学者"中的比例。

干扰项·无关新比例

题干中出现比例A，选项中出现B，这种选项为与题干无关的新比例，是无关选项。

例如：

绿柳中学的学生中，一本上线率为90%。可见，该校的教学质量很好。

选项：绿柳中学考上一本院校的人数占全市学生的比例并不高。

分析：

$$绿柳中学的一本上线率 = \frac{绿柳中学的一本上线人数}{绿柳中学的学生总数}。$$

可见，题干的论证与其在全市学生中的占比无关，选项为与题干无关的新比例。

D项，无关选项，优秀的官员可以兼任学者是一种"规范"，与其是否是"原因"无关。

E项，无关选项，是否应该因为官员身份的敏感性而剥夺官员当选院士的权利是一种"规范"，与其是否是"原因"无关。

干扰项·规范命题

规范命题亦称"道义命题""规范模态命题"，是指含有"必须（应该）""禁止""可以（允许）""可以不"这类规范词的命题。它是用来给人（规范的承受者）的行动提出某种命令或规定的命题。

例如：

行人必须遵守交通规则。

禁止随地吐痰。

大学生可以（允许）谈恋爱。

大学生可以（允许）不谈恋爱。

规范命题可以削弱规范命题，但不能削弱原因。

例如：

"大学生不应该结婚"可以削弱"大学生应该结婚"，但不能削弱"大学生张珊和李思结婚的原因是他们相爱"。

---

7. C

锁定关键词"这说明",可知此前是论据,此后是论点。观察论据,发现论据是一个现象;而论点是对这个现象的解释。故此题为**现象分析型结构**,即摆现象、析原因。此时,我们可以将题干中的"这说明",替换为"这是因为",来帮助我们理解题意。

题干:因偷盗、抢劫或流氓罪入狱的刑满释放人员的重新犯罪率,要远远高于因索贿、受贿等职务犯罪入狱的刑满释放人员(现象),<u>这是因为</u>,在狱中对上述前一类罪犯教育改造的效果,远不如对后一类罪犯(原因)。

A项,比较了学历的差异,但这种差异与重新犯罪率无关。(干扰项·无关新比较)

B项,无关选项,此项讨论的是刑事打击是否有效遏制贪污、受贿等职务犯罪,而题干讨论的是贪污受贿者经过劳动改造后,是否重新犯罪。(干扰项·转移论题)

C项,索贿、受贿等职务犯罪必须以有一定的职位为前提,但是刑满释放人员很难再得到官职,因此不再具备重新犯罪的条件,另有他因,削弱题干。

D项,职务犯罪的重新犯罪率= $\dfrac{职务犯罪的重新犯罪人数}{职务犯罪的总人数}$,与"整个服刑犯"无关。(干扰项·无关新比例)

E项,无关选项,题干讨论的是刑满释放后会不会再次犯罪,而不是犯罪之前有没有前科。(干扰项·转移论题)

8. A

锁定关键词"与……有关",可知此题为**现象分析型**结构。

题干:在南美洲的许多地方都有证据显示史前人类捕捉过剑乳齿象。由此可以推测,剑乳齿象的灭绝(现象)可能与人类的过度捕杀(原因)有密切关系。

A项,另有他因,说明有可能是史前动物之间经常发生的大规模相互捕杀导致了剑乳齿象的灭绝,削弱题干。

B项,支持题干,说明了剑乳齿象为什么会因为人类捕杀而灭绝。

C项,无关选项,"回迁现象"与"灭绝"无关。

D项,说明是人类活动导致了剑乳齿象的灭绝,这种人类活动如果是"捕杀",则支持题干;如果不是"捕杀",则削弱题干。(干扰项·两可选项)

E项,削弱力度弱,剑乳齿象幼年时自我生存能力弱,不代表它们不能生存(例如:在成年象抚育下生存)。

9. E

锁定关键词"导致了",可知此题为**前因后果型结构**。

专家:家庭和学校不适当的教育方法(原因) $\xrightarrow[\text{导致}]{}$ "男孩危机"现象(现象)。

A项,支持题干,为家庭的不恰当教育提供了新的论据。

B项,无关选项,题干不涉及"现在的"男孩与"过去的"男孩之间的比较。(干扰项·无关新比较)

C项,无关选项,题干中的"男孩危机"涉及的是"从小学到大学"的情况,而此项说的是"大学毕业后"的情况。(干扰项·转移论题)

D项,无法确定女性充当主要教育角色是否影响男孩的成长,如果确实影响则说明家庭和学校存在不适当教育,则支持题干;如果不存在影响,则此项为无关选项。

E项，另有他因，不是家庭和学校的教育方法不当，而是游戏泛滥导致了"男孩危机"现象，削弱专家的观点。

题型 30　求因果五法的削弱：求异法

1. E

 题干出现两组对象的对比实验，可知此题考查的是求异法：

第一块菜圃加入镁盐：产量高；

第二块菜圃没加镁盐：产量低；
_____

故：第一块菜圃较高的产量必然是由于镁盐。

 此题为对比实验模型，锁定另有差因即可秒杀，故 E 项为正确答案。

 A项，镁盐从第一块菜圃渗入了第二块菜圃可能影响实验结果，但"少量"一词说明影响不大，故此项排除。

B项，说明在加入高氮肥料但没有加入镁盐的情况下，产量还是不如加入镁盐高，支持题干。

C项，此项说明两块菜圃种的西红柿品种相同，排除他因，支持题干。

D项，说明加入镁盐还可以去除杂草，支持题干。

2. D

 题干出现两组对象的对比实验，可知此题考查的是求异法：

吃芹菜：95％不好斗；

不吃芹菜：53％好斗；
_____

证明：芹菜有助于抑制好斗情绪。

 A项，经常吃芹菜的女性更注意健身，另有差因，可以削弱。

B项，被调查者不中立，影响了实验结果，可以削弱。

C项，说明是心理因素作用导致题干中的实验结果，另有他因，可以削弱。

D项，解释了芹菜有助于抑制好斗情绪的原因，支持题干。

E项，调查者不中立，实验存在做弊的可能，可以削弱。

3. D

 题干出现前后对比的对比实验，可知此题考查的是求异法。

题干：使用放松体操和机能反馈疗法后，慢性牵张性头痛患者中有四分之三、周期性偏头痛患者中有一半人报告说，他们头痛的次数和剧烈程度有所下降——证明→利用放松体操和机能反馈疗法，有助于对头痛进行治疗。

 A项，可能是心理作用影响了实验结果，另有他因，削弱题干。

B项，被调查者不中立，影响了实验结果，削弱题干。

C项，可能是生活压力的减轻缓解了病情，另有他因，削弱题干。

D项，无关选项，该实验涉及的是两类患者治疗前后的比较，不涉及两类患者之间的比较，因此两组患者的人数是否相等并不影响实验结果的有效性。

E项，另有差因，是因为工作时间的减少导致不再头痛，可以削弱。

4. A

 题干出现两组对象的对比实验，可知此题考查的是求异法。

题干：获得奖学金的学生比那些没有获得奖学金的学生的学习效率平均要高出 25% —— 证明 ——→

奖学金提高了学生的学习效率。

 A项，学习效率高导致获得奖学金，而不是获得奖学金导致学习效率高，指出题干因果倒置，削弱题干。

B项，说明获得奖学金确实有利于提高学习效率，支持题干。

C项，此项说明"学习效率低的同学"可能是因为学习时间长而缺少正常的休息，但此项不涉及"获得奖学金的学生"和"没有获得奖学金的学生"之间的比较，不能削弱题干。

D项，此项给出了建议"应当采用定量方法进行研究"，但题干采用了定量研究，故此项不能削弱题干。

E项，没有获得奖学金的同学很难提高学习效率，无因无果，支持题干。

5. B

 题干出现"一次"与"多次"感染疟疾的对比，故此题考查的是求异法：

多次感染疟疾：产生免疫力；

一次感染疟疾：还会再次感染；
————————————————

故：感染一次疟疾后，免疫系统仅受到轻微的激活；多次感染疟疾可产生有效的免疫反应。

 A项，无关选项，题干不涉及"其他疾病"。（干扰项·偷换论证对象）

B项，另有他因，指出不是感染一次疟疾后免疫系统没有产生有效的免疫反应，而是疟疾有几种不同类型，导致后来的多次感染，削弱题干。

C项，无关选项，题干仅讨论"感染疟疾后是否产生免疫反应"，而此项讨论的是"疟疾的传播方式"。（干扰项·转移论题）

D项，无关选项，题干不涉及"隔离"。（干扰项·转移论题）

E项，无关选项，题干不涉及"遗传"。（干扰项·转移论题）

6. E

 题干出现两组对象的对比实验，可知此题考查的是求异法：

在夏威夷出生的人的平均寿命：77 岁；

在路易斯安那州出生的人的平均寿命：71.7 岁；
————————————————

所以，一对来自路易斯安那州的新婚夫妇定居夏威夷会延长其孩子的寿命。

 A项，路易斯安那州首府出生的人的平均寿命是 78 岁，并不能反驳该州出生的所有人的平均寿命为 71.7 岁。（干扰项·不当反例）

B项，另有差因：两个地区黑人比例不同。但是，由路易斯安那州的黑人比例最高，无法确定该州的黑人比例比夏威夷州的黑人比例高多少。而且，即使我们假定夏威夷州的黑人比例为 0，由于美国黑人的平均寿命仅比白人低"3～5 个百分点"，那么人种差异不可能造成题干中如此巨大的寿命差异。故此项削弱力度弱。

> **干扰项·无效差因**
>
> 对比实验要求"只能有一个差异因素影响实验结果"，不代表实验对象完全相同。实验对象之间的一些对实验结果无影响或影响很小的差异因素，可称为无效差因，不能削弱题干或削弱力度很小，常用作干扰项。
>
> 例如：我和康哥发量的差别，并不会引起我们教学质量的差别。因此，发量差别是一个无效差因。

C项，专家的个人观点未必为真，诉诸权威。

D项，指出夏威夷群岛环境污染程度低，有可能使寿命延长，支持题干。

E项，另有他因，说明决定寿命长短的更重要的因素是遗传而不是环境，削弱题干。注意，此项的用词为"决定性"因素，削弱力度大。

7. A

（论证结构）锁定关键词"因此"，可知此前为论据，此后为论点。论据是现象，论点是解释，故可把"因此"替换为"这是因为"来帮助我们理解题意。

题干：早期人类遗骸化石显示，我们的祖先很少有现代人常见的牙齿疾病（论据：差果），这是因为，早期人类的饮食很可能和现代人有很大的不同（论点：差因）。

（秒杀思路）题干的论据是两个对象的结果差异，论点是两个对象的原因差异，故此题为差果差因模型，使用另有差因即可秒杀。

（选项详解）A项，寿命的差异导致了题干中牙齿疾病的差异，即早期人类可能活不到牙病高发年龄，另有差因，削弱题干。

B项，说明了健康的饮食的作用，但无法解释题干中的结果差异，无关选项。

C项，支持题干，说明确实可能是饮食的不同导致题干中牙齿疾病不同。

D项，某些人的情况难以削弱整体发病率。（干扰项·不当反例之有的不）

E项，早期人类和现代人的食物都是熟食，无法解释题干中的结果差异，无关选项。

8. D

（论证结构）锁定关键词"这说明"，可知此前为论据，此后为论点。论据是现象，论点是解释，故可把"因此"替换为"这是因为"来帮助我们理解题意。

题干：大学的附属医院抢救病人的成功率比其他医院更低（论据：差果），这是因为，大学的附属医院的医疗护理水平比其他医院要低（论点：差因）。

（秒杀思路）题干的论据是两个对象的结果差异，论点是两个对象的原因差异，故此题为差果差因模型，使用另有差因即可秒杀。

（选项详解）A项，"有的医生"的情况不能说明两类医院的医疗护理水平。（干扰项·不当反例之有的不）

B项，说明了大学的附属医院与其他医院的差异，但大学附属医院的设备更好，无法解释为什么大学的附属医院抢救病人的成功率更低，故不能削弱题干。（干扰项·无效他因）

C项，说明了大学的附属医院医疗护理水平低的原因，支持题干。

D项，指出是因为病情严重程度的差异导致了题干中抢救成功率的差异，另有差因，削弱题干。

E项，肯定了抢救病人的成功率是评价医院的标准，故有利于说明题干的论点成立，支持题干。（干扰项·明否暗肯）

9. C

锁定关键词"由此可见",可知此前为论据,此后为论点。论据是现象,论点是解释,故可把"因此"替换为"这是因为"来帮助我们理解题意。

题干:在因成绩优异被推荐免试攻读硕士研究生的文科专业学生中,女生占70%,这是因为,该校本科生文科专业的女生比男生优秀。

题干的论据是一个百分比:推免的文科生中,女生占70%。

题干的论点是原因:文科女生优秀。

题干中的选项也是百分比,故此题为百分比对比模型。直接使用秒杀口诀"同比削弱,差比加强"。

C项,在该校本科生文科专业学生中,男生占30%以下,即女生占70%以上,同比削弱,故此项可以削弱题干。使用赋值法证明,假设该校共有1 000人,假设其中200人被推荐免试读研,则被推免读研的女生共有140人,由C项知该校共有700余名女生(可设刚好为700人),则有表4-1。

表4-1

学生1 000人	推免读研200人	未推免读研800人
女生700人	140人	560人
男生300人	60人	240人

故女生的推免率为$\frac{140}{700}=20\%$,男生的推免率为$\frac{60}{300}=20\%$,可见男生和女生的推免率是相等的,女生并不比男生优秀。

10. D

锁定关键词"因此",可知此前为论据,此后为论点。

题干:80%的胃溃疡患者都有夜间工作的习惯 $\xrightarrow{\text{证明}}$ 夜间工作容易造成的自主神经功能紊乱是诱发胃溃疡的重要原因。

题干用百分比证明因果关系,D项和E项也是百分比,故此题为百分比对比模型。

直接使用秒杀口诀"同比削弱,差比加强",可知此题D项为正确选项。

可使用赋值法证明,假设该校共有教员1 000人,由D项可知,其中有200人没有夜间工作习惯,800人有夜间工作的习惯。假设该校胃溃疡患者有100人,可知其中有80人有夜间工作的习惯,可得表4-2。

表4-2

教员1 000人	夜间工作800人	不夜间工作200人
胃溃疡100人	80人	20人
无胃溃疡900人	720人	180人

故有夜间工作习惯的教员的胃溃疡发病率为$\frac{80}{800}=10\%$,无夜间工作习惯的教员的胃溃疡

发病率为 $\frac{20}{200}=10\%$，是否有夜间工作的习惯，其胃溃疡的发病率是相等的，根据求异法可知胃溃疡与夜间工作无关。

 A 项，既然不能揭示二者的联系，那么就既不能削弱也不能支持题干，诉诸无知。

干扰项·诉诸无知

把没有证据当作削弱或支持一个观点的理由，就犯了"诉诸无知"的逻辑错误。

常见的句式有：尚不明确、有待研究、尚待确定、还需讨论等。

但要注意，在"心理学尚无法确定酱油为什么暗恋酱心"这句话中，"酱油暗恋酱心"是确定的，心理学不能确定的是"酱油暗恋酱心的原因"。

B 项，另有他因，可能是年龄大导致出现胃溃疡，但是"年龄大"与"夜间工作"可以共存，故此项为可能的削弱。另外，此题的问题是"以下哪项最能严重地削弱上述论证"，也就是说，我们应该优先质疑其论证关系。故此项不如 D 项削弱力度大。

C 项，无关选项，题干不涉及现在与过去的比较。（干扰项·无关新比较）

E 项，无关选项，题干讨论的是"胃溃疡"与"夜间工作"的关系，此项讨论的是"胃溃疡"与"失眠"的关系。

题型 31　求因果五法的削弱：其他方法

1. E

 锁定关键词"因此"，可知此前为论据，此后为论点。论据中出现三组实验对象的共变关系，可知此题为共变法模型。

题干：三组对象中，饮酒史越长，肝癌的发病率越高 $\xrightarrow{\text{证明}}$ 肝癌的发病与喝酒有关。

 共变法模型的常用削弱方法为：另有其他共变因素、共因削弱和因果倒置。另外，由于共变法得到的也是因果关系，故有因无果、无因有果、另有他因、因果无关等削弱因果的方法也适用于此类题。

 A 项，支持题干，此项肯定了"喝酒会导致肝癌"，医生不能确定的是"喝酒会导致肝癌的原因"。

B 项，无关选项，计算发病率时需要用到总人数，但总人数的多少不是影响肝癌发病率的原因。

C 项，无关选项，题干讨论的是肝癌的"原因"，而此项讨论的是肝癌的"治疗"。（干扰项·转移论题）

D 项，支持题干，排除了年龄差异导致肝癌发病率不同的可能。

E 项，另有其他共变因素：父辈肝癌发病率不同，说明可能是遗传因素导致了肝癌发病率不同，削弱题干。

2. C

 锁定关键词"得出结论"，可知此前为论据，此后为论点。

题干的论据两种现象同时出现：①儿童比成人运动的更多；②儿童比成人吸收的糖类多，

符合共变法模型的特点。论据①、②可以简化为：运动的越多，吸收的糖越多。

题干：按体重比例来看，儿童比成人吸收的糖类多，儿童比成人运动的更多 ——证明——> 糖类的

吸收和不同程度的运动所需要的热量是成正比的。

共变法模型的常用削弱方法为：另有其他共变因素、共因削弱和因果倒置。另外，由于共变法得到的也是因果关系，故有因无果、无因有果、另有他因、因果无关等削弱因果的方法也适用于此类题。

A项，支持题干，说明糖类消耗和运动有关。

B项，提供新的对照组，不参加有组织的运动的儿童反而比参加的儿童糖类吃得多，可以削弱题干。但要注意，此项中有两个问题："不参加有组织的运动"不代表运动量更小，因为可以参加其他运动。另外，题干中说的是"糖类吸收多"，而此项是"糖类吃得多"，这是不同的概念，故此项削弱力度小。

C项，题干使用的是共变法，认为儿童运动多导致消耗热量多，此处指出另有他因，说明身体生长是儿童糖类消耗多的原因，削弱题干。

D项，例证法，以长跑运动员的例子来证明运动与糖类摄入量的关系，支持题干。

E项，无关选项，题干不涉及"健康"问题。

3. C

由结论中的"得益于"一词可知结论为因果关系。题干的论据中有两种现象同时增长，故此题为共变法模型。

题干：

立氏化妆品的销量有了明显的增长；

广告的费用也有同样明显的增长；
_____

故：广告的促销作用 ——导致——> 立氏化妆品销量的增长。

共变法模型的常用削弱方法为：另有其他共变因素、共因削弱和因果倒置。另外，由于共变法得到的也是因果关系，故有因无果、无因有果、另有他因、因果无关等削弱因果的方法也适用于此类题。

A项，无关选项，题干不涉及立氏化妆品与其他化妆品的广告费用比较。（干扰项·无关新比较）

B项，立氏化妆品的购买者中（有果），很少有人注意到该品牌的广告（无因），可以削弱题干。

C项，看到了广告（有因），但并没有购买立氏化妆品（无果），说明广告无效，削弱力度大。

比较B项和C项的力度：B项指出有人没看广告，既然连广告都没看，就不能直接说明广告的作用；C项说明看了广告也不买，直接说明广告没有效果。故C项削弱力度更大。

D项，无关选项，题干不涉及立氏化妆品与其他化妆品的质量投诉比较。（干扰项·无关新比较）

E项，指出存在由于市场整体行情变好导致立氏化妆品的销量增加的可能，但这并不能直接否定广告的作用，故此项削弱力度弱。

4. C

锁定题干的关键词"越……越……"，可知题干暗含共变法求因果关系。

调查表明：双胞胎中，外表年龄差异越大，看起来老的那个就越可能先去世 ——证明——> 长着一

张娃娃脸的人意味着他将享有更长的寿命。

共变法模型的常用削弱方法为：另有其他共变因素、共因削弱和因果倒置。另外，由于共变法得到的也是因果关系，故有因无果、无因有果、另有他因、因果无关等削弱因果的方法也适用于此类题。

A项，此项"结果可能有所不同"是一种猜测，而不是事实。（干扰项·诉诸无知）

B项，质疑实验主持者个人，而不是质疑对方的研究结果，诉诸人身。

> **干扰项·诉诸人身**
>
> 质疑对方的人格、处境、地位，而不是用逻辑来质疑对方，就犯了诉诸人身的逻辑错误。诉诸人身可以理解为我们日常生活中常说的"人身攻击"。
>
> 例如：
>
> 吕酱油肯定考不上研究生，因为他的名字太难听。
>
> 注意：指出"调查者不中立"并不是诉诸人身。因为，如果调查者不中立，就存在调查结果不可信的可能。比如老吕的爸爸说老吕的课讲得好，这并不可信。因为老吕的爸爸可能出于亲情而偏袒老吕。

C项，因果无关，指出外表年龄与生命老化无关，削弱题干。

D项，此项解释的是"生命老化的原因"，而题干中寻求的是看起来老的人"先去世"的原因，故此项不能削弱题干。（干扰项·无效差因）

E项，无关选项，不涉及"外表显老"和"先去世"的关系。

5. B

题干：让患儿停止进食母乳而改用牛乳，他们的神经性皮炎并不能因此而消失——证明→存在别的某种原因（而不是母乳）引起小儿神经性皮炎。

题干通过排除小儿神经性皮炎的原因是"母乳"，从而肯定"存在别的某种原因"引起小儿神经性皮炎。故此题为**剩余法模型**。剩余法模型的削弱题，首先考虑"原因排除无效"。

A项，支持题干，说明有可能是"牛乳"这一其他原因引起小儿神经性皮炎。

B项，此项如果为真，说明有可能是"母乳"引起小儿神经性皮炎后一直未治愈，所以此时让患儿停止进食母乳而改用牛乳后症状也不会消失，从而说明题干的论证并没有排除"母乳"这一原因，削弱题干。

C项，支持题干，说明有可能是"家族史"这一其他原因引起小儿神经性皮炎。

D项，无关选项，题干不涉及母乳与牛乳哪个更容易"吸收"。（干扰项·无关新比较）

E项，支持题干，说明有可能是"过敏体质"这一其他原因引起小儿神经性皮炎。

题型 32 预测结果的削弱

1. D

锁定关键词"将会"，可知此题是对未来结果的预测。

题干：由于干旱，四川蜜橘的价格上涨——预测→橘汁酿造业的成本会上涨，橘汁的价格会有大幅度的提高。

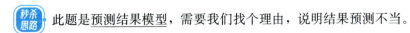

秒杀思路 此题是预测结果模型，需要我们找个理由，说明结果预测不当。

选项详解 A项，无关选项，题干讨论的是"最近"的情况，而此项讨论的是"去年"的情况。（干扰项·转移论题）

B项，无关选项，题干讨论的是"橘汁"，与"仿橘汁"无关。（干扰项·偷换论证对象）

C项，无关选项，题干不涉及"专家的估计"。（干扰项·无关新比较）

D项，说明四川蜜橘的价格上涨不一定能导致橘汁酿造业的成本上涨，削弱题干。

E项，无关选项，无法确定生产工艺和价格的关系。

2. E

论证结构 锁定关键词"可以"，可知此题是对未来结果的预测。

题干：随着互联网的飞速发展，足不出户购买自己心仪的商品已经成为现实———预测→人们可以通过网络购物来满足自己对物质生活的追求。

秒杀思路 此题是预测结果模型，需要我们找个理由，说明结果预测不当。

选项详解 A项，无关选项，题干不涉及"税费"问题。（干扰项·转移论题）

B项，不能削弱，可以通过实体店购买心仪的商品，不能削弱网络带来的便捷性。

C项，不能削弱，"商品展示不能完全反映真实情况"与"人们可以通过网络购物来满足自己对物质生活的追求"没有必然的联系。（干扰项·否定最高级）

D项，不能削弱，指出网络购物有负面影响，但影响人际间交流与满足对物质生活的追求之间的关系并未说明。

E项，对物质生活的追求仅与经济发展水平有关，与互联网的发展无关，因果无关，削弱题干。

3. B

论证结构 锁定关键词"将为"，可知此题是对未来结果的预测。

题干：①北极地区蕴藏着丰富的石油、天然气、矿物和渔业资源；②全球变暖使北极地区的冰面融化，使航线缩短上万公里———预测→北极的开发和利用将为人类带来巨大的好处。

秒杀思路 此题是预测结果模型，要注意此题的问题是"除哪项外"都能削弱，即找出不能削弱题干的选项。

选项详解 A、C、D、E项都指出了北极的开发和利用给人类带来了恶果，削弱题干。

B项，"当事国做了冷静搁置或低调处理"，说明北极的开发并没有带来恶果，因此不能削弱题干。

4. E

论证结构 此题没有明显的论证结构提示词，根据题干的内容可知首句是一个断定（论点），后面的话是理由，故题干的论证结构为：由于警力的增加带来的逮捕、宣判和监管任务的增加，势必需要相关部门同时增员，那么就要支付新增警员以及法庭和监狱新雇员的工资———证明→在目前财政拮据的情况下，在本市增加警力的动议不可取。

秒杀思路 题干的论据中有关键词"势必"，意思是"未来一定会"，故论据中存在对结果的预测，指出结果预测不当即可削弱。

A项，无关选项，费用由谁来承担，与费用是否太高无关。

B项，此项是一个表决心式的选项，此项为真并不能否定题干论证的合理性。

C项，支持题干，举一个类似的例子，说明增加警员的确会加大法庭、监狱的负担。

D项，此项等价于：有的侦察不导致逮捕，有的逮捕不导致宣判，有的宣判不导致监禁，"有的不"只能反驳"所有"，不能削弱题干。（干扰项·不当反例之有的不）

E项，说明警力增加到一定程度时，反而会减少犯罪，从而削弱"势必需要相关部门同时增员"，可以削弱题干。

5. E

锁定"未来……会"，可知此题是对未来结果的预测。

3D立体电影引起了某些演员的担心：随着计算机技术的发展，未来计算机生成的图像和动画会替代真人表演。

此题是预测结果模型，需要我们找个理由，说明结果预测不当。

A项，可以削弱，但导演只能和"真人"交流，不代表导演只能和"演员"交流，比如，导演可以和电脑动画制作者交流，再由电脑动画制作者完成电影，所以 A 项的削弱力度不如 E 项。

B项，演员可以跟上时代的发展并不能说明演员不会被取代，削弱力度弱。

C项，"未来尚不可知"说明存在演员被取代的可能。（干扰项·诉诸无知）

D项，某些人不喜欢看 3D 电影，不能说明电影行业的整体趋势。（干扰项·不当反例之有的不）

E项，最能削弱演员的担心，因为：如果电影故事只能用演员的心灵、情感来表现，则由于计算机生成的图像和动画并没有心灵、情感等，所以不太可能会替代作为真人的演员来进行表演。

6. C

一般来说，题干中出现"减轻了"这种带"了"的词汇，一般说明结果已经发生了，多数题都会寻找这一已经发生了的结果的原因。但此题中，捐赠品是加剧了还是减轻了博物馆的财政负担呢？这是一种对结果的讨论，而不是对原因的讨论，因此，此题是对未来结果的预测。

题干：对捐赠品的日常保管和维护是一笔昂贵的开支，甚至会超过该捐赠品的市场价

———→ 捐赠品事实上加剧而并非减轻了博物馆的财政负担。
预测

此题是预测结果模型，需要我们找个理由，说明结果预测不当。

A项，无关选项，是不是珍贵的历史文物，与是否增大了博物馆的开支无关。

B项，无关选项，由谁支付博物馆的开支，与是否增大了博物馆的开支无关。

C项，由于博物馆一般只接受允许并易于出售的赠品，因此，只要及时出售这些赠品，就不需要支出昂贵的开支来保管和维护它们，削弱题干。

D项，无关选项，即使保管和维护费用因藏品的等级而异，费用也一样有可能超过藏品的市场价。

> **干扰项·因人而异**
>
> 选项中出现因人而异、因物而异，这种选项一般是正确的废话，不能削弱题干。
>
> 例如：
>
> 酱油问康哥：你觉得我和酱心在一起合适吗？
>
> 康哥回答说：找对象这个问题因人而异。
>
> 你看，康哥说了一句正确的废话，他并没有支持或反对酱油和酱心在一起。

E项，无关选项，题干中不存在现在与过去的保管和维护费用的比较。（干扰项·无关新比较）

题型 33　措施目的的削弱

1. C

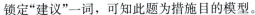
锁定"建议"一词，可知此题为措施目的模型。

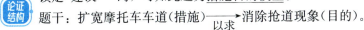
题干：扩宽摩托车车道（措施）——以求——→消除抢道现象（目的）。

对于措施目的模型的题目，优先考虑措施不可行、措施达不目的和措施弊大于利。

A项，事故"也许"会随着增多，那也许不会增多。（干扰项·诉诸无知）

B项，扩宽摩托车道会引发汽车驾驶者的意见，措施有较小的副作用，可以削弱，但力度弱。

C项，此项说明摩托车车道扩宽后，仍会有抢道现象，措施无效，是力度最强的削弱。要注意，题干结论中的"消除"是绝对化词，只要指出有反例即可削弱，故此项中的"有些"不影响力度。如果结论中的"消除"改为"减少"，则此项无法削弱。

D项，无关选项，题干的论证不涉及"违章问题"。（干扰项·转移论题）

E项，"需要进行项目评估"，那么就存在经过评估后证明可行的可能，也存在经过评估后证明不可行的可能。（干扰项·两可选项）

2. D

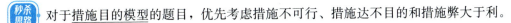
锁定关键词"为了""建议"，可知此题为措施目的模型。

市政府顾问：采取不同时间段上下班制度（措施）——以求——→缓解人们上下班的交通压力（目的）。

对于措施目的模型的题目，优先考虑措施不可行、措施达不目的和措施弊大于利。

A项，措施会影响有些人的工作积极性，但要注意弱化词"有些"，说明措施副作用较小，削弱力度弱。

B项，措施短期内会影响工作效率，即措施短期内有副作用，削弱力度弱。

C项，无关选项，题干中的措施是"不同单位"在不同时间段上下班，而此项涉及是"同一单位"不能同时上下班的影响。（干扰项·转移论题）

D项，说明即使采取了错开上下班时间的措施避开早高峰和晚高峰，交通拥堵仍然会经常发生，措施达不到目的，削弱题干。

E项，无关选项，题干中指出交通拥堵是"机动车太多"造成的，与"有些"步行上下班的人

无关。（干扰项·不当反例之有的不）

3. E

[论证结构] 锁定关键词"达到……目的"，可知此题为措施目的模型。

某科学家：用火箭弹等方式将二氧化硫充入大气层，阻挡部分阳光（措施）——以求→给地球表面降温（目的）。

[秒杀思路] 对于措施目的模型的题目，优先考虑措施不可行、措施达不目的和措施弊大于利。

[选项详解] A项，措施会导致航空乘客呼吸不适，"不适"这样的副作用较小，削弱力度较弱。

B、C项，都提出了给地球表面降温的新措施，但即使这种新措施是有效的，也无法说明题干中的措施无效。

> **干扰项·其他措施**
>
> 结构（1）：措施 A 可以达到目的。
>
> 这种结构的题干，"另有其他措施"的选项是干扰项，不能削弱题干。
>
> 例如：
>
> 坐飞机可以到达北京。
>
> 反驳：坐高铁可以到达北京。
>
> 这一反驳是无效的，因为坐高铁能去北京，并不能反驳坐飞机也可以去北京。
>
> 结构（2）：为了达到目的必须用措施 A。
>
> 这种结构的题干，"另有其他措施"可以削弱，即，有其他方式也可以达到目的，未必用措施 A。
>
> 例如：
>
> 去北京，必须（一定要）坐飞机。
>
> 反驳：去北京可以坐高铁。
>
> 这一反驳是有效的，既然坐高铁也可以去北京，那么就不必非得坐飞机。

D项，措施有副作用，但是无法知道此种方式对大气层的影响有多大，故削弱力度较小。

E项，说明题干中的措施只能短暂降温，温度还是会再次回升，那么，这个措施就无法真正达到降温的目的，即说明措施无效，削弱力度最大。

4. C

[论证结构] 注意此题的问题是："最能反驳上述支持者的观点？"锁定"支持者"，可知其观点是"复活动物有望恢复某些地区被破坏的生态环境"。后面的"例如，猛犸象……"是论据。

"复活动物"是一种措施，再锁定关键词"有望""将有助于"，可知此题为措施目的模型。

支持者：复活动物（措施）——以求→恢复某些地区被破坏的生态环境（目的）。

[选项详解] A项，措施有副作用，可以削弱。

B项，题干的背景信息中提及人类可以复活"一些"早已灭绝的动物，而不是"整个种群"，故此项不能削弱题干。

C项，题干复活动物的目的是恢复"生态环境"，但复活的动物要想存活，又依赖于适宜的"生态环境"，二者互为条件，可见复活动物无法达到恢复生态环境的目的，削弱力度最强。

D 项，无关选项，题干没有涉及动物灭绝的"原因"。（干扰项·转移论题）

E 项，措施有副作用，可以削弱。

5. E

 锁定关键词"建议"，可知此题为措施目的模型。

题干：与矿泉水相比，纯净水缺乏矿物质，而其中有些矿物质是人体必需的，因此，营养专家老张建议那些经常喝纯净水的人改变习惯，多饮用矿泉水。

A 项，无关选项，题干涉及的是"矿物质"，此项涉及的"营养物质"，偷换概念。（干扰项·转移论题）

B 项，人体所需的"不仅仅"是矿物质，说明矿物质也是人体所需之一，故老张的建议有必要，支持题干。（干扰项·明否暗肯）

C 项，无关选项，可以喝"其他水"，但不确定这些"其他水"是否能补充人体必需的矿物质。

D 项，不能削弱，"有些"矿泉水缺少人体必需的矿物质，不能说明不可以通过别的矿泉水获取。（干扰项·不当反例之有的不）

E 项，指出措施没有必要，若"其他食物"中可以得到人体必需的矿物质，那么经常喝纯净水的人就未必缺矿物质，也就未必需要饮用矿泉水了，削弱题干。

6. B

锁定关键词"以达到"，可知此题为措施目的模型。

题干：具有某种性格特征的人易患高血压，而另一种性格特征的人易患心脏病——证明——通过主动修正行为和调整性格特征以达到防治疾病的可能性将大大提高。

此题的论据中出现了"具有某种性格特征的人易患高血压，而另一种性格特征的人易患心脏病"，这是一组共存关系，故论据暗含因果关系，即，这些病是由于"性格"原因所致，如果这一因果关系不成立，则题干中的措施不可能成立。

A 项，支持题干，肯定了疾病和性格特征之间存在关系。

B 项，另有一个共同原因"生理因素"，导致了许多性格及相关的疾病，共因削弱。此项削弱了题干措施成立的前提（即性格是疾病的原因），故此项削弱力度最大。

C 项，"可能只是数据上的巧合"，是一种猜测，不能作为有效的质疑。（干扰项·诉诸无知）

D 项，此项说明修正行为这一措施"有时"不可行，可以削弱题干。但"有时"与 B 项的"许多"相比，在程度上较弱，故此项的削弱力度不如 B 项。

E 项，无关选项，心理疗法是否遭到淘汰，与题干中"修正行为和调整性格"这一措施是否有效无关。

题型 34　统计论证的削弱

1. B

 题干：国际原油市场价格的不断提高，增加了 A 国成品油生产商的运营成本——证明——这些成品油生产商的利润将会大幅减少。

锁定关键词"利润"，可知此题是利润模型。当然，题干里面有"将会"二字，说明此题也是预测结果模型。

根据公式"利润＝收入－成本"，只要说明收入增加即可削弱题干的结论。B 项指出，政府将为成品油生产商提供较多的补助，说明成品油生产商的收入有所提高，可以削弱题干。

A 项，不能削弱题干，原油成本只占成品油生产商运营成本的一半，并不能削弱 A 国成品油生产商的运营成本"增加了"这一事实。

C 项，不能削弱题干，降低个别高薪雇员的工资，并不能削弱 A 国成品油生产商的运营成本"增加了"这一事实。

D 项，支持题干，说明成本确实提高了。

E 项，受国际市场价格波动影响"较小"，说明还是受到了影响，不能削弱题干。

2. D

题干：由于邮费上涨，《周末画报》计划将每年发行 52 期改为每年发行 26 期，但每期文章的质量、每年的文章总数和每年的定价都不变（措施），杂志的订户和在杂志上刊登广告的客户的数量均不会因此下降，因此，可以降低成本、增加利润（目的）。

锁定关键词"利润"，可知此题是利润模型。当然，题干出现"为了"二字，说明此题也是措施目的模型。

题干的措施是为了应对"邮费上涨"，从而减少成本。据公式"利润＝收入－成本"，我们只要说明收入下滑或者其他成本提高，即可削弱题干。

A 项，支持题干，正是因为邮费高了，所以才减少刊物的期数，以节约发行费。

B 项，题干已经指出文章的"质量"和"数量"都不变，故无论读者关心质量还是数量，都对题干中的措施没有影响。

C 项，无关选项，此项并不能提高杂志社的收入，也不能降低其成本，因为不影响其利润。

D 项，多数广告商将继续在每一期上购买同过去一样多的页数，那么在总发行期数减半的情况下，多数广告商购买的广告总页数也随之减半，造成广告收入下降从而降低利润，削弱题干。

E 项，其他成本不变，不影响利润，故不能削弱题干。

3. A

题干：据全球范围内大多数垃圾处理公司统计，近年来，它们每年填埋的垃圾中塑料垃圾的比例有所增加（率）————证明————→易于被自然分解的塑料代用品没有起到减少塑料垃圾的作用（量）。

锁定关键词"比例"，可知此题是数量比率模型。

根据公式：

$$塑料垃圾的比例＝\frac{塑料垃圾量}{垃圾总量}＝\frac{塑料垃圾量}{塑料垃圾量＋其他垃圾量}$$

故，题干通过塑料垃圾的比例增加（率），来证明塑料垃圾量没有减少（率），但这不一定正确，塑料垃圾的比例增加可能是因为其他垃圾量减少了。故 A 项正确。

B 项，生产商缺乏投资的积极性，无法直接说明塑料垃圾的比例问题，无关选项。

C 项，干扰项，此项说明塑料垃圾的比例增加是因为塑料包装的商品品种增长，试图使用另有他因，但用另有他因进行削弱的前提是题干在找原因。（干扰项·无效他因）

D 项，试图用"发达国家"的情况进行削弱，诉诸权威。

干扰项·诉诸权威

试图用权威的观点或情况，而不是用逻辑来说服别人，这就犯了诉诸权威的逻辑错误。

例如：

康哥听某专家说生姜擦头皮能治疗脱发，因此康哥经常用生姜擦头皮。

一个优秀学长认为老吕的书好，可见老吕的书一定好。

E项，无关选项，塑料垃圾是否填埋并不影响塑料垃圾的量。

4. E

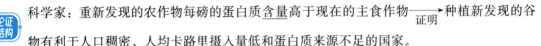

论证结构 科学家：重新发现的农作物每磅的蛋白质含量高于现在的主食作物——证明→种植新发现的谷物有利于人口稠密、人均卡路里摄入量低和蛋白质来源不足的国家。

秒杀思路 关键词"含量"是比率，"卡路里摄入量低和蛋白质来源不足"是数量，可知此题是数量比率模型。

根据公式：

这种谷物的总蛋白量＝每磅的蛋白质含量×这种谷物的产量。

所以，只要说明谷物产量低即可削弱题干，故E项正确。

选项详解 A、B项，无关选项，题干的论证只涉及"这种谷物"，不涉及其他粮食作物。（干扰项·偷换论证对象）

C项，不能削弱，用"众人"的观点来证明这种谷物营养物质丰富没有说服力。

干扰项·诉诸众人

试图用众人的观点或情况，而不是用逻辑来说服别人，这就犯了诉诸众人的逻辑错误。

例如：

既然有好多人不喜欢吕酱油，那么吕酱油一定有问题。

D项，支持题干，为题干的论证补充了论据。

5. E

论证结构 题干：一根大麻香烟在吸食者的肺部沉积的焦油量是一根烟草香烟的4倍还要多——证明→大麻香烟吸食者比烟草香烟吸食者更有可能患上由焦油导致的肺癌。

秒杀思路 关键词"一根香烟的焦油量"其实是指焦油的单位含量，而两种香烟吸食者哪一种更可能患上由焦油导致的肺癌，要看的是香烟吸食者吸取的焦油总量。故此题是数量比率模型。

根据公式：

焦油总量＝一根香烟的焦油含量×吸烟数量。

所以，只指出大麻香烟的吸烟数量少即可削弱题干，故E项正确。

选项详解 A项，支持题干，如果此项为真，说明典型吸食者所用的大麻香烟的焦油含量更高，从而他们更可能患上由焦油导致的肺癌。

B项，无关选项，该研究项目的参与者是否吸食这两类香烟，与这两类香烟是否易于引发肺癌无关。

C 项，无关选项，因为由此项无法确定该研究项目的参与者是否吸食香烟。

D 项，支持题干，如果此项为真，说明典型吸食者所用的烟草香烟的焦油含量更低，从而更不可能患上由焦油导致的肺癌。

6. D

论证结构

题干：一年前反映最差的风味食堂，这一次抱怨的同学人数比较少，因此，学校后勤部门号召其他各个食堂向风味食堂学习。

秒杀思路

题干用抱怨的同学"人数少"来判断食堂的服务质量，实际上应该用"投诉率"来判断食堂的服务质量。故此题是**数量比率模型**。

根据公式：

$$食堂的投诉率 = \frac{投诉数量}{来食堂消费的学生的总数}。$$

故，若来风味食堂就餐的人数特别少，那么即使其投诉数量少，也可能它的投诉率是很高的，从而削弱题干。故 D 项正确。

选项详解

A 项，各个食堂情况"不一样"，只能削弱各个食堂情况"一样"，不能削弱题干。（干扰项·因人而异）

B 项，支持题干，肯定了风味食堂有进步。

C 项，无关选项，试图解释食堂伙食差的原因，但题干不涉及原因分析。（干扰项·无效他因）

E 项，困难同学只是一部分人，这些人的情况不能反驳风味食堂的整体评价高。（干扰项·不当反例）

7. A

论证结构

题干：甲国的<u>平均婚姻存续时间</u>为 8 年 —证明→ 现在像钻石婚、金婚、白头偕老等存续时间长的婚姻已经很难得了。

秒杀思路

题干的论据是"平均"婚姻存续时间，结论是"存续时间长的婚姻"，可知此题是**平均值模型**。

"平均"婚姻存续时间短不代表"存续时间长的婚姻"变少了，也可能是"存续时间短的婚姻"变多了。

选项详解

A 项，说明平均婚姻存续时间短，是因为闪婚一族的影响，而不是金婚等存续时间长的婚姻变少了，削弱题干。

B 项，无关选项，题干论证不涉及"婚姻的质量"。

C 项，无关选项，题干论证不涉及"结婚方式"。

D 项，无关选项，题干论证不涉及"谈恋爱时长"的比较。

E 项，无关选项，题干论证不涉及"婚姻与恋爱的关系"。

8. D

论证结构

题干：与 2020 年相比，2021 年德国与 A 国的贸易总额只增长了 2.7%，而其他欧洲国家与 A 国的贸易总额最低也增长了 3.9% —证明→ 2021 年德国与 A 国的贸易总额已经落后于其他欧洲国家。

秒杀思路

题干的论据是"增长率"，结论是"总额"，可知此题是**增长率模型**。

根据公式：

2021年贸易总额＝2020年贸易总额×(1＋增长率)。

可知，若2020年德国的贸易总额更高，则可削弱题干，故D项正确。

A项，进口额仅是贸易总额的一部分，不能削弱题干。

B项，无关选项，达成战略伙伴关系不能直接说明贸易总额的多少。

C项，无关选项，题干讨论的德国及欧洲国家的情况，不涉及亚洲国家。

E项，无关选项，题干讨论的是2021年的情况，而不涉及2022年的情况。

第2节 四大核心题型秒杀技巧：支持题

题型35 普通论证的支持

1. E

锁定关键词"由此看出"，可知后面是论点，前面是论据。

题干：民用航空恶性事故发生率总体呈下降趋势——证明→乘飞机出行越来越安全。

注意，题干的论点是乘飞机出行"越来越"安全，暗含现在与过去的比较。

A项，飞机事故中死里逃生的概率"比以前"提高了，说明乘飞机比过去安全了。

B项，航空公司"越来越"注意对机组人员的安全培训，解释了现在乘飞机比过去更安全的原因。

C项，空中交通控制系统"更加"完善，说明乘飞机比过去更安全了。

D项，避免机鸟互撞的技术与措施"日臻"完善(一天天逐渐完善)，说明乘飞机比过去更安全了。

以上四项均为补充新论据，支持题干。

E项，无关选项，驾车的安全性与飞机的安全性无关。(干扰项·无关新比较)

2. C

题干的问题是"以下哪项如果为真，最能支持上述结论"，锁定关键词"所以"，直接定位到题干的结论：形式语言和自然语言都是人们交流和理解信息的重要工具，把它们结合起来使用，具有强大的力量。

A、D项，强调形式语言的重要性，与题干结论不符。

B项，强调自然语言的重要性，与题干结论不符。

C项，说明既不能单独使用形式语言，也不能单独使用自然语言，即要把二者结合起来用，支持题干。

E项，指出采用哪种语言形式不重要，与题干观点"二者都重要"不相符。

3. D

锁定关键词"李教授认为"，可知该词后面是李教授的观点；锁定关键词"因为"，可知后面是李教授的论据。故论证结构为：

李教授：①无糖饮料可能导致人们对于甜食的高度偏爱，这意味着可能食用更多的含糖类食物，②无糖饮料喝得过多就限制了其他健康饮品的摄入——证明→无糖饮料尽管卡路里含量低，但并不意味着它不会导致体重增加(即，无糖饮料也会导致体重增加)。

A项，无关选项，题干的论证对象是"无糖饮料"，此项的论证对象是"茶"。（干扰项·偷换论证对象）

B项，举反例，削弱题干。

C项，此项说明有的胖子爱吃甜食，最多可以说明"胖"和"爱吃甜食的关系"，但无法说明"胖"和"无糖饮料"的关系，故此项不能支持题干。

D项，例证法，支持李教授的观点。

E项，另有他因，可能是"很少进行健身运动"导致体重增加，而不是无糖饮料导致体重增加，削弱题干。

4. C

锁定关键词"认为"，可知该词后面是科学家的观点。

题干：在不同的语言中，数字的发音和写法都不一样——证明→代表不同文化背景的语言，会对人们大脑处理数学信息的方式产生影响。

A项，此项涉及的是"不同地区"，而题干涉及是"不同语言"，无关选项。

B项，此项涉及的是"不同方言"，而题干涉及是"不同语言"，无关选项。

C项，用英语和中文作为例证，说明不同语言的人在心算时依赖的大脑区域不同，支持题干。

D项，此项涉及的是"不同专业背景"，而题干涉及是"不同语言"，无关选项。

E项，此项只涉及"英语"，不涉及"不同语言"，无关选项。

5. B

有些题目中，题干没有明显的论证结构提示词，那么我们就需要根据语意来判断论证结构，在一个论证中，论点的特点是"有所断定"，论据则是这一断定的理由，论据一般要求是"事实描述"。

有的论证中，会用一些断定来证明另外一个断定。此时，我们就要判断哪句话是总结性的论点，哪句话是解释说明性的论据。

本题中，题干的第一句话"对胎儿的基因检测在道德上是错误的"，它是一个总结性的断定，故为论点。题干的第二句话"人们无权……"是价值判断，价值判断也是断定的一种而未必是事实。这句话是解释说明性的，故为论据。

我们可以用"理由是"来引导论据，即：

对胎儿的基因检测在道德上是错误的(论点)，理由是，人们无权只因不接受一个潜在生命体的性别，或因其有某种生理缺陷就将其杀死(论据)。

也可以调换顺序，用"因此"来连接论据和论点：

人们无权只因不接受一个潜在生命体的性别(论据)，或因其有某种生理缺陷就将其杀死，因此，对胎儿的基因检测在道德上是错误的(论点)。

本题有两个命题方向：

方向一：用断定来证明断定，其有效性是存在疑问的。因为我们要求论据必须得是真实有效的，即必须是"事实"。本题的论据是"人们无权……"仅仅是一种断定而不是"事实"，因此，要想支持题干的论证，必须指出"人们无权……"符合事实。

方向二：题干的论据说的是人们"无权"将胎儿杀死，论点说的是对胎儿的基因检测在"道德上是错误的"。因此，可以从搭桥法的方向解题，即指出"无权"就"不道德"。

 A项，说明了对胎儿的性别进行鉴别会引发社会问题，这是利弊分析，不涉及"权利"或"道德"问题，无关选项。(干扰项·转移论题)

B项，说明无论男女或有无身体缺陷，人人享有平等的权利，那么我们确实"无权"杀死胎儿，说明题干的论据是事实(命题方向一)，支持题干。

C项，说明身体有缺陷的人也可以作出贡献，这是利弊分析，不涉及"权利"或"道德"问题。(干扰项·转移论题)

D项，说明女性也可以作出社会贡献，这是利弊分析，不涉及"权利"或"道德"问题。(干扰项·转移论题)

E项，无关选项，科学家是否掌握基因检测的方法，与基因检测是否"道德"无关。

6. D

 题干的问题是"以下哪项最能支持这个管理咨询家的观点"，故锁定管理咨询家的观点：手机销量排行榜不应该成为每个消费者决定购买哪种手机的基础。

 A项，无关选项，题干只讨论手机的购买标准，不涉及"购买《消费报》的人"的情况。

B项，无关选项，如果排行榜的排名过程中有手机制造商的资助、支持或参与，则影响排行榜的中立性；但手机制造商利用排行榜进行广告宣传，并不影响排行榜的中立性。

C项，无关选项，题干不涉及排行榜的具体排名变化问题。

D项，补充新论据，说明每个消费者的购物标准不同，不能仅仅通过一个排名进行选择，支持管理咨询家的观点。

E项，支持排行榜可以作为购买手机的标准，削弱管理咨询家的观点。但"一些"消费者可能仅仅是个例，削弱力度弱。

题型 36 搭桥模型的支持

1. B

 锁定关键词"由此得出结论"，可知此前是论据，此后是论点。

题干：得分高的学生对该评价体系的满意度都很高 $\xrightarrow[证明]{}$ 表现好的学生对这个评价体系都很满意。

论据的论证对象是"得分高的学生"，论点是"表现好的学生"。因此，本题是论证对象不一致型的搭桥模型，指出论证对象具备相似性或一致性即可秒杀。

A项，题干的论证对象是"得分高的学生"，此项是"得分低的学生"，偷换了题干的论证对象，不能支持题干。

B项，"表现好的学生"都是"得分高的学生"，搭桥法，支持题干。要注意，本题的底层原理是隐含三段论。即：

$$表现好 \to 得分高；$$
$$得分高 \to 满意；$$
$$\overline{\qquad\qquad\qquad\qquad}$$
$$故可得：表现好 \to 满意。$$

C项，此项等价于："有的<u>得分低的学生</u>对该评价体系不满意"，偷换了题干的论证对象，不能支持题干。

D项，说明得分高的学生改进了自己的行为方式，但要注意"改进"和"表现好"并不是相同的概念，故此项支持力度不如B项。

E项，此项等价于："有的表现好的同学得分高"，再由题干的论据"得分高的学生满意"，可得"有的表现好的同学满意"，但无法得出"表现好的同学都满意"，故此项不能支持题干。

2. B

锁定关键词"因此"，可知此前是论据，此后是论点。

陈华认为：他挤捏指关节是习惯性动作，并<u>不是故意的</u>，因此，<u>不应被判违规</u>。

搭论据和论点的桥：

$$\boxed{\text{不是故意的}} \longrightarrow \boxed{\text{不应被判违规}}$$

A项，其他人的行为与陈华的论证无关，无关选项。

B项，必要条件后推前：故意←判罚，等价于：¬故意→¬判罚，即不是故意的行为不应被判罚，支持题干。

C项，对手是否抗议与陈华是否违规无关，无关选项。

D项，陈华恃才傲物是对陈华本人的质疑，与陈华是否违规无关。（干扰项·诉诸人身）

E项，题干不涉及陈华是否为人"诚实"，无关选项。

3. E

题干的问题是"以下哪项如果为真，最能支持该<u>学者的推测</u>"，故直接锁定<u>学者</u>的推测：在光合作用中能固定二氧化碳的酶是地球上最为丰富的酶，因此，对这种酶进行编码的基因也应当是最丰富的。

题干的论据是"某种酶最丰富"，结论是"对其编码的基因最丰富"。故需要搭"酶"和"编码基因"的桥。即：

$$\boxed{\text{某种酶最丰富}} \longrightarrow \boxed{\text{对其编码的基因最丰富}}$$

A项，"转座子"是题干的背景信息，与学者的推测无关。

B项，同样一种酶有时用不同的基因编码，那就说明酶和基因不是一一对应的，因此就无法由"酶最丰富"推断出"基因最丰富"。比如可能有另外一种酶，其丰富性低于固定二氧化碳的酶，但由于这种酶需要多种基因进行编码，因此，可能对其编码基因的数量反而超过对固定二氧化碳的酶进行编码的基因的数量。

C项，不同的酶可能有同样的基因进行编码，那么即使酶很丰富，对其进行编码的基因也可能很少，削弱题干。

D项，"生物的多样性"是题干的背景信息，与学者的推测无关。

E项，指出不同的酶需要不同的基因进行编码，那么酶越多需要的基因就越多，搭起了"酶"和"基因"的桥，支持题干。

4. C

题干有两个论证：

论证①：锁定"研究人员报告说"，可知这是研究人员的观点。"在该岩石厚约……"之后为事实描述，故为论据。故论证结构为：

该岩石厚约5厘米的黏土层中还含有高浓度的铱和铂等元素，浓度是通常地表中浓度的50至2 000倍———_{证明}→很可能是当时一颗巨大陨石撞击现在的加拿大魁北克省时的飞散物痕迹。

论证②：锁定"由于……所以……"，即可确定论证结构如下：

岩石中还含有白垩纪末期地层中的特殊矿物，地层上下还含有海洋浮游生物化石———_{证明}→可以确定撞击时期是在约2.15亿年前。

题干中有两个断定，一是"陨石"，二是"2.15亿年前"。对于第二个断定，题干的论据比较充分，且题干已经表示"可以确定"。因此，我们要支持第一个断定。

A项，岩石是远古时代深海海底的堆积层露出地面后才形成的，那就说明岩石的时代与海底堆积层的时代不同，因此，无法由海洋浮游生物化石来推断撞击发生的年代，削弱论证②。

B项，无关选项，不能确定菊石等物种的大规模灭绝是否与陨石撞击地球有关。

C项，搭桥法，搭建了"高浓度的铱和铂"与"陨石"之间的桥梁，从而支持论证①。

D项，无关选项，在远古时代曾经发生多起陨石撞击地球的事件，不代表题干中这块岩石是陨石，也不能说明撞击发生的时间。

E项，无关选项，不能确定生物大灭绝是否与陨石撞击地球有关。

题型 37　归纳、类比、演绎的支持

1. D

题干中的第一句话"有所断定"，因此是论点。后面的调查是"事实描述"，因此是论据。

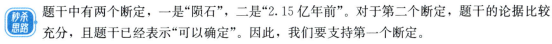

题干：若干大公司中很大一部分新上岗的大学生都没有很好地掌握写作、数量和逻辑技能———_{证明}→当前的大学教育在传授基本技能上是失败的。

题干论据的论证对象是"新上岗的大学生"，论点的论证对象是"当前的大学教育（即当前的大学生的普遍情况）"。前者是后者的子集，故此题是归纳论证模型。指出样本有代表性即可支持题干。

A项，解释了"有的大学生"缺乏基本技能的原因是没有选修相关课程，说明他们确实缺少基本技能，支持题干，但"有的"是弱化词，支持力度小。

B项，无关选项，是否掌握基本技能与是否毕业于985院校无直接的相关性。

C项，无关选项，题干讨论的是新上岗的大学生是否具有这些技能，而此项讨论的是这些技巧的重要性。（干扰项·转移论题）

D项，说明"新上岗大学生"基本代表了"当前大学生的普遍水平"，即样本具有代表性，支持题干。

E项，无关选项，题干不存在过去的大学生和现在的大学生之间的比较。（干扰项·无关新比较）

2. B

锁定关键词"由此可以推断"，可知此前为论据，此后为论点。

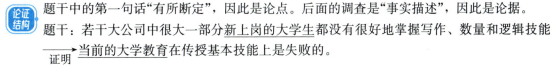

题干：一些新闻类期刊每一份杂志平均有4～5个读者———_{证明}→《诗刊》12 000个订户的背后有

48 000～60 000 个读者。

题干论据的论证对象是"一些新闻类期刊"，论点的论证对象是"《诗刊》"。即从对象 A 到对象 B 的论证，是类比论证模型。指出二者之间存在相似性（也可认为是搭桥法），即可支持题干。

另外要注意，题干中类比的是"一些新闻类期刊"和"《诗刊》"订户与读者的比例，而不是直接进行数量的类比，故 B 项正确。

A 项，此项仅比较的是"新闻类期刊"和"《诗刊》"的订户数量，不涉及订户与读者的比例，无关选项。

D 项，此项仅比较的是"新闻类期刊"和"《诗刊》"的读者数量，不涉及订户与读者的比例，无关选项。

C、E 项，没有对"新闻类期刊"和"《诗刊》"进行比较，无关选项。

3. B

锁定关键词"因此"，可知此前为论据，此后为论点。

题干：爱尔兰开采泥煤已半个世纪，无水源污染 ——证明→ Y 国开采泥煤也不会造成水源污染。

题干论据的论证对象是"爱尔兰"，论点的论证对象是"Y 国"，即从对象 A 到对象 B 的论证，是类比论证模型（也可认为是搭桥法模型）。指出二者之间存在相似性，即可支持题干。

A 项，无关选项，"某些植物或动物从环境变动中获益"和"开采泥煤是否会导致水源污染"并不直接相关。（干扰项·转移论题）

B 项，指出类比对象具有相似性，支持题干。

C 项，无关选项，纺织和化工产业会造成水源污染，与开采泥煤是否会导致水源污染无关。（干扰项·偷换论证对象）

D 项，无关选项，题干不涉及泥煤资源丰富程度的比较。（干扰项·无关新比较）

E 项，无关选项，开采泥煤是否有"经济利益"与开采泥煤是否会"导致水源污染"无关。（干扰项·转移论题）

4. C

题干：解决人口老龄化难题的政策有三种：提高养老金缴费比例、降低养老金支付水平、提高退休年龄。尽管提高退休年龄可能丢失选票，但德国政府仍于 2007 年将退休年龄从 65 岁提高到 67 岁。

根据选言论证公式：$A \vee B \vee C = (\neg A \wedge \neg B \rightarrow C)$，即，在有三种方法的情况下，排除其中两种方法，则可肯定余下的一种方法。

A 项，说明延迟退休有好处，支持德国政府的政策，但此项并不能说明利大于弊，故支持力度弱。

B 项，只描述了德国政府的具体做法，但不涉及他们为什么采取这一做法，无关选项。

C 项，说明"提高养老金缴费比例""降低养老金支付水平"这两种办法已经用到极致，没法再用了，因此只能用"提高退休年龄"这一方法，支持力度最强。

D 项，说明了延迟退休的必要性，但还是无法说明德国政府为什么冒着丢失选票的风险执行延迟退休政策。

E 项，无关选项，德国的情况与其他国家的情况无关。

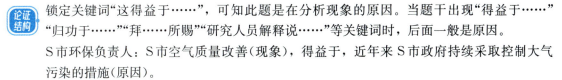

题型 38　找原因的支持

1. D

🔷论证结构　锁定关键词"这得益于……"，可知此题是在分析现象的原因。当题干出现"得益于……""归功于……""拜……所赐""研究人员解释说……"等关键词时，后面一般是原因。

S市环保负责人：S市空气质量改善（现象），得益于，近年来S市政府持续采取控制大气污染的措施（原因）。

🔷秒杀思路　本题是现象分析型的题目。一般情况下，我们要从因果关系的角度进行支持（因果相关、排除他因、无因无果、并非因果倒置）。但要注意，因果论证也是论证的一种，命题人也可以从论据的角度命题，本题就是从论据的角度来命题，五个选项中有四项是补充论据。

🔷选项详解　A、B、C、E四个选项均补充论据，指出了S市政府为控制大气污染采取的具体措施，支持题干中的结论。

D项，相关措施正在"研究"，尚未实施，因此不可能是2009年S市空气质量改善的原因，不能支持题干。

2. A

🔷论证结构　锁定关键词"这说明"，可知此前是论据，此后是论点。即：在河南发现的古代独木舟的选材和云南热带地区所产的木头一样——证明→古代河南的气候和现在热带的气候很相似。

我们从因果关系的角度来分析此题，那么此题的论据是一种现象，论点是对现象原因的分析。遇到这类题时，我们可以将题干中"这说明""因此"等论点提示词替换成"这是因为"，以便确定题目是不是对现象原因的分析。

故本题的论证结构可写为：在河南发现的古代独木舟的选材和云南热带地区所产的木头一样（现象），这是因为，古代河南的气候和现在热带的气候很相似（原因）。

🔷秒杀思路　通过以上分析可知，本题是现象分析型的题目。常用四种方法支持：（1）因果相关；（2）排除他因；（3）无因无果；（4）并非因果倒置。

🔷选项详解　A项，支持题干，排除了河南发现的古代独木舟是由云南地区的木材制作的可能，排除他因。

B、C、D项，显然与题干的论证无关，是无关选项。

E项，"如今"的情况不能说明"3 000年前"的情况，无关选项。

3. D

🔷论证结构　锁定关键词"据此推测"，可知此前为论据，此后为论点，故论证结构为："阿喀琉斯基猴"的眼眶较小——证明→"阿喀琉斯基猴"是在白天活动的。

从因果关系的角度分析，论据是一种现象，论点是对现象原因的分析，即："阿喀琉斯基猴"的眼眶较小（现象），这是因为，"阿喀琉斯基猴"是在白天活动的（原因）。

🔷秒杀思路　通过以上分析可知，本题是现象分析型的题目。常用四种方法支持：（1）因果相关；（2）排除他因；（3）无因无果；（4）并非因果倒置。

🔷选项详解　A项，无关选项，此项解释的是"灵长类动物善于在树丛中跳跃捕食"的原因，与"眼眶较小"无关。

B项，无关选项，题干不涉及"视力"的好坏。

C项，无关选项，题干的论证不涉及"类人猿与其他灵长类动物分开的时间"。

D项，夜间活动（无因），眼眶较大（无果），支持题干。

E项，偷换概念，题干说的是阿喀琉斯基猴与"早期类人猿的<u>祖先</u>"一样在白天活动，而此项说的是"类人猿"。

4. A

本题涉及多个论证，如下：

①抚仙湖虫是真节肢动物中比较原始的类型；抚仙湖虫外骨骼分为头、胸、腹三部分。

②类比论证：泥盆纪直虾是现代昆虫的祖先，抚仙湖虫化石与直虾类化石类似——$\xrightarrow{\text{证明}}$ 抚仙湖虫是昆虫的远祖。

③找原因：抚仙湖虫的消化道充满泥沙（现象），<u>这是因为</u>，抚仙湖虫是食泥的动物（原因）。

A项，不能支持，因为由"有的不是食泥的生物"无法判断"有的是食泥的生物"的真假。

B项，支持论证②，补充论据，说明泥盆纪直虾和抚仙湖虫类似。

C项，支持论证②，与②构成三段论："与泥盆纪直虾类似的生物→昆虫的远祖"，所以"抚仙湖虫与泥盆纪直虾类似→抚仙湖虫是昆虫的远祖"。

D项，支持论证②，由此项知，昆虫是由真节肢动物中比较原始的生物进化而来的，再由①知，昆虫可能是由抚仙湖虫进化而来的。

E项，排除他因，支持论证③。

5. C

题干中出现两组实验对象的对比：

测试组：对脑部进行微电击；

对照组：对脑部不进行微电击；

测试组成员的数学运算能力明显高于对照组成员，且效果可持续半年；

所以，脑部微电击可提高大脑运算能力。

题干出现两组对比实验，是<u>求异法模型</u>，常用的支持方法是"排除其他差异因素"。

A项，说明脑部微电击没有副作用，但不涉及脑部微电击的作用，无关选项。

B项，不能支持题干，无法确定"大脑神经元间的血液流动明显增强"与大脑运算能力的关系。而且，题干也未提及"多次刺激"。

C项，排除实验前两个组学生的数学成绩不同的可能，排除差因，支持题干。

D项，另有他因，说明可能是因为注意力更集中导致测试组的数学运算能力更高，削弱题干。

E项，无关选项，对比实验并不要求对照组的人数完全相等。

6. C

题干中有三个研究：

研究1是对比实验：

第一组：喂新鲜的蜂王浆，成长为蜂王；

第二组：喂存放了30天的蜂王浆，没有成长为蜂王；

可见，新鲜的蜂王浆可使蜜蜂幼虫成长为蜂王。

研究 2：新鲜蜂王浆中的"royalactin"蛋白质能促进生长激素的分泌量，使幼虫出现蜂王特征。也就是说，研究人员认为，是"royalactin"蛋白质使蜜蜂幼虫成长为蜂王。

研究 3：用"royalactin"蛋白质喂养果蝇，果蝇也出现体长、产卵数和寿命等方面的增长。这说明这一蛋白质对生物特征的影响是跨物种的。

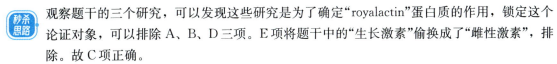 观察题干的三个研究，可以发现这些研究是为了确定"royalactin"蛋白质的作用，锁定这个论证对象，可以排除 A、B、D 三项。E 项将题干中的"生长激素"偷换成了"雌性激素"，排除。故 C 项正确。

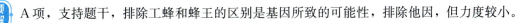 A 项，支持题干，排除工蜂和蜂王的区别是基因所致的可能性，排除他因，但力度较小。

排除他因的力度判断

排除他因的力度大小，关键在于是否将所有的可能全部排除。看下面两个例子：

例 1. 张三的死因只有两种可能：自杀或者他杀。警方通过调查后排除了张三自杀的可能(排除他因)，因此，张三死于他杀。

【分析】此例中的排除他因是非常有力度的，因为死因只有两种可能，排除其中一种就肯定了另外一种。

例 2. 张三不是死于肺癌(排除他因)，因此，张三死于心脏病。

【分析】此例中的排除他因没有力度，因为，张三的死因有很多可能，即使不是死于肺癌，他也未必死于心脏病。例如他可能死于脑血栓、车祸、跳楼等等。

B 项，说明蜜蜂和果蝇的基因差别不大，但并不能由此肯定"royalactin"蛋白质的作用，故此项不能很好地支持题干。

C 项，指出"royalactin"只能短期存放，时间一长就会分解为别的物质，这就解释了为什么新鲜蜂王浆可以让蜜蜂成长为蜂王而存放了 30 天的蜂王浆则不能，支持题干中的研究。

D 项，无关选项，题干是"新鲜的蜂王浆"与"存放了 30 天的蜂王浆"之间的对比，而此项说的是"蜂王浆"与"花粉和蜂蜜"的对比。

E 项，此项将题干中的"生长激素"偷换成了"雌性激素"，排除。

7. B

锁定关键词"解释"，可知"解释"后面跟的是现象的原因。

题干：幼仔形成侵略性强的毛病(现象)，这是因为，幼仔在初始阶段缺乏由父母引导的社会化训练(原因)。

A 项，此项说明"早期与母亲隔离的羚羊表现出极大的侵略性"，支持题干，但由于此项缺少"没有与母亲隔离的羚羊"这一对照组，故支持力度弱。

B 项，建立对比实验：通过比较有无父母引导的黑猩猩在面对冲突时的侵略性大小，得出"在缺乏父母的社会化训练环境中长大的黑猩猩的侵略性更强"的结论，故支持题干。

C 项，不能支持题干，第一，此项也缺少对照组，第二，被人领养的婴儿不代表缺少父母引导，因为养父母也可以对其做社会化训练。

D 项，无关选项，题干不涉及"争食冲突"与"交配冲突"的比较。(干扰项·无关新比较)

E 项，此项说明题干中的冲突是由于动物的本能，而不是因为缺少社会化训练，另有他因，削弱题干。

8. C

锁定关键词"这说明"，可知此前是论据，此后是论点。

题干：70％的肺癌患者有吸烟史，其中有80％的人吸烟的历史多于10年——证明→吸烟会增加人们患肺癌的危险。

此题的论据是百分比，论点中出现因果关系，即根据A和B的比率推出A和B有因果关系，是<u>百分比对比模型</u>。可用口诀"同比削弱，差比加强"解题。

肺癌患者：70％有吸烟史；

C项，所有人：40％没有吸烟史；

———————————————————

支持：吸烟增加人们患肺癌的危险。

A、B、D项中的"女性吸烟者""成人吸烟者""未成年吸烟者"，都是部分人的情况，难以说明所有吸烟者的情况。

E项，烟草中含有尼古丁是生活中的知识，而不是由此项直接得出的信息，故由此项只能肯定"尼古丁"与肺癌的关系，但并不能直接肯定"吸烟"与肺癌的关系。

9. A

题干中出现两个百分比的对比：

犯罪人员：外来人口比例低于1/4；

全市人口：外来人口比例等于1/4；

———————————————————

因此，外来人口不是治安状况恶化的重要原因。

题干本身用了<u>百分比对比模型</u>中的"同比削弱"，来证明"外来人口<u>不是</u>治安状况恶化的重要原因"。我们要支持题干，就要指出"确实不是这个原因"。

A项，外来人口中95％以上都是中青年，而中青年又是S市的犯罪主体，所以，如果外来人口是治安状况恶化的重要原因，那么犯罪人员中的外来人口比例不应低于1/4。从而证明了"外来人口<u>不是</u>治安状况恶化的重要原因"，支持题干。

B项，无关选项，题干不涉及文化水平和犯罪率的关系。

C项，无关选项，是否为农村人口和犯罪率并无直接联系。

D项，无关选项，仅讨论贪污受贿，并未说明贪污受贿与外来人口的关系。

E项，无关选项，是否办理居住证和犯罪率无直接联系。

题型 39　预测结果的支持

1. C

锁定关键词"将会"，可知此题是对未来结果的预测。

题干：一种新的电池技术装置的出现，手机在几分钟内充满电很快就会变成现实——预测→超级电容器将会替代传统手机电池。

此题是预测结果模型，我们需要给出理由，说明这一结果确实会出现。注意此题选择的是"不能支持"的项。

A、B、D、E项从储存电能大、循环使用次数多、充电耗电少、供电时间长、轻便耐用等方面说明了超级电容器相比传统手机电池的优势，可以支持题干结论。

C项，说明超级电容器为汽车带来了便利，但与"手机电池"无关，故不能支持题干。

2. E

锁定关键词"就可能受到威胁"，可知此题是对未来结果的预测。

专家：①我国的转基因水稻涉及国外专利；②水稻是我国的主要粮食作物————→如果我国允许转基因水稻商业化种植，国家对主要粮食作物的控制权就可能受到威胁。

此题是预测结果模型，我们需要给出理由，说明这一结果确实会出现。

A项，此项可以说明转基因水稻不具备防害虫上的优势，但并不涉及"粮食作物的控制权"，无关选项。

B项，此项可以说明转基因水稻不具备产量和品质的优势，但并不涉及"粮食作物的控制权"，无关选项。

C项，无关选项，题干涉及的"转基因水稻"，而此项涉及的是"玉米、棉花、大豆"。

D项，此项讨论的是"转基因水稻对人类是否有害"，但不涉及"粮食作物的控制权"，无关选项。

E项，解释了论据①为何会导致"国家对主要粮食作物的控制权可能受到威胁"，支持题干。

3. B

由此题提问可知，需找出一个选项，和题干断定一起支持结论：电视卫星的成本将继续上升。

锁点关键词"将"，可知此题是对未来结果的预测。

题干：电视卫星的发射和操作中事故不断，导致了电视卫星的保险金的猛涨————→进一步开发电视卫星更多的尖端功能来提高电视卫星的售价————→电视卫星的成本将继续上升。

此题是预测结果模型，我们需要给出理由，说明这一结果确实会出现。

A项，无关选项，此项只说明保险金高，无法说明成本是否会提升。

B项，电视卫星越容易出问题，则其事故可能就会越多，相应支付的保险金会猛涨，即，电视卫星的成本将继续上升。故此项支持题干。

C项，无关选项，题干论证不涉及"用户需求"。

D项，无关选项，故障的分析及排除十分困难无法说明其成本是否会发生变化。

E项，无关选项，是否具有普遍性和预期成本是否上涨关系并不明确。

题型 **40**　　**措施目的的支持**

1. D

【论证结构】"用立法的方式"是一种措施，"能够"是一种目的，故此题是措施目的模型。

钟万春教授：用立法的方式规定父母每日与未成年子女共处的时间下限——以求→减少子女平日的压力——以求→使家庭幸福。

【秒杀思路】此题是措施目的模型，常用四种方法支持：(1)措施可行；(2)措施有效；(3)措施利大于弊；(4)措施有必要。

【选项详解】A项，"有责任"抚养好孩子，不代表需要立法来规定相处时间。

B项，削弱题干，既然大部分孩子已经能够与父母经常在一起，那就没必要再去立法规定相处时间了。

C项，重复了题干中这一措施的目的，不能说明措施有效。

D项，未成年孩子的压力阻碍了家庭幸福，那么减少未成年孩子的压力，会对家庭幸福有帮助，支持题干。

E项，只能说明父母需要对孩子多一些关心，不能具体说明是不是需要通过立法规定相处时间。

2. B

【论证结构】锁定关键词"设计制度"，可知这是一种措施，故此题是措施目的模型。

题干：权力使人堕落和道德沦丧——导致→应该设计出一些制度——以求→限制和防范权力的滥用。

【秒杀思路】此题是措施目的模型，常用四种方法支持：(1)措施可行；(2)措施有效；(3)措施利大于弊；(4)措施有必要。

【选项详解】A项，说明应该设法避免使人堕落和道德沦丧，但是，由此项未能确定"限制权力"与"避免堕落和道德沦丧"的关系，因此，不能很好地支持题干。

B项，指出权力确实使人堕落和道德沦丧。那么题干中的措施就有必要采取，支持题干。

C项，偷换论证对象，题干中的措施是限制权力，那么其对象一定是有权力的人，而此项讨论的是没有权力的人，无关选项。

D项，例证法，指出了"一些人"的例子，但"一些"的力度不如B项中的"常常"。

E项，说明要实现限制和防范权力的滥用需要付出很多努力。但无法确定这种努力能否达成，故不能支持题干。

3. E

【论证结构】冈比亚领导人：去年，冈比亚贷款25亿美元，国民生产总值增长了5%；今年，冈比亚提出贷款50亿美元，期待国民生产总值增长10%。

专家：即使满足冈比亚的贷款要求，其国民生产总值也可能不会增长10%。

【秒杀思路】冈比亚领导人由去年的情况类比到今年的情况，是类比论证模型。冈比亚领导人"提出贷款50亿美元"，是一项措施，"期待国民生产总值增长10%"，是其目的。因此，此题也是措施目的的模型。

题目要求我们支持专家的意见，也就是要削弱冈比亚领导人的意见。

Ⅰ项，另有他因，说明冈比亚去年5％的GNP增长率主要得益于风调雨顺带来的农业大丰收，而非25亿美元的贷款。故Ⅰ项削弱冈比亚领导人的意见，支持专家的意见。

Ⅱ项，措施不可行，冈比亚的经济还未强到足以吸收每年30亿美元以上的外来资金，所以50亿美元的贷款要求是不切实际的。故Ⅱ项削弱冈比亚领导人的意见，支持专家的意见。

Ⅲ项，措施达不到目的，即使有50亿美元的贷款，也无法实现10％的GNP增长率。故Ⅲ项削弱冈比亚领导人的意见，支持专家的意见。

故E项正确。

第❸节 四大核心题型秒杀技巧：假设题

题型 41 搭桥模型的假设

1. B

锁定关键词"由此得出结论"，可知此前为论据，此后为论点。

题干：<u>得分高的学生</u>对该评价体系的满意度都很高————→<u>表现好的学生</u>对这个评价体系都很满意。
　　　　　　　　　　　　　　　　　　　　　　　证明

题干论据的对象为"得分高的学生"，论点的对象为"表现好的学生"，故使用搭桥法即可秒杀。故B项正确。

A、C项，无关选项，题干的论证不涉及"得分低的学生"。（干扰项·偷换论证对象）

D项，解释了该评价体系对得分高的学生的激励作用，但不是题干的假设。

E项，有的得分高的学生表现好，等价于：有的表现好的学生得分高。可与题干的论据串联为：有的表现好→得分高→满意度高。故可得：有的表现好的学生满意度高。但无法得出"表现好的学生都很满意"。故此项排除。

2. E

此题中没有典型的论证结构提示词，故分析语意。"有钱并不意味着幸福"是一个断定，为论点。后面的调查是"事实描述"，为论据。

题干：在<u>自认为有钱</u>的被调查者中，只有1/3的人感觉自己是幸福的————→<u>有钱</u>并不意味
　　　　　　　　　　　　　　　　　　　　　　　　　　　证明
着幸福。

题干中存在两组概念的偷换："自认为有钱"与"有钱"，"感觉幸福"与"幸福"。故可使用搭桥法秒杀。

A项，无关选项，题干的论证不涉及"不认为自己有钱的被调查者"。（干扰项·偷换论证对象）

B项，题干认为，在自认为有钱的被调查者中只有1/3的人感觉自己是"幸福"的，与"幸福"相反的词是"不幸福"，也就是说，其余2/3感觉自己"不幸福"，但未必感觉自己"很不幸福"，故此项不必假设。

C项，"自认为有钱"的人实际上"没有钱"，拆桥法，削弱题干。

D项，假设过度，因为题干中的论证要成立，无须"全部"被调查者是有钱人，只要"自认

为有钱"的被调查者是有钱人就可以了。

干扰项·假设过度

假设过度的意思是选项的假设超过了题干的需要。

例 1：

吕酱油想买一部价格为 6 800 元的华为手机但他手上没钱，于是去找爸爸要钱。爸爸给他钱以后，他买到了想要的华为手机。

此例中的隐含假设是：爸爸给他的钱够 6 800 元，即够他买手机的钱。但并不假设他爸给他的钱比 6 800 元多，如果比 6 800 元多，就超出了吕酱油的需要。

例 2：

康哥是个饱受脱发困扰的人，因此，康哥会用生姜擦头皮。

此例中的隐含假设是：饱受脱发困扰的人会用生姜擦头皮，但不必假设"所有人会用生姜擦头皮"。如果假设"所有人会用生姜擦头皮"就超出了题干的需要。

注意：

1. 支持题与假设题不同，支持题超出题干的需要也可以。例 1 中，吕酱油想要 6 800 元，但爸爸给他了 10 000 元，也可以买到手机。例 2 中，所有人会用生姜擦头皮，也可以推出"康哥会用生姜擦头皮"，毕竟康哥也是人呀。

2. 假设过度的选项，一般来说是作为干扰项出现的。但是，如果选项中没有其他更好的项了，我们也可以选。比如说，吕酱油想要 6 800 元，但爸爸非要给 10 000 元，而且也没有给 6 800 元这个选项，那怎么办？勉为其难拿着吧。

3. 假设过度常表现为：扩大论证对象的范围。

E 项，说明"感觉幸福"的人确实是"幸福"的人，搭桥法，必须假设。

3. A

 A 项，绝大多数<u>自认为有钱的人</u>，实际<u>上</u>都达到了<u>中等以上</u>的<u>富裕程度</u>，故此项搭了"自认为有钱"与"有钱"的桥，支持题干。

B 项，无关选项，题干的论证不涉及"感觉不幸福的人"。（干扰项·偷换论证对象）

C 项，无关选项，题干的论证不涉及"不认为自己有钱的人"。（干扰项·偷换论证对象）

D、E 项，无关选项，题干的论证不涉及被调查的有钱人是否"合法致富"。（干扰项·转移论题）

4. B

论证结构
锁定关键词"由此可以推断"，可知此前为论据，此后为论点。

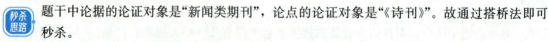
题干：一些<u>新闻类期刊</u>每一份杂志平均有 4 到 5 个读者———证明—→《<u>诗刊</u>》12 000 个订户的背后有 48 000 到 60 000 个读者。

秒杀思路
题干中论据的论证对象是"新闻类期刊"，论点的论证对象是"《诗刊》"。故通过搭桥法即可秒杀。

选项详解
A 项，大多数《诗刊》的读者都是该刊物的订户，可近似地认为"读者数"约等于"订户数"，那么《诗刊》12 000 个订户的背后就不可能有 48 000 到 60 000 个读者，故此项削弱题干。

B 项，搭桥法，搭建了"新闻类期刊"与"《诗刊》"在订户与读者数量比上的相似关系，必须假设。

C 项，不涉及题干中的比例关系，无关选项。

D项，不必假设，因此题干中类比的是"订户与读者的数量比"，而不是"读者数量"。（干扰项·转移论题）

E项，不涉及题干中的比例关系，无关选项。而且，此项中的"大多数"是典型的干扰项。

干扰项·数量词

假设题中，除非题干中出现"大多数""少部分""绝大部分""近5年"等表示数量的词，否则选项中出现这样的词一般是干扰项。

例如：

努力学习的人可以考上研究生，因此，今年会有老吕弟子班的学员考上研究生。

此例中，只要有的隐含假设是："会有（即至少一位）"老吕弟子班的学员努力学习。

但不必假设"大多数"老吕弟子班的学员努力学习。

---

5. A

论证结构　锁定关键词"因此"，可知此前为论据，此后为论点。

题干：从不同角度拍摄的照片总是反映了物体某个侧面的真实，而不是全部的真实————证明→ 在目前的技术条件下，以照片作为证据是不恰当的，特别是在法庭上。

秒杀思路　题干中论据与论点中都涉及"照片"，我们可以将题干整理成"主谓"结构的句式如下：

照片<u>不能反映全部的真实</u>，因此，照片<u>不应作为证据</u>。

显然，搭建"不能反映全部的真实"与"不应作为证据"之间的桥梁即可秒杀，故 A 项正确。

选项详解　B项，题干仅涉及"照片"不能反映全部的真实，但不确定用其他方式是否能把握"全部的真实性"，故此项不必假设。

C项，题干涉及的是"是否应该"把照片作为证据，而此项涉及的是"有没有"把照片作为证据，无关选项。（干扰项·转移论题）

D项，此项试图说明照片可以反映全部真实，那么照片就可以作为证据使用，削弱题干。

E项，法庭是否有"能力"判定证据的真伪，与照片是否可以作为证据无关，而且"任一证据"扩大了题干的论证范围，不能假设。

6. A

论证结构　张珊认为："之""乎""者""也"这些字无确定所指。

李思认为："之""乎""者""也"这些字无意义，因此，这些字应该废止。

秒杀思路　题干问的是"李思认为张珊的断定所蕴含的意思"，所以要建立张珊的断定和李思的论据的关系，即建立"无确定所指"与"无意义"的关系，故必须有：如果一个字无确定所指，则这个字无意义，即，无确定所指→无意义。

选项详解　A项，根据口诀"除非否则去除否，箭头直接向右划"，可得：¬一个字无意义→有确定所指，逆否得，无确定所指→无意义，正确。

B项，有确定所指→有意义，与题干不同，排除。

C、D项，"废止"是李思提出的观点，而不是他认为"张珊的断定所蕴含的意思"。故排除这两项。

E项，"大多数"为干扰项，排除。（干扰项·数量词）

7. E

论证结构　锁定关键词"这就证实了"，可知此前为论据，此后为论点。

题干：高层管理者比中、基层管理者更多地使用直觉决策————证明→直觉决策更有效。

题干由直觉决策被"高层管理者更多地使用"，得到直觉决策"更有效"，显然可用搭桥法，搭建二者的关系即可秒杀。即，高层管理者所做的决策更有效，故 E 项正确。

其余各项均不涉及高层管理者和中、基层管理者决策有效性的比较，均为无关选项。

题型 42　找原因的假设

1. D

锁定关键词"这说明"，可知此前为论据，此后为论点。从因果关系的角度分析，此题的论据是一个现象，论点是对这个现象的解释，故此题为现象分析型的题目，即摆现象、析原因。

题干：在 2 700 年前的西西里墓穴里，发现原产自希腊的花瓶，这是因为，2 700 年前，西西里和希腊之间已有贸易往来。

现象分析型的假设题，最常用三种方法：(1)因果相关；(2)排除他因；(3)并非因果倒置。

A 项，无关选项，题干不涉及西西里与希腊陶瓷匠人水平的比较。（干扰项·无关新比较）

B 项，无关选项，题干不涉及制作陶瓷花瓶的黏土。（干扰项·转移论题）

C 项，支持题干，但不是必要的假设。因为题干的论证想要成立，只要"有"船队或者其他商队即可，不必假设有"大量船队"。（干扰项·假设过度）

D 项，排除他因，必须假设。可用取非法验证：假设花瓶是墓穴主人的后裔在后来放进去的，那就不可能是 2 700 年前的花瓶，那么，就否定了"2 700 年前，西西里和希腊之间已有贸易往来"这一结论。

E 项，无关选项，题干不涉及墓主人的身份。（干扰项·转移论题）

2. D

锁定关键词"据此认为"，可知此前为论据，此后为论点。

题干：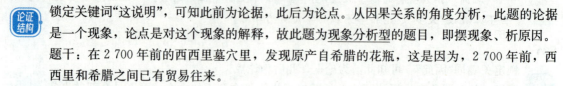①行为痴呆症患者大脑组织中往往含有过量的铝，②一种硅胶化合物可以吸收铝——证明——可以用这种硅化合物治疗行为痴呆症。

本题中有两个考点：

(1)题干中的论据①出现两种现象"行为痴呆症"和"过量的铝"同时出现，暗含共变法模型，即"过量的铝导致了行为痴呆症"。在这个因果关系成立的前提下，用硅胶化合物吸收铝才有可能起到治疗作用。

(2)"用这种硅化合物治疗行为痴呆症"是措施目的模型。

A 项，无关选项，题干仅表示该类患者大脑组织含有"过量的铝"，但并不涉及铝的含量是否会"变化"。（干扰项·转移论题）

B 项，措施目的的模型中，并不要求措施没有副作用。如果这种硅化合物能治好行为痴呆症，即使它有一些副作用也是值得的。

C 项，无关选项，题干的论证不涉及患者的年龄。（干扰项·转移论题）

D 项，补充了此题考点(1)中的隐含假设，且排除了因果倒置的可能，故此项正确。

E 项，此项支持"过量的铝导致行为痴呆症"，但不必假设。因为题干的论证只要求"过量的铝会导致行为痴呆症"即可，但不要求铝的含量和病的"严重程度"有关。

3. A

题干出现两组对象的对比：

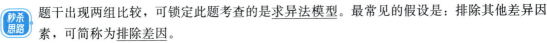
从小接受音乐训练：胼胝体大；

没有接受过音乐训练：胼胝体较小；

所以，音乐训练，特别是从幼年开始的音乐训练，会导致大脑结构上的某种变化。

题干出现两组比较，可锁定此题考查的是**求异法模型**。最常见的假设是：排除其他差异因素，可简称为**排除差因**。

A项，排除在音乐家训练之前，他们的胼胝体就比同年龄的非音乐家的大的可能性，排除差因，必须假设。

B项，无关选项，题干的论证不涉及"生命晚期"进行的音乐训练。（干扰项·偷换论证对象）

C项，无关选项，题干比较的是"音乐家和非音乐家"，此项比较的是"两个音乐家"。（干扰项·无关新比较）

D项，假设过度，"任何"过于绝对。

E项，假设过度，题干只涉及"音乐"，此项则涉及"各种艺术的学习"，扩大了论证范围。

4. E

题干出现两组对象的对比：喜欢戴墨镜的患者比不喜欢戴墨镜的患者心情会更加消沉或有忧郁症的倾向$\xrightarrow[\text{证明}]{}$墨镜可以减少令人易怒的视觉刺激，有消沉或忧郁症倾向的患者更喜欢戴墨镜。

题干出现两组比较，可锁定此题考查的是**求异法模型**。求异法模型一般来说用"排除其他差异因素"来解题，但要注意的是，求异法模型也是因果关系，因此，用因果关系的支持方法也是可以的。

A、C项，皆为无关选项。因为，题干的结论是"消沉或忧郁会让人更喜欢戴墨镜"，即"消沉或忧郁"会造成什么结果，而这两项讨论的是"消沉或忧郁症"的原因。（干扰项·转移论题）

B项，无关选项，题干的论证不涉及戴墨镜者与其他人的"亲疏"问题。（干扰项·转移论题）

D项，无关选项，题干的论证不涉及"别人"对戴墨镜者的看法。（干扰项·转移论题）

E项，指出戴墨镜不是使人变消沉的原因，即排除因果倒置的可能，必须假设。

5. D

锁定关键词"其理由是"，可知此前是论点，此后是论据。

生产厂商：每次 W-160 空难的调查都表明失事的原因是飞行员的操作失误，因此，原因不是 W-160 设计有误。

题干中有两个考点：

(1)生产厂商的论点依赖于对空难的调查，所以这些调查必须真实可信，故Ⅲ项必须假设。

(2)生产厂商的否认指控用的手法是"另有他因"。但如果两个原因之间有共存的可能性的话，"另有他因"就并不能说明原来的原因不成立。故Ⅱ项必须假设。

注意：Ⅰ项，是无因无果，不必假设。因为，如果飞行员不操作失误，则可能有其他原因（如雷电暴击等）导致 W-160 失事。

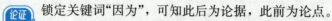

题型 43   预测结果的假设

1. D

论证结构　锁定关键词"因为"，可知此后为论据，此前为论点。

题干：国会禁止离职高官三年内接受院外游说集团的职位，某官员认为这<u>将</u>阻止政府高层官员在这三年里谋求生计。因此，这种禁止是不幸的。

秒杀思路　锁定关键词"将"，可知此题是预测结果模型，需要指出这一结果确实会发生。

选项详解　A项，假设过度，此项中"官员的行为"这一概念是个普遍概念，即指的官员的所有行为，而题干仅涉及"禁止离职高官三年内接受院外游说集团的职位"这一行为。

B项，无关选项，题干讨论的是离职高官"是否应该"进入院外游说集团，而此项讨论的是院外游说集团"有没有"离职高官。（干扰项·转移论题）

C项，无关选项，题干讨论的是"高层官员"，此项讨论的是"底层官员"。（干扰项·偷换论证对象）

D项，必须假设，说明该禁令确实会影响离职高官谋生。

E项，削弱题干，说明即使离职高官不接受外游说集团的职位，也有退休金保证其生计。

2. D

论证结构　锁定关键词"因此"，可知此前为论据，此后为论点。

题干：日本生产的冰箱比其他国家生产的冰箱耗电量要少———→日本冰箱将会占据更多的
　　　　　　　　　　　　　　　　　　　　　　　　　　　　　预测

冰箱市场。

秒杀思路　锁定关键字"将"，可知此题是预测结果模型，需要指出这一结果确实会发生。

选项详解　Ⅰ项，"日本的冰箱比其他国家的冰箱更为耐用"支持题干的预测。但不必假设，在二者<u>耐用性差不多</u>的情况下，日本冰箱更省电，就可说明日本冰箱有竞争优势。因此，不必假设日本冰箱"更为耐用"。（干扰项·假设过度）

Ⅱ项，必须假设，否则，如果冰箱购买者并不考虑电费因素，就推不出日本冰箱要占领其他国家市场的结论。

Ⅲ项，必须假设，否则，若日本冰箱的价格比其他国家的冰箱贵，那么省电费的优势就不复存在。

3. A

论证结构　锁定关键词"因此"，可知此前为论据，此后为论点。

题干：由于急性脑血管梗阻的症状和普通高山反应相似，因此，在高海拔地区，急性脑血管梗阻这种病特别危险。

秒杀思路　题干对"在高海拔地区得急性脑血管梗阻"这种病的结果进行了断定，认为这种病"特别危险"，故此题为预测结果模型。

选项详解　A项，需要假设，两种病的症状差不多，所以，急性脑血管梗阻就可能被误诊为高山反应。而二者的医疗处理方式不同，那么，当急性脑血管梗阻被误诊为高山反应时，就会特别危险。

B项，无关选项，题干并不涉及高山反应是否会诱发急性脑血管梗阻。

C项，无关选项，题干里面虽然也有"急性脑血管梗阻不及时恰当处理，会危及生命"，但这些内容在背景介绍部分，与题干的论证无关。

D、E项，均支持"在高海拔地区，急性脑血管梗阻这种病特别危险"这一结论，但是与题干的论证"症状相似导致其特别危险"无关。

4. A

锁定关键词"因为"，可知此后为论据，此前为论点。

题干：①政府削减对科研项目的资助；②一大批研究项目转而由私人基金资助；③私人基金资助者非常关心其公众形象，他们不希望自己资助的项目会导致争议 —预测→ 可能产生争议结果的研究项目在整个受资助研究项目中的比例肯定会因此降低。

锁定关键字"会"，可知此题是预测结果模型，需要指出这一结果确实会发生。

A项，此项说明由政府比私人更愿意资助争议项目，因此，由政府换成私人后，受资助的争议项目确实会减少，必须假设。

B项，政府"不在意"项目是否会导致争议，过于绝对化。题干并没有假设政府"不在意"，而是相对于私人来讲，政府的在意程度更低。

C项，政府"不关心"公众形象，过于绝对化。题干并没有假设政府"不关心"，而是相对于私人来讲，政府的关心程度更低。

D项，"不一定"等于"可能不"，题干隐含的假设是争议项目"可能有损形象"，而不是"可能不损害形象"。

E项，无关选项，题干的论证不涉及项目的"价值"。

题型 44　措施目的的假设

1. B

"将影片进行分类"是一种措施，而关键词"这样可以使"表明后面为目的，故此题为措施目的的模型，论证结构为：

将影片分类评选最佳影片（措施）—以求→使电影工作者的工作得到更为公平的对待，也可以使观众和电影爱好者对电影的优劣有更多的发言权（目的）。

此题为措施目的模型的假设题，常用的假设方法有：(1)措施可行；(2)措施可以达到目的；(3)措施利大于弊；(4)措施有必要。注意，此类假设题一般不选"措施无副作用"。

A项，无关选项，题干中的论证与"规范影片拍摄"无关。（干扰项·转移论题）

B项，必须假设，指出"将影片分类"这一措施可行。

C项，无关选项，"电影节影片评比"与"电影评论"是不同概念。（干扰项·转移论题）

D项，无关选项，题干未提及"冷门题材"的电影。（干扰项·偷换论证对象）

E项，无关选项，电影工作者的"积极性"与题干中的"公平对待"不是相同概念。（干扰项·转移论题）

2. E

论证结构 锁定关键词"这种方式"，可知此题为措施目的模型。

题干：黑脉金蝴蝶幼虫先折断含毒液的乳草属植物的叶脉，使毒液外流，再食入整片叶子（措施）——以求→以有毒的乳草属植物为食物来源直到它们发育成熟（目的）。

秒杀思路 要注意，有些以动物作为论证对象的真题中，会出现动物采取一些行动，达到诸如捕食、逃生等目的。这种题也可以看作措施目的模型。常用的假设方法有：(1)措施可行；(2)措施可以达到目的；(3)措施利大于弊；(4)措施有必要。

选项详解 A项，不必假设，题干说的是"这样的方式"可行，与此项中的"多种方法"无关。（干扰项·偷换论证对象）

B项，无关选项，题干说的是"黑脉金蝴蝶幼虫"，和"其他幼虫"无关。（干扰项·偷换论证对象）

C、D项，无关选项，"其他有毒植物"和"乳草属植物"无关。（干扰项·偷换论证对象）

E项，措施可行，必须假设，否则，如果乳草属植物的叶脉进化到了黑脉金蝴蝶幼虫不能折断的程度，那么该幼虫就无法折断叶脉获取食物了（取非法）。

3. B

论证结构 锁定关键词"因此"，可知此前为论据，此后为论点。

题干：在美国，比较复杂的民事审判往往超过陪审团的理解力，结果，陪审团对此作出的决定经常是错误的（论据）。因此，有人建议，涉及较复杂的民事审判由法官而不是陪审团来决定（措施），提高司法部门的服务质量（目的）。

秒杀思路 锁定"有人建议"，可知此题为措施目的模型。常用的假设方法有：(1)措施可行；(2)措施可以达到目的；(3)措施利大于弊；(4)措施有必要。

选项详解 A项，题干涉及的是"比较复杂的民事审判"，而不是"大多数"民事审判。（干扰项·数量词）

B项，必须假设。既然题干中的建议是用法官来代替陪审团，那么法官对复杂的民事审判的理解力必须优于陪审团。

C项，无关选项，题干仅讨论"美国"的情况，与其他国家无关。（干扰项·偷换论证对象）

D项，无关选项，题干的建议仅涉及"比较复杂的民事审判"，不涉及"不复杂的民事审判"。（干扰项·偷换论证对象）

E项，不必假设，题干的论证并不要求"法官的决定几乎总是正确的"，只要求"法官的决定正确性优于陪审团"。

4. A

论证结构 锁定"为了"一词，可知此题为措施目的模型。

学术会议组委会：从会议论文中挑选出 10%的论文作为会议交流论文（措施）——以求→保证大会交流论文的质量（目的）。

秒杀思路 此题为措施目的模型的假设题，常用的假设方法有：(1)措施可行；(2)措施可以达到目的；(3)措施利大于弊；(4)措施有必要。

选项详解 A项，措施可行，必须假设，否则，如果提交的会议论文都无法保证论文质量，那么即使从会议论文中挑选出 10%的论文作为会议交流论文也无法保证大会交流论文的质量。

B项，无关选项，因为组委会的建议不是挑出固定数量的论文，而是挑选出10％的论文。无论收到的论文总数是否有变化，都不影响可以从中挑选出10％。

C项，不必假设，题干需要假设的是有10％的论文达到质量要求。余下的论文质量无论是否达到质量要求，都不影响挑选出来的10％。

D项，不必假设，因为题干的措施是"挑选出10％的论文"，以此来保证论文质量。而不是由组委会来直接判断论文质量。

E项，无关选项，题干不涉及这项会议是否能够持续"举办下去"，只涉及举办此会议时的论文"质量"。

5. E

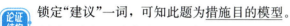 锁定"建议"一词，可知此题为措施目的模型。

题干：在纸上乱涂乱画可以帮助工程师的设计工作（原因），因此，建议在电脑中匹配模拟便条纸，能让使用者在上面涂鸦（措施），以求获得灵感和创造性思维（目的）。

此题为措施目的模型的假设题，常用的假设方法有：（1）措施可行；（2）措施可以达到目的；（3）措施利大于弊；（4）措施有必要。

A项，"只可能"过于绝对化，假设过度。

B项，"只能"过于绝对化，假设过度。

干扰项·绝对化

假设题一般遵循"程度一致性"原则，即，选项的程度与题干要保持一致。如果选项的程度与题干不一致，就是干扰项。尤其是，当题干没有绝对化词时，选项若出现绝对化词，则一般是干扰项。

例如：

题干说的是"有可能"，选项若为"很有可能""一定"，则是干扰项。

题干说的是"影响因素"，选项若为"最重要的影响因素""主要影响因素""唯一影响因素"等，则是干扰项。

C项，题干中说的是"许多工程师"不再在纸上乱涂乱画，而此项是"所有"，假设过度。

D项，不必假设"大多数"稀奇古怪的想法都有应用价值，只要"有的"稀奇古怪的想法有价值即可，假设过度。

E项，必须假设，否则，若乱涂乱画所产生的灵感只能通过在纸上的操作获得，那么题干中的建议就无法产生效果（取非法）。

6. C

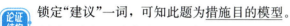 锁定"举措"一词，可知此题为措施目的模型。

题干：无论是工业用电还是民用电，现行的电价格一直偏低（原因）————导致————对超出月额定数的用电量，无论是工业用电还是民用电，一律按上调高价收费（措施）————以求————节约用电（目的）。

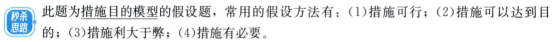

此题为措施目的模型的假设题，常用的假设方法有：（1）措施可行；（2）措施可以达到目的；（3）措施利大于弊；（4）措施有必要。

Ⅰ项，必须假设，说明电价较低确实是用电浪费的原因，因果相关。

Ⅱ项，不必假设，比如可能仅有极少用户浪费了大量的电，尤其是注意到题干中涉及"工

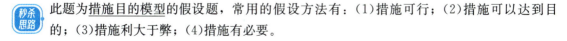

业用电"，那么就更存在少量用户浪费大量的电的可能。

Ⅲ项，必须假设，否则，若提高价格并不对浪费用电的用户带来经济压力，那就无法达到节约用电的目的(取非法)。

7. D

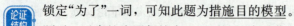 锁定"为了"一词，可知此题为**措施目的模型**。

题干：无毒蛇为了保护自己(目的)，在进化过程中逐步变异为和链蛇具有相似的体表花纹(措施)。

此题为**措施目的模型**的假设题，常用的假设方法有：(1)措施可行；(2)措施可以达到目的；(3)措施利大于弊；(4)措施有必要。

A项，削弱题干，此项说明无毒蛇变得与有毒蛇相似后，反而更易受到攻击，而不是有利于保护自己。

B项，削弱题干，既然在干燥地带，动物体表变成红色有利于保护自己，那为什么在干燥地带蛇的花纹反而均无红色？

C项，无关选项，此项说明链蛇体表的颜色威慑的是链蛇的"捕食对象"，而不是"捕食链蛇"的动物。(干扰项·偷换论证对象)

D项，必须假设，说明无毒蛇变异为和链蛇具有相似的体表花纹确实可以保护自己，措施可达目的。

E项，无关选项，题干不涉及"干燥地带"与"沼泽地带"的比较。(干扰项·无关新比较)

8. E

题干：保金收入可以用来投资并产生回报，因而折价发行的保单并不一定总是亏本的。

题干没有明确地指出目的，但实际上"将保金收入用来投资"是一种措施，"产生回报"就是这一措施的效果。所以此题可看作**措施目的模型**。

A项，无关选项，题干仅涉及折价发行的保险是否"亏本"，不涉及保险折价发行是否为了"吸引顾客"。

B项，此项等价于：有的亏本的保单不是折价发行的。题干不涉及"不是折价发行的保险"，无关选项。

C项，假设过度，"每年"和"精确"都是绝对化词，即使做不到"每年精确"估计，通过大体准确的估计可能也可以避免亏本。

D项，不必假设，"最重要"一词过于绝对化。

E项，措施可行，必须假设。使用取非法，将此项取非，则可得"所有折价发行的保单都要求立即赔偿"，那么，折价发行的保单的保金收入就不可能用来投资获取收入，这样的话，题干的结论就不成立了。

红花词·至少

假设题中出现"至少""至少会有"时，常常是正确答案，我们把这样的词称为"红花词"。原因如下：

"至少会有"取非就得会到"所有都不"这一结论，这一结论是绝对化的否定，所以它很容易使题干的结论不成立。即，没它不行，故这样的项一般是题干的必要条件。

当然也要注意，带红花词的选项"常常是"正确答案，而非"一定是"正确答案。

---

9. D

 锁定关键词"因此",可知此前是论据,此后是论点。

题干:为了控制一种白蝇(昆虫学家认为是甜薯白蝇的变种)的繁殖,昆虫学家寻找并人工繁殖甜薯白蝇的寄生虫。但是,新的基因研究表明这种白蝇是银叶白蝇————→_{证明}如果这种基因研究可信的话,昆虫学家寻找甜薯白蝇的寄生虫的努力白费了。

 锁定"为了"一词,可知此题中存在措施目的模型。但要注意,此题并不是让我们证明措施有效,而是要说明措施无效。

 A项,"假设"指的是题干中虽未言明,但暗含的意思。因此,"假设"也叫"隐含假设",而此项是题干结论中明确表达的内容,故不是隐含假设。

B项,"甜薯白蝇的寄生虫对农作物没有任何危害",即措施没有副作用,不是隐含假设。

C项,题干涉及的是这种白蝇的寄生虫,而此项是"所有农作物害虫的寄生虫",论证对象范围过大,不必假设。

D项,此项说明甜薯白蝇的寄生虫无法在银叶白蝇中寄生,所以昆虫学家寻找白蝇寄生虫的努力确实是白费了,措施无效,必须假设。

E项,此项中的"某种"生物的寄生虫,其实指的是"任何一种"生物的寄生虫,因此,此项扩大了题干论证对象的范围,假设过度。

题型 45 统计论证的假设

1. A

 锁定关键词"因此",可知此前是论据,此后是论点。

题干:①某地区过去三年日常生活必需品平均价格增长了30%;②在同一时期,购买日常生活必需品的开支占家庭平均月收入的比例并未发生变化————→_{证明}过去三年家庭平均收入一定也增长了30%。

 锁定"比例"一词,列出其公式得:

$$必需品占收入的比=\frac{必需品开支}{收入}=\frac{必需品价格×数量}{收入}。$$

故,仅由必需品的价格无法确定该比例,还得看买的是不是同种必需品(即A项中的质量)以及这些必需品的购买数量,故A项必须假设。

 B项,无关选项,题干涉及的是"必需品"而此项是"其他商品"。

C项,无关选项,由上述公式可见,该比例与家庭数量无关。

D项,无关选项,题干涉及的是"必需品"而此项是"高档消费品"。

E项,无关选项,题干不涉及"生活水平"。

2. E

 题干中有两个结构提示词"因此"和"因为"。"因此"前面为论据,"因为"后面也是论据,"因此"后面为论点。故:

题干中的论据:

①心率越快,单位时间进入循环的血液量越多。

②血液中的红细胞运输氧气。

③一个人单位时间通过血液循环获得的氧气越多，他的体能及其发挥就越佳。

④在高海拔地区，人体内每单位体积血液中含有的红细胞数量，要高于在低海拔地区。

题干中的论点：为了提高运动员在体育比赛中的竞技水平，应该在高海拔地区训练。

秒杀思路 由题干论据②、④可知，在高海拔地区，一次心跳的输氧量更大，结合题干论据①可得如下公式：

单位时间输氧量（如一分钟）＝一次心跳输氧量×心率（一分钟心脏跳动次数）。

可知，若在高海拔地区运动员的心率<u>不低于</u>低海拔地区，则单位时间输氧量比低海拔地区更高，从而提高了运动员的竞技水平，故 E 项必须假设。

选项详解 A 项，注意，题干的论证假设的是"在高海拔地区运动员的心率<u>不低于</u>低海拔地区"，即在高海拔地区运动员的心率"大于或者等于"低海拔地区。A 项中"不产生影响"，即"等于"，仅是"大于或者等于"中的一种情况，故排除此项。

B 项，无关选项，题干是同一运动员在高海拔地区与低海拔地区的比较，而此项是不同运动员之间的比较。（干扰项·无关新比较）

C 项，无关选项，题干不涉及运动员与普通人之间的比较。（干扰项·无关新比较）

D 项，"加快"，即"大于"，此项与 A 项一样，仅是"大于或者等于"中的一种情况，故排除此项。

3. D

论证结构 锁定关键词"可以得出结论"，可知此前是论据，此后是论点。

地质学家：如果地球的未勘探地区中单位面积的平均石油储藏量能和已勘探地区一样的话，那么，目前关于地下未开采的能源含量的正确估计因此要乘上一万倍 —证明→ 地球上未勘探地区的总面积是已勘探地区的一万倍。

选项详解 Ⅰ项，必须假设，否则，如果现在对石油的估计已经包括未开采的石油含量，那么就无法根据"石油储量是目前的一万倍"得出"未勘探地区的总面积是已勘探地区的一万倍"的结论。

Ⅱ项，必须假设，因为题干由"平均石油储藏量"推出"未开采的能源含量"的情况，出现了概念的跳跃，此项起到了搭桥的作用。

Ⅲ项，不必假设，题干中的论证只涉及"石油的储量"，不涉及这些石油能否被开采出来。

4. A

论证结构 题干：每单位的国产电池要比进口电池便宜，但如果用国产电池替代进口电池来提供同样的电源供应的话，支付在电池上的总费用将会提高。

秒杀思路 每单位的国产电池要比进口电池便宜，但为什么总花费会变高呢？说明国产电池的性价比不高。

列成数学表达式如下：

需要国产电池量×国产电池单价＞需要进口电池量×进口电池单价。

即：$\dfrac{总电量}{单位国产电池供电量}×国产电池总价＞\dfrac{总电量}{单位进口电池供电量}×进口电池总价。$

又因为：国产电池单价＜进口电池单价，所以：单位国产电池供电量＜单位进口电池供电量。故 A 项正确。

B项，重复了题干信息"每单位的国产电池要比进口电池便宜"，不是题干的隐含假设。

C项，无关选项，题干的论证不涉及"生产成本"。

D项，无关选项，题干的论证不涉及"摄像的质量"。

E项，无关选项，此项是对国内电池市场变化的结果预测，而不是题干的隐含假设。

题型 46 其他论证的假设

1. C

 锁定"其理由是"，可知后面是论据，前面是论点。

题干：根据该急救中心现有的医护人员和医疗设施的规模和综合能力，现有的救护车足够了，因此，市政府否决了购置新救护车的申请（即，无须购置新救护车）。

 C项中有红花词"至少有一辆"，可优先考虑C项。

但要注意，E项中的"至少五年"不是红花词，因为题干中没有"五年"这个时间概念。

 A项，不必假设，因为，市政府否决急救中心的申请，与急救对象的数量无关，其理由是因急救中心的规模不足，避免如果买了救护车把更多病人拉来，但又实现不了救治，故此项是无关选项。

B项，不必假设，市政府的决议与"财政情况"无关。

C项，必须假设。使用取非法，假设此项为假，可得急救中心现有的救护车近期内全部退役，那么就必须购置新车，则市政府不让购买新车的决策是错误的。

D项，无关选项，题干的论证只涉及急救中心，不涉及其他大中医院。

E项，不必假设"至少五年内"不会扩大急救中心的规模和能力，只要"现在或近期"不扩大即可。

2. C

 锁定"因此"，可知前面是论据，后面是结论。

题干中的论据：

①没有法定休假日，则工作五天。

②肖群周五在志愿者协会，其余四天在太平洋保险公司上班。

③上周没有法定休假日。

题干中的结论：上周的周一、周二、周三和周四肖群一定在太平洋保险公司上班。

 由①、③知，上周肖群工作了五天，由②知，肖群周五在志愿者协会上班。

所以，肖群可能在周一、周二、周三、周四、周六、周日中的4天去太平洋保险公司上班。

故要推出周一、周二、周三和周四肖群一定在太平洋保险公司上班，必须假定周六、周日肖群没有上班，即C项正确。

3. E

 家长：

①有想象力才能进行创造性劳动。

②想象力和知识是天敌。

③知识符合逻辑，而想象力无章可循。

④知识的本质是科学，想象力的特征是荒诞。

⑤人的大脑一山不容二虎。

⑥学龄前，想象力独占鳌头，脑子被想象力占据；上学后，丧失了想象力，成为终身只能重复前人发现的人。

Ⅰ项，是论证④所依赖的假设。因为知识的本质是科学，假设科学是荒诞的，那么知识也是荒诞的，则知识和想象力之间是可以相容的（即不是天敌），与论证②矛盾（取非法）。

Ⅱ项，必须假设，否则，想象力和逻辑不是水火不容的，而是可以共存的，那就与②、⑤矛盾。

Ⅲ项，是论证⑥所依赖的假设。因为如果大脑被知识占据后很容易重新恢复想象力，那么人们学了知识后，就不会终身只能重复前人的发现。

4. E

锁定"因此"，可知前面是论据，后面是结论。

题干：牛顿与莱布尼茨的信中没有涉及微积分理论的任何重要之处 ——证明→ 莱布尼茨和牛顿各自独立地发现了微积分。

A项，无关选项，题干不涉及二人数学才能的比较。

B项，试图用人品来进行论证，诉诸人身。

C项，有没有其他人独立发现微积分，与牛顿、莱布尼茨是否独立发现微积分没有关系。

D项，不必假设，莱布尼茨可以告诉别人，只要这个人不把微积分的细节告诉牛顿即可。

E项，必须假设，否则，若两人通过其他方式获取到了对方关于微积分的关键细节，他们的发现就不是互相独立的（取非法）。

第❹节 四大核心题型秒杀技巧：解释题

题型47 解释现象

1. A

金星与地球的相同点：内部有一个炽热的熔岩核，会释放巨大的热量。

金星与地球的差异点：地球通过火山喷发释放内部热量，金星上没有火山喷发。

题干的核心话题是金星与地球在"释放内部热量"上的差异，只有A项涉及"释放内部热量"，优先看A项。A项说明，金星自转缓慢且外壳比地球薄，便于内部热量向外释放，因此不再需要火山喷发释放热量，故A项正确。

B项，无关选项，此项涉及的是"地表温度"，而题干涉及的是"释放内部热量"。

C项，加剧题干的矛盾，金星内部释放巨大的热量，而金星表面的岩石又坚硬，这就可能会形成爆炸或更严重的火山喷发。

D项，无关选项，题干不涉及"温度波动"。

E项，无关选项，与太阳的距离远近可能影响表面温度，与内部热量的释放无关。

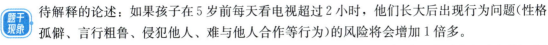

2. C

题干现象 待解释的论述：如果孩子在 5 岁前每天看电视超过 2 小时，他们长大后出现行为问题(性格孤僻、言行粗鲁、侵犯他人、难与他人合作等行为)的风险将会增加 1 倍多。

秒杀思路 题干表明"每天看电视超过 2 小时"会引发行为问题，而不是"看电视"会引发行为问题。因此，锁定"长时间"，可知此题要从 C 项和 E 项中选。

C 项，说明长时间看电视会导致孩子缺乏与他人打交道的经验，因此易引发性格孤僻、难以他人合作等行为问题，可以解释题干。

E 项，说明长时间看电视会影响"身心发展"，但影响"身心发展"的后果未必是产生"行为问题"。故 E 项解释力度不如 C 项。

选项详解 A、B 项，解释的是"看电视"的影响，而不是"长时间看电视"的影响。

D 项，不能解释，说明"看电视"影响的是"分析能力"，而不是"行为问题"。

3. E

题干现象 锁定"尽管如此"一词，观察其前后的看似矛盾之处：用手机打电话不会对专供飞机通信系统或全球定位系统使用的波段造成干扰。尽管如此，各大航空公司仍然规定，禁止机上乘客使用手机等电子设备。

选项详解 Ⅰ项，说明乘客在空中使用电子设备可能对地面导航网络造成干扰，故需要禁止。可以解释题干。

Ⅱ项，说明乘客在起飞和降落时使用电子设备可能影响机组人员工作，故需要禁止。可以解释题干。

Ⅲ项，说明便携式电脑或者游戏设备可能导致仪器故障，故需要禁止。可以解释题干。需要注意的是，如果题干说的是"禁止手机"，则此项中"便携式电脑或者游戏设备"是无关选项。但此题说的是禁止使用"手机等电子设备"，故也可包括便携式电脑或者游戏设备。

4. D

题干现象 待解释的现象：一般商品只有在多次流通过程中才能不断增值，但艺术品在一次"流通"中就可以实现大幅度增值。

选项详解 A、B、C、E 项都提出了艺术品增值的原因，故能解释题干。

D 项，指出赝品对艺术品的交易价格没有影响，当然也就无法解释艺术品价格的上涨。

5. A

题干现象 锁定"然而"一词，观察其前后的看似矛盾之处：地球吸收了大量的热量，应该会导致其逐渐升温以致融化，然而，有一个抵消此作用的因素。

秒杀思路 与"吸引热量"相抵消的因素即"散发热量"，锁定"散发热量"可知此题 A 项正确。

选项详解 A 项，指出地球发散的热能值与其吸收的热能值相近，热量散发是热量吸收的抵消因素，故此项作为题干的后续最为恰当。

B 项，地球赤道的热向两极方向扩散，但这是热量在地球自身的内部循环。因此，此项只能在地球内部分配热量，但无法实现与外部的"抵消"作用。故此项不能解释题干。

C 项，日食期间是特例，很少发生，且"照射到地球的太阳光线明显减少"也只能说明日食期间地球"吸收"的热量减少，而并不是热量吸收的"抵消"因素。故此项不能解释题干。

D 项，无关选项，题干讨论的是"地球表面"吸收的热量，而此项说的是"地球核心"的热量。

E项，"温室效应"引人关注，说明地球的温度并未被抵消（即降低），反而升高，故排除此项。

6. A

 锁定"然而"一词，观察其前后的看似矛盾之处：严查酒驾和不严查酒驾的城市，交通事故发生率差不多。然而，多数专家却认为：严查酒驾可以降低交通事故的发生。

 A项，说明严查酒驾的城市之前交通事故发生率更高，通过严查酒驾，使该城市的交通事故发生率降到了较低的水平，可以解释题干。

B项，无关选项，题干讨论的是严查酒驾是否能"降低事故发生率"，而不涉及是否能"消除酒驾"。

C项，无关选项，题干的论述不涉及"交通安全意识"。

D项，无关选项，题干的论述不涉及"其他交通违章"。

E项，无关选项，题干的论述不涉及"小城市和大城市"的比较。

7. C

 锁定"但是"一词，观察其前后的看似矛盾之处：人们很快接受了 MP3、CD、DVD 等电子产品，但是，人们对于电子图书的接受并没有达到专家所预期的程度，现在仍有很大一部分读者喜欢捧着纸质出版物。

 A项，指出纸质图书的优势，可以解释。

B项，指出电子图书的劣势，可以解释。

C项，"一些"怀旧爱好者喜欢"收藏"经典图书，不能解释"很大一部分读者"喜欢"捧着"纸质图书。

D项，指出电子图书的劣势，可以解释。

E项，指出电子图书的劣势，可以解释。

8. C

 锁定"然而"一词，观察其前后的差异：现代的文人学子近视患者的比例越来越高，然而，中国古代很少发现患有近视的文人学子。

 A项，说明古人读书时间少，因此不会近视，可以解释。

B项，说明古人通过运动预防了近视，可以解释。

C项，此项说明的是近视的"危害"，而不是影响近视的"原因"，不能解释。

D项，说明古人读的书少，因此不会近视，可以解释。

E项，说明古人的写字方式有利于防止近视，可以解释。

9. B

 锁定"但是"一词，观察其前后的看似矛盾之处：夜晚点燃艾叶驱蚊曾是龙泉山区引起家庭火灾的重要原因，近年来该地区使用艾叶驱蚊的人家显著减少，但是，家庭火灾导致的死亡人数并没有减少。

 A项，此项说明夜晚点燃艾叶引起的火灾所导致的损害相对较小，那么，就存在这种可能：点燃艾叶引起的火灾基本不会引发死亡。如果这样，那么这种火灾是多是少也就不怎么影响死亡率了。故此项可以解释。

B项，此项与 A 项正好相反，即，艾叶导致的火灾一般在家庭成员睡熟后发生，那么就更加容易引发死亡，这样的话，这类火灾减少就可以减少死亡率。因此，此项加剧了题干的矛盾。

C项，说明可能是其他原因导致的火灾引发了死亡，可以解释题干。

D项，可以解释，说明虽然现在火灾数量减少了，但现在由于木质家具和家用电器的存在，火势比过去更为猛烈，因此引发了更多死亡，可以解释题干。

E项，"一户失火随即蔓延，死亡人数因而比过去增多"，显然可以解释。

10. A

 锁定"然而"一词，观察其前后的看似矛盾之处：一种冰淇淋的单价从过去的 1.80 元提高到 2 元，销售仍然不错。然而，在提价一周之内，几个雇员陆续辞职不干了。

 A项，说明涨价前雇员可以得到小费，而涨价后得不到小费了，因此离职，可以解释。

B、C、D项，均与雇员的情况无关。

E项，雇员的工资水平<u>没有影响</u>，也没有提出其他原因，所以此项不能解释员工为什么辞职。

11. A

 锁定"但是"一词，观察其前后的看似矛盾之处：消费者并没有因为那则关于许多苹果都含有致癌防腐剂的报道而改变他们购买苹果的习惯，但是，在报道一个月后的三月份，食品杂货店的苹果销售量大大地下降了。

 A项，可以解释，虽然消费者还愿意买，但是食品杂货商不再卖苹果，导致苹果销售量下降。

B项，消费者对这类警告漠不关心，说明这类警告不会影响苹果销量，加剧题干的矛盾。

C项，不能解释题干。此项试图说明这则报道通过电视影响了消费者的购买习惯，这与"几乎没有消费者打算改变他们购买苹果的习惯"相矛盾。要注意，解释题只能解释题干，不能质疑题干。

D项，无关选项，题干不涉及"别的水果"。

E项，无关选项，"官员"的观点并不直接影响消费者的选择。

12. E

 锁定"但是"一词，观察其前后的看似矛盾之处：用甘蔗提炼乙醇比用玉米提炼乙醇需要更多的能量，但是，多数酿酒者却偏爱用甘蔗做原料。

 题干涉及两个对象"甘蔗"和"玉米"，因此，要指出"甘蔗"相对于"玉米"的优势。

 A项，不涉及"甘蔗"的优势，不能解释。

B、C项，说明"玉米"更有优势，不能解释。

D项，无关选项，题干涉及的是"提炼乙醇"，不涉及"制糖或其他食品"。

E项，燃烧甘蔗废料可以提供额外的能量，而玉米不能。说明了"甘蔗"相对于"玉米"的优势，可以解释题干。

13. D

 锁定"而"一词，观察其前后的看似矛盾之处：声称自己每周固定进行 2～3 次健身锻炼的人近两年来由 28％增加到 35％，但是，对大多数健身房的调查则显示，近两年来去健身房的人数明显下降。

 A项，此项说明虽然固定健身的人增加了，但健身没有什么规律的人减少了，从而导致健身的整体人数可能减少了，故可以解释题干。

B项，此项说明健身房少报了顾客人数，所以统计出来去健身房的人少了，可以解释。

C项，此项说明在家健身但不去健身房的人增多，所以统计出来去健身房的人少了，可以解释。

D项，不能解释，为了吸引更多的顾客，该市健身房普遍调低了营业价格，那么进健身房的人数应该变多才对，而不应该是减少，加剧了题干中的矛盾。

E项，可以解释，指出样本没有代表性，调查结果可能不准确。

14. E

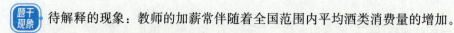 待解释的现象：教师的加薪常伴随着全国范围内平均酒类消费量的增加。

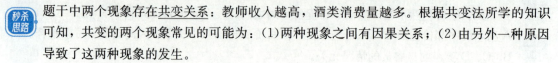 题干中两个现象存在共变关系：教师收入越高，酒类消费量越多。根据共变法所学的知识可知，共变的两个现象常见的可能为：(1)两种现象之间有因果关系；(2)由另外一种原因导致了这两种现象的发生。

A项，干扰项，因为教师仅仅是酒类消费人群中很小的一部分，如果仅仅是教师收入增加这一原因，则无法推动酒类消费同比例增长。

B项，无关选项，题干不涉及"买书"。

C项，无关选项，题干讨论的是"教师收入增加"，而此项是"教师人数增加"。

D项，此项只能解释酒类的供给增加了，但无法解释教师收入和酒类消费的共变关系。

E项，说明是人民生活水平提高(共因)，导致了教师的加薪和酒类消费量的增加。

15. E

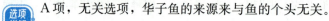 待解释的问题：目前注入达里湖的4条河流都是内陆河，没有一条河流通向海洋，科学家们仍然确信达里湖的华子鱼最初是从海洋迁徙而来的。

A项，无关选项，华子鱼的来源来与鱼的个头无关。

B项，无关选项，题干只涉及华子鱼的来源，不涉及现在的华子鱼的情况。

C项，不能解释，达里湖与海洋的距离"没有过于遥远"，也无法说明华子鱼可以从海洋进入达里湖。

D项，无关选项，题干只涉及华子鱼的来源，不涉及华子鱼的养殖。

E项，可以解释，此项说明达里湖曾与海洋相连，这就解释了湖中的华子鱼来自海洋。

16. B

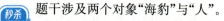 待解释的现象：几百只海豹因吃了受到化学物质污染的一种鱼而死亡，但是，人吃了这种鱼却没有中毒。

题干涉及两个对象"海豹"与"人"。

二者的相似之处：都吃了被污染的鱼。

二者的结果差异：几百只海豹死亡，但人却没有中毒。

因此，此题要找到"海豹"与"人"的差异之处。

A项，无关选项，题干只讨论该化学物质是否伤害"海豹"与"人"，而不涉及是否伤害鱼。

B项，可以解释，说明有毒的部分海豹会吃，而人不会吃，所以人没有中毒。

C项，无关选项，题干仅涉及吃这种鱼是否会中毒，与不吃鱼的人无关。

D项，加剧了题干的矛盾，海豹吃得不多就引起了死亡，那为什么人却没有中毒？

E项，无法解释，消化系统的区别与是否中毒关系不大。

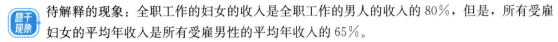

题型 48 解释数量

1. D

题干现象 待解释的现象：全职工作的妇女的收入是全职工作的男人的收入的 80％，但是，所有受雇妇女的平均年收入是所有受雇男性的平均年收入的 65％。

选项详解 A 项，无关选项，题干不涉及过去 30 年男、女雇员平均年收入的差距如何变化。

B 项，不能解释，如果此项为真，则男女收入应该相同，而不是有差距。

C 项，不能解释，女性的高收入职位在增加，那么女性和男性的收入差距应该没那么大，加剧题干中的矛盾。

D 项，可以解释，说明兼职工作的女性比例比男性高且其收入更少，从而拉低了女性的平均年收入。

E 项，无关选项，题干不涉及"其他 10 个国家"的情况。

2. E

题干现象 待解释的现象：餐饮经营点的数量大幅下降，但是，餐饮业的经营资本在整个服务行业中所占的比例并没有减少。

秒杀思路 根据公式：

$$餐饮业经营资本在整个服务业中的比例 = \frac{餐饮业经营资本}{服务业总资本} \times 100\%。$$

所以，有两种可能的原因导致题干中的现象：①S 市餐饮业尽管经营点的数量下降，但经营资本总额没有减少；②S 市服务行业的经营资本总额下降。

选项详解 A、B、C 项为原因①，D 项为原因②，可以解释题干中的现象。

E 项，题干的分母是"服务业总资本"，此项是"全市产业经营总资本"，无关选项。

3. E

题干现象 第一个事实：在电视广告所推出的各种商品中，观众能够记住其品牌名称的商品的百分比逐年降低。

第二个事实：在一段连续插播的电视广告中，观众印象较深的是第一个和最后一个。

秒杀思路 根据公式：

$$记忆率 = \frac{记住的广告数}{广告总数} \times 100\%。$$

由第二个事实可知，在一段连续插播的电视广告中，观众记住的是第一个和最后一个，即不论这一段广告中有几个广告，分子总是 2，又由第一个事实可知，观众的广告记忆率下降，在分子不变的情况下，说明分母变大，即一段连续播出的电视广告中所出现的广告的平均数量逐渐增加，E 项正确。

选项详解 其余各项均不涉及广告总数，故均为无关选项。

4. C

题干现象 待解释的差异：2000 年至 2010 年间，接种麻疹疫苗的儿童总数的下降速度，比接受义务教育的儿童总数的下降速度快。

A 项，不能解释，说明有人接种了麻疹疫苗但没在本市接受义务教育，那么应该是接受义务教育的儿童总数下降更快，因此无法解释题干中二者之间下降数值的不同。

B 项，不能解释，此项说明接种麻疹疫苗的儿童总数下降了 20％，但不知道这些孩子是否接受了义务教育，因此无法解释题干中二者之间下降数值的不同。

C 项，可以解释，说明有些孩子在外地接种了麻疹疫苗，即没有在 S 市接种麻疹疫苗，但在 S 市接受了义务教育，因此造成了题干中的现象。

D 项，无关选项，题干要求解释的是"接种麻疹疫苗的儿童总数"与"接受义务教育的儿童总数"之间的关系，而不是二者与"新生儿总数"之间的关系。

E 项，无关选项，题干与"接种乙肝疫苗"无关。

第 **5** 节 其他题型秒杀技巧

题型 **49** 推论题

1. C

题干的提问方式为"如果上述断定为真，则以下哪项一定为真"，这种提问方式，有可能考查形式逻辑题，也有可能考查论证逻辑中的推论题。

观察题干，发现题干由两个段定构成：

①如果一个学校的大多数学生都具备足够的文学欣赏水平和道德自律意识，那么，像《红粉梦》和《演艺十八钗》这样的出版物就不可能成为在该校学生中销售最多的书。

②去年在 H 学院的学生中，《演艺十八钗》的销售量仅次于《红粉梦》。

其中，①是假言判断，②是事实。故此题是个假言事实型的推理题。

由②知，在 H 学院的学生中，《红粉梦》销量第一，《演艺十八钗》销量第二。即这两本书是销量最多的书。但销量最多并不能说明大多数学生都购买了这两本书，故 Ⅰ 项不一定为真。

由①逆否得：这两本书销量最高→并非（大多数学生都具备足够的文学欣赏水平和道德自律意识），等价于：这两本书销量最高→至少有些学生不具备足够的文学欣赏水平，或者不具备足够的道德自律意识。故 Ⅲ 项为真，Ⅱ 项可真可假。

2. A

题干的提问方式为"如果《科学日报》的上述消息是真实的，那么以下哪项不可能是真实的？"结合题干中的"只有……才……"，可知此题本质上是形式逻辑中的推理题。

需要注意的是，"上述消息"为真，说明的确有瑞典科学家在有关领域的研究中首次提出了此观点，因此，不可能在更早的时间有科学家提出相同的观点，Ⅰ 项不可能为真。

但是"上述消息"为真，只说明的确有瑞典科学家提出此观点，但是，这种观点未必正确，故 Ⅱ、Ⅲ 项的真假无法确定。

3. A

此题的提问方式为"如果上述断定为真，则以下哪项一定为真"，此题题干中第二句话有一个关键词"就"，是假言判断。但此题还涉及其他信息，故此题是一道综合型的推论题。

Ⅰ项，由题干知，至少有三种生活方式会影响一个人患致命的心脏病的风险：抽烟、饮酒和运动。故，"某些生活方式的改变，会影响一个人患致命的心脏病的风险"为真。

Ⅱ项，由题干知，由"胆固醇含量高→患致命的心脏病的风险大"，根据箭头指向原则，无法推出"胆固醇含量不高→患致命的心脏病的风险不大"。故此项不一定为真。

Ⅲ项，推理过度，"心脏病"是人类的第一大杀手，不代表"血液中的胆固醇含量高"是当今人类死亡的主要原因。

4. C

题干有以下信息：

①2008年，中国发病率最高的三种慢性病，依次是：乙型肝炎、关节炎、高血压。

②关节炎和高血压的发病率随着年龄的增长而增加，而乙型肝炎在各个年龄段的发病率没有明显的不同。

③中国人口的平均年龄，在2008年至2020年之间，将呈明显上升态势而逐步进入老龄化社会。

A、B项，由②、③知，随着人口的老龄化，关节炎的发病率会提高，乙型肝炎的发病率不变，但不确定前者的发病率会不会超过后者，故这两项可真可假。

C项，由②知，乙型肝炎在各个年龄段的发病率没有明显的不同，那么，总人口的平均年龄越大，则乙型肝炎患者的平均年龄也越大。故此项为真。

可使用赋值法证明如下：为方便计算不妨设我国只有10岁的人和50岁的人，设乙型肝炎的发病率为10%，赋值如表4-3所示。

表4-3

类别	10岁的人数	50岁的人数	平均年龄（岁）
2008年总人口	800	200	$\frac{800\times10+200\times50}{800+200}=18$
2008年乙型肝炎发病者	80	20	$\frac{80\times10+20\times50}{80+20}=18$
2020年总人口	200	800	$\frac{200\times10+800\times50}{800+200}=42$
2020年乙型肝炎发病者	20	80	$\frac{20\times10+80\times50}{80+20}=42$

D项，由②知，乙型肝炎在各个年龄段的发病率没有明显的不同，那么，总发病人数＝总人口数×发病率。故，必须知道2008年到2020年的总人数如何变化，才能确定乙型肝炎的发病人数如何变化。故此项不一定为真。

E项，由③知，中国会进入老龄化社会，但不确定老年人的数量是否已经超过年轻人，故无法确定乙型肝炎的老年患者将多于非老年患者。

5. E

要注意，当题干的问题是"以下哪项最能支持题干"时，题目是支持题。当题干的问题是"题干中的信息最能支持以下哪项"时，一般可认为是推论题。

A项，无关选项，题干不涉及葡萄表皮的颜色。

B项，无关选项，题干不涉及喝白酒会增加胆固醇。

C项，无关选项，题干不涉及"食用葡萄"的影响。

D项，题干不仅仅涉及"葡萄"和"粮食"的比较，还涉及"去皮"与"不去皮"的比较，故此项不如E项恰当。

E项，题干使用求异法：

红酒和葡萄汁：用完整的葡萄做原料（有葡萄皮），含有能减少人血液中的胆固醇的化学物质；

白酒：用去皮的葡萄做原料，不含能减少人血液中的胆固醇的化学物质；

所以，能有效地减少血液中胆固醇的化学物质，只存在于葡萄的表皮之中。

故E项正确。

6. A

 题干：有经验的飞行员已经习惯了驾驶重型飞机，当他们驾驶超轻型飞机时，总是会忘记驾驶要则的提示而忽视风速的影响。

 A项，习惯了驾驶重型飞机后，驾驶超轻型飞机就容易忽略风速影响，这说明重型飞机比超轻型飞机在风中更易于驾驶，故此项正确。

B项，推理过度，飞机安全性的影响因素有很多，不仅仅是风速这一因素。因此，不能仅仅因为风速的情况，就推出超轻型飞机的安全性不如重型飞机。

C项，推理过度，由题干只能推出风速对重型飞机的影响小于对超轻型飞机的影响，但不能推出风速对重型飞机的飞行"不会"产生影响。

D项，无关选项，题干中比较的是老飞行员和新飞行员试飞"超轻型"飞机时的情况，无法推出新飞行员驾驶"重型"飞机时的情况。

E项，无关选项，题干中新老飞机员表现不同的原因是"老飞行员习惯了重型飞机"，但是，题干未提及新老飞行员是否熟悉超轻型飞机。

7. E

 题干：热门电视节目间隔中插播大段广告的时间，人们会同时去洗手间，导致城市的用水量突然增大。

 A项，指出广告要短小才会有效，即：广告若不短小，则一定无效。此项过于绝对。

B项，无关选项，题干信息不涉及竞争问题。

C项，无关选项，题干信息不涉及在热门与冷门电视节目后插播广告的效果的比较。

D项，无关选项，题干信息不涉及自来水公司。

E项，广告时间大家都去洗手间，说明大家不喜欢看广告，此项正确。

8. C

 题干有以下两组信息：

①如果一个儿童体重与身高的比值超过本地区80％的儿童的水平，就称其为肥胖儿。

②15年来，临江市的肥胖儿的数量一直在稳定增长。

由题干信息①知，肥胖儿数量＝儿童总数×20％。

由题干信息②知，肥胖儿数量稳定增长，说明儿童总数稳定增长。

又有：非肥胖儿数量＝儿童总数×80％，故非肥胖儿数量稳定增长，C项正确。

A、E项，题干信息不涉及全市儿童体重的平均值，故排除。

B项，题干信息不涉及该市儿童的锻炼情况，故排除。

D项，题干信息不涉及"标准体重"，故排除。

9. A

题干：某类黄蜂能够在适合自己后代寄生的各种昆虫的大小不同的虫卵中，注入恰好数量的自己的卵。如果过多或过少，则会引起幼虫的死亡。

Ⅰ项，必然为真，此项说明措施可行，否则，如果此类黄蜂不能准确区分宿主虫卵大小，它就无法注入恰好数量的卵。

Ⅱ项，不一定为真，因为可能虫卵较大的昆虫数量比虫卵较小的昆虫数量少得多，这样，上述黄蜂就会相对集中在虫卵较小的昆虫聚集区。

Ⅲ项，题干不涉及注入过多和过少的卵的比较，故此项不一定为真。

10. D

题干有以下三个信息：

①清朝雍正年间铸币构成是铜六铅四，不少商人出以利计，纷纷融币取铜。

②市民只能以银子向官吏购兑铸币用以纳税，不少官吏因此大发了一笔。

③这种情况，在雍正之前的明、清两朝历代从未出现过。

Ⅰ项，由题干信息①可知，融币取铜有利可图，则铸币中的铜的价值必然高于币值，故此项为真。

Ⅱ项，由题干信息②可知此项必然为真，否则，如果上述银子购兑铸币的交易都能严格按朝廷规定的比价成交，官吏就没有获利的空间。

Ⅲ项，不一定为真，因为雍正之前的明、清两朝历代从未出现过题干中的现象的原因可能有很多，例如：铜价太低，融币取铜无利可图；有严刑酷法，使商人和官员不敢徇私舞弊等。

11. A

①严重刑事犯罪案件60％皆为已记录在案的350名惯犯所为。

②严重刑事犯罪案件中半数以上的作案者同时是吸毒者。

题干中第一个比例的基数是"案件"，第二个比例的基数是"作案者"。所以"惯犯"和"吸毒者"的关系不能准确判断，选择带"可能"的A项。

例如：一共有1 000件严重刑事犯罪案，其中的600件由350名惯犯作案，而且这350名惯犯都不吸毒；另外400件由另外400名非惯犯作案，且他们都吸毒。这个例子符合A项。

12. B

①烟斗和雪茄比香烟对健康的危害明显要小，即：烟斗雪茄＜香烟。

②吸香烟的人改吸烟斗或雪茄的话，对健康的危害和以前差不多。即：改吸烟斗或雪茄＝香烟。

由①、②可知，直接吸烟斗雪茄＜香烟＝改吸烟斗雪茄，可见，直接吸烟斗雪茄＜改吸烟斗雪茄，即，烟斗和雪茄对只吸烟斗和雪茄的人的危害，小于戒香烟后改吸烟斗和雪茄的人的危害。因此，B项不可能为真。

A项，由题干无法判断香烟对不同的人的影响，故无法确定此项的真假。

C项，题干不涉及同时吸香烟、烟斗和雪茄者，故无法确定此项的真假。

D项，题干不涉及改吸香烟者，故无法确定此项的真假。

E项，题干不涉及烟斗与雪茄的比较，故无法确定此项的真假。

13. A

 法官：原告提出的所有证据，不足以说明被告的行为已构成犯罪。

 题干中"足以"的意思即"足够、充分"，"不足以"即"缺少充分条件"。故Ⅰ项必然为真。

 Ⅰ项，必然为真。

Ⅱ项，"没有它，不足以断定被告有罪"，故此项是"没它不行"，即必要条件，故此项不符合法官的断定。

Ⅲ项，不必然为真。法官说的是证据不足，而不是证据"与事实不符"。

14. A

 ①Y染色体只从父传子，而线粒体只从母传女。

②所有男人都有共同的男性祖先"Y染色体亚当"，所有女人都有共同的女性祖先"线粒体夏娃"。

③调查发现，"Y染色体亚当"形成于15.6万至12万年前，"线粒体夏娃"形成于14.8万至9.9万年前。

 A项，由③可知，此项作为题干的结论是恰当的。

B项，偷换概念，有共同的男性祖先"Y染色体亚当"，不代表只有一个男人"亚当"。

其余各项题干没有涉及，均为无关选项。

15. D

 ①有人接受理疗与药物双重治疗，可以得到预期治疗效果。

②有人只接受理疗，可达到相同的预期治疗效果。

③对于上述接受药物治疗的腰肌劳损患者来说，此种药物不可缺少。

 Ⅰ项，由①、③可知，必然为真。

Ⅱ项，由②可知，有人可以只接受理疗，不需要药物治疗，故"药物治疗不是不可缺少的"，此项为真。

Ⅲ项，题干只提到了有的人用理疗，有的人用理疗与药物双重治疗，但没有表明"所有腰肌劳损者"都必须理疗。因此，此项不一定为真。

16. E

 ①2007年挪威是世界上居民生活质量最高的国家。

②欧美和日本等发达国家也名列前茅。

③17年来，非洲东南部国家莫桑比克的生活质量提高最快。

④中国的生活质量指数在过去17年中也提高了27%。

 A项，欧美和日本等发达国家生活质量名列前茅，不代表所有发展中国家的生活质量指数都低于西方国家，不能推出。

B项，题干没有涉及莫桑比克和中国关于生活质量指数的比较，无关选项。

C项，题干没有涉及日本和中国关于生活质量指数的比较，无关选项。

D项，题干信息③中，"17年来"，莫桑比克的生活质量提高最快，不意味着"2006年"，莫桑比克的生活质量指数提高最快，不能推出。

E项，由题干信息①可知，2007年挪威是世界上居民生活质量最高的国家，当然高于非洲各国，必然为真。

17. A

①透明度高的老坑玉比透明度较其低的单位价值高。

②没有单位价值最高的老坑玉。

A项，必然为真，否则，如果有透明度最高的老坑玉，就有了单位价值最高的老坑玉，与题干的结论矛盾(取非法)。

B项，与题干信息"老坑玉的特点是'水头好'"矛盾，为假。

C项，此项中有题干没有涉及的新内容"新坑玉"，无关选项。

D项，此项中有题干没有涉及的新内容"加工的质量"，无关选项。

E项，此项中有题干没有涉及的新内容"年代"，无关选项。

18. C

①在不同的民族语言中，字形与字义的关系有不同的表现。

②汉字是象形文字，字形与字义相互关联。

③英语是拼音文字，字形与字义往往关联不大。

A、B项，符合张教授的观点②、③。

C项，说明英语中也有字形与字义关联很大的词汇，最不符合张教授的观点。

D项，无关选项，张教授的观点不涉及英语和汉语的对应关系。

E项，无关选项，张教授的观点不涉及汉语、英语、德语的对应关系。

19. A

①吸食毒品的女孩比没有这种行为的女孩患忧郁症的可能性高出2至3倍。

②酗酒的男孩比不喝酒的男孩患忧郁症的可能性高出5倍。

③忧郁会使没有不良行为的孩子减少犯错误的冲动。

④忧郁会让有过上述不良行为的孩子更加行为出格。

A项，根据求同求异共用法，由题干信息①、②可知：不良行为使孩子更易患忧郁症。再由题干信息④可知，忧郁会使他们的行为更加出格，故此项为真。

B项，题干不存在酗酒的男孩与食用摇头丸的女孩之间的对比，无关选项。

C项，题干不涉及"生活乐趣"，另外，由题干信息③可知，忧郁并不一定会导致行为出格。

D项，题干不涉及"家庭和谐快乐"，无关选项。

E项，由题干信息④可知，忧郁会让有过上述不良行为的孩子更加行为出格，但不是所有"患有忧郁症的孩子都伴随有不良的出格行为"，扩大了范围，推理过度。

20. C

题干采用求同求异共用法：

低焦虑状态的学生群体：咀嚼组比未咀嚼组的焦虑感低36%；

中焦虑状态的考生：咀嚼口香糖比不咀嚼口香糖的焦虑感低16%；

所以，咀嚼口香糖能够缓解低、中程度焦虑状态学生的考试焦虑。

故 C 项正确。

 A、B 项，题干没有提及"高焦虑状态"的考生，故排除。

D 项，不符合题干信息。

E 项，题干未提及未咀嚼口香糖的一组焦虑的原因是什么，故排除。

21. E

 ①X 先生一直被誉为 19 世纪西方世界的文学大师。

②他从前辈文学巨匠得到的益处却被评论家们忽略了。

③X 先生从未写出真正的不朽巨著。

④他最广为人知的作品无论在风格上还是在表达上均有较大的缺陷。

 锁定题干中的"但是"一词，可知，题干中的②、③、④，实际上是对①的否定。故，此题的结论应该是"X 先生不应该被誉为 19 世纪西方世界的文学大师"，找符合此意的选项，即 E 项。

 A 项，主观臆断，"他从前辈文学巨匠得到的受益却被评论家们忽略了"，不代表他自己没有承认受惠于他的前辈，不能得出。

B 项，无关选项，题干没有涉及"当代的评论家们"是否"重新评论 X 先生的作品"。

C 项，推理过度，从前辈处受益，不代表"仿效前辈，缺乏创新"。

D 项，不当拓展，题干说的是"X 先生"，此项说的是"作家"。

E 项，指出"X 先生对西方文学发展的贡献被过分夸大了"，也就是说他算不上大师，符合"秒杀思路"中的分析，故 E 项正确。

题型 50 论证结构分析题

1. B

 锁定关键词"可见"，可知句①是核心论点。

读其余四句可知，②、④均为断定，是分论点。③、⑤是例子，故为论据。

③是古代的例子，故支持②；⑤是近当代的例子，故支持④。

综上所述，B 项正确。

2. A

 锁定关键词"故"，可知句④和句⑥是两个并列的结论，观察选项只有 A 项符合，故 A 项正确。

题型 51 评论论证与反驳方法

1. D

 张教授：在从阿拉斯加到南美洲之间，从未发现 13 000 年前的木质工具，因此，在南美洲发现的史前木质工具不是从西伯利亚迁徙到阿拉斯加的人群使用的。

李研究员：这些木质工具是在泥煤沼泽中发现的，北美很少有泥煤沼泽。木质工具在普通的泥土中几年内就会腐烂化解。

张教授：未发现→不是迁徙，逆否可得：迁徙→发现。

即，张教授的隐含假设是：如果这些工具是从西伯利亚迁徙到阿拉斯加的人群使用的，那么，在从阿拉斯加到南美洲之间，能发现 13 000 年前的木质工具。

李研究员认为，北美很少有泥煤沼泽，因此，即使在迁徙过程中遗留了木质工具，也没法保留到现在(不能发现)，即：是迁徙∧不能发现，与张教授的隐含假设矛盾。故，李研究员质疑了张教授的隐含假设，D项正确。

2. C

张教授：在西方经济萧条时期，开车上班的人大大减少，因此，由汽车尾气造成的空气污染状况会大大改善。

李工程师：萧条时期买新车的人减少，但老车会造成更严重的污染。

李工程师并没有否定张教授的论据(开车上班的人减少)，而是指出，萧条时期道路上会有更多的老车，而老车会造成更严重的污染。因此，即使开车的人减少，也会造成更严重的污染，从而削弱张教授的论据对其结论的支持。故C项最为准确。

3. D

朱红：①红松鼠是为了寻找水或糖；②水在松树生长的地方很容易通过其他方式获得
——证明→红松鼠可能是在寻找糖。

朱红的论证方式为选言证法：水∨糖，非水，因此糖，即，在对一种现象的两种解释中，排除一种解释，得出另一种可能的解释，故D项正确。

A项，演绎论证。C项，类比论证。其余两项没有对应的逻辑名词。

4. C

法学家从对方的逻辑出发(一些犯罪集团可能会专门雇佣 75 岁以上的老人去犯罪，因此老人适用死刑)，构造了一个类似的论证(一些犯罪集团也会专门雇佣不满 18 岁的人去犯罪，因此不满 18 岁的人适用死刑)，但显然是无法接受的(荒谬)，从而反驳对方的观点。

因此，法学家使用了归谬法，即C项正确。

A项，题干中不涉及"不符合已知的事实"，不符合题干，排除。

B项，"表明一个观点缺乏事实的支持"，即缺少论据，不符合题干，排除。

D项，题干中不涉及"一般性准则"，不符合题干，排除。

E项，归纳法，不符合题干，排除。

5. C

题干先提出一个一般性的见解：高级生物可以改变环境，然后又通过一个例子论证了低级生物也可以改变环境，补充了前面的一般性见解。

故C项正确。

A项，演绎论证，不符合题干，排除。

B项，举反例，不符合题干，排除。

D项，题干不是直接论证"高级生物可以改变环境"这个一般性结论，而是对它进行了补充，故此项不如C项准确。

E项，归纳法，不符合题干，排除。

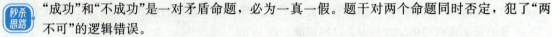

题型 52 评论逻辑漏洞

1. E

秒杀思路 "成功"和"不成功"是一对矛盾命题，必为一真一假。题干对两个命题同时否定，犯了"两不可"的逻辑错误。

选项详解 A 项，显然不恰当。

B 项，"完全反映了民意"与"一点也没有反映民意"是反对关系（如：还有"部分反映民意"），不是矛盾关系。

C 项，"完全成功"与"彻底失败"是反对关系（如：还有"有成功之处也有失败之处"），不是矛盾关系。

D 项，"被事实证明的科学结论"与"纯属欺诈的伪科学结论"是反对关系（如：还有"尚待证明的科学结论"），不是矛盾关系。

E 项，"一定进入前四名"和"可能进不了前四名"互相矛盾，不能同时否定，与题干的逻辑漏洞相同。

2. B

秒杀思路 题干使用了类比论证，其漏洞在于类比不当，这是因为，"灰狼"是"狼"的一种（种属关系），而"疑似 SARS 病例"不是"SARS 病例"的一种，B 项恰当地指出了这一漏洞。

其余各项均不正确。

3. E

秒杀思路 题干断定：违反道德的行为都不受惩治→引起道德失控→威胁社会稳定。

题干的断定等价于：维护社会的稳定→¬ 违反道德的行为都不受惩治。

"¬ 违反道德的行为都不受惩治"＝"有的违反道德的行为受惩治"，而不是"违反道德的行为都要受惩治"，故 E 项正确。

4. D

秒杀思路 题干指出，严重失眠者中 90% 爱喝浓茶，但并没有指出爱喝浓茶的人中有多大比例会严重失眠，如果这一比例很小，就无法推出"老张爱喝浓茶，因此，他很可能严重失眠"的结论。故，D 项恰当地指出了题干论证中存在的漏洞。

5. A

题干信息 小陈采用求异法：

大排量，则罚单多；

小排量，则罚单少；

————————————

所以，大排量导致更多的超速驾驶。

秒杀思路 求异法求得的因果关系未必成立。"更多的超速驾驶"与驾驶习惯的关系更大，而与排量大小关系不大。因此，小陈的推理犯了强拉因果的逻辑错误，最易受到 A 项的批评。

选项详解 B 项，归纳法，与小李的论证不符，排除。

C、D 项，小李的论证不涉及充分必要条件，排除。

E 项，无法确定小李的调查是否可信，排除。

6. E

题干信息 贾女士认为：长子具有首先继承家庭财产的权利。

陈先生举了一个反例，即，布朗公爵夫人不是长子，也继承了家庭财产。

陈先生的反例只能反驳：不是长子，不能继承家庭财产，即：只有长子才具有继承家庭财产的权利。

故 E 项是对陈先生论断的正确评价。

题型 53 判断关键问题

1. E

 要评价的论证是：在婚后的 13 年中，妇女的体重平均增加了 15 公斤，男子的体重平均增加了 12 公斤——证明→结婚是人变得肥胖的重要原因。

 A 项，统计 13 年还是 12 年、14 年，对题干的论证的成立性没有影响，排除。

B 项，有没有体重减轻的人，并不影响"平均体重增长"，排除。

C 项，题干无论男女，在婚后体重都增长了，因此，男女比例对题干的论证的成立性没有影响，排除。

D 项，无关选项，题干的论证不涉及北方人、南方人。

E 项，如果在上述 13 年中，处于相同年龄段的单身男女的体重增加程度也是相当的，则削弱题干；若这些人的体重没有相当增加，则支持题干。因此，回答 E 项的问题对于评价题干中的论证最为重要。

2. D

 要评价的论证是：B 市取消强制婚前检查制度——导致→婚前检查率从 10 年前的接近 100％降至 2011 年的 7％——导致→该市新生儿出生缺陷率上升了一倍。

 A 项，与题干的论证相关，如果生存环境受到破坏，则新生儿出生缺陷率可能上升，另有他因，削弱题干；反之，则支持题干。

B 项，与题干的论证相关，如果该市育龄人群中不健康的生活方式大量增加，则新生儿出生缺陷率可能上升，另有他因，削弱题干；反之，则支持题干。

C 项，与题干的论证相关，如果高龄孕妇的比例有较大提高，则新生儿出生缺陷率可能上升，另有他因，削弱题干；反之，则支持题干。

D 项，无关选项，流动人口的多少并不影响新生儿的健康。

E 项，与题干的论证相关，如果妊娠期妇女进行孕检的比例降低，则新生儿出生缺陷率可能上升，另有他因，削弱题干；反之，则支持题干。

3. C

 最常用的疗法：在 6 个月内将 44％的患者的溃疡完全治愈。

新疗法：在 6 个月内使 80％的患者的溃疡取得了明显改善，61％的患者的溃疡得到了痊愈。

因此：新疗法疗效更显著。

衡量疗效有两个标准：改善和治愈。但题干中仅比较了治愈的数据，缺少最常用的疗法的改善数据，因此，C 项的数据对于评价题干的论证最为重要。

其余各项均为无关选项。

题型 54 争论焦点题

1. A

张教授：在中国，韩语不应当作为外国语（论点），因为，中国的朝鲜族人都把韩语作为日常语言（论据）。

李研究员：你的说法不能成立（论点），并以美国的例子作为反驳。

A项，李研究员的观点是"你的说法不能成立"，即，"在中国，韩语应当作为外国语"。可见二人争论的焦点是"在中国，韩语是否应当作为外语"。

B项，是张教授的论据，李研究员没有表态，违反双方表态原则，排除。

C项，两个人都没有涉及"母语是否应当只限于一种"，违反双方表态原则，排除。

D项，两个人都没有涉及"外语的标准"，违反双方表态原则，排除。

E项，是李研究员的论据，张教授没有表态，违反双方表态原则，排除。

2. B

张教授：从阿拉斯加到南美洲之间，从未发现 13 000 年前的木质工具——证明→考古学家的观点是不成立的。

李研究员指出："没发现"木质工具不代表"没有"木质工具，可能是腐烂了。

A项，张教授认为，考古学家的观点不成立，即，这些工具不是其祖先从西伯利亚迁徙到阿拉斯加的人群使用的。但李研究员对此没有明确的表态，故此项违反双方表态原则。

B项，张教授认为，考古学家的观点不成立。李研究员指出，张教授的论据未必能推翻考古学家的观点。故此项正确。

C项，张教授和李研究员讨论的是木质工具这一论据的有效性问题，而不是讨论"上述人群是否可能在 13 000 年前完成从阿拉斯加到南美洲的长途跋涉"，排除。

D项，是李研究员的论据，张教授没有涉及，违反双方表态原则，排除。

E项，"在南美洲发现的史前木质工具存在于 13 000 年以前"是张教授论证的背景信息，李研究员没有对此进行争论，违反双方表态原则，排除。

3. D

陈先生：未经许可侵入别人的电脑，就好像开偷来的汽车撞伤了人，这些都是犯罪行为。但后者性质更严重（论点），因为它既侵占了有形财产，又造成了人身伤害；而前者只是在虚拟世界中捣乱（论据）。

林女士：我不同意（论点）。例如，非法侵入医院的电脑，有可能扰乱医疗数据，甚至危及病人的生命。因此，非法侵入电脑同样会造成人身伤害（论据）。

陈先生的论点是"后者性质更严重"，林女士不同意，并给出例证。因此，两人的争论焦点是二者哪个性质更严重。锁定"严重"一词，可知 D 项正确。

A项，是两人的论据，违反论点优先原则，故排除。

B项，二人观点相同，违反双方差异原则，故排除。

C项，"后者性质更严重"，可以简化为"后者更严重"，可见，二人争论的焦点是"严重"程度，而不是"性质"是否相同，故排除。

E项，无关选项，二人均未对此表态，违反双方表态原则，故排除。

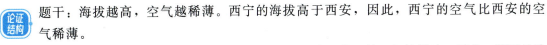

题型 55　论证结构相似题

1. B

论证结构｜题干：海拔越高，空气越稀薄。西宁的海拔高于西安，因此，西宁的空气比西安的空气稀薄。

秒杀思路｜"海拔越高，空气越稀薄"对于任何城市来说都是成立的，是一般性结论，因此，题干的论证正确。

选项详解｜A项，"一个人年龄越大就越成熟"是和他自己比，而此项后面比较的是不同的两个人，故与题干不同。

B项，"树的年头越长，年轮越多"对于任何树木来说都是成立的，是一般性结论，故此项正确。

C项，"今年马拉松冠军的成绩比前年好"比较的是今年和前年的不同选手，而此项后面比较的是张华的今年和前年的成绩，与题干不同。

D项，"产品质量越高并且广告投入越多，则产品需求就越大。"可见，广告费仅是影响产品需求的一个因素，故此项不正确。

E项，倒置了"难学"与"词汇量大"的因果关系，与题干不同。

2. B

论证结构｜题干中用"有机体"定义"生命"，又用"生命"定义"有机体"，犯了<u>循环定义</u>的逻辑错误。

选项详解｜A项，分别解释了"真理"和"认识"，不是循环定义。

B项，用"思维形式结构的规律"定义"逻辑"，又用"逻辑"定义"思维形式结构的规律"，也犯了循环定义的逻辑错误，与题干相同。

C项，分别解释了"家庭"和"社会群体"，不是循环定义。

D项，分别解释了"命题"和"判断"，不是循环定义。

E项，分别解释了"人"和"动物"，不是循环定义。

3. D

论证结构｜题干：错字率增加的原因：①引进非专业编辑；②出版物的大量增加。原因①是合理的，但原因②不合理，因为错字率是错误字数与总字数之比，与总字数的多少无关。

选项详解｜Ⅰ项，与题干错误相同，投诉率是投诉人数与总人数之比，与总人数的多少无关。

Ⅱ项，两个原因都是合理的。

Ⅲ项，与题干错误相同，录取率是录取人数与总人数之比，与总人数的多少无关。

4. D

论证结构｜题干采用类比的方法进行论证，将草本药物和标准抗生素对新的抗药菌的效用类比为厨师对客人口味的满足。

选项详解｜D项，将电流通过导线类比为水流通过管道，与题干相同。

其余各项均不是类比论证，与题干不同。

第2部分
专项训练

专项训练 1 概念

1. B

因为大连人和北方人是"种属关系"，故北方人一共有两个，其中包含一个大连人。而云南人是南方人，与北方人无重合。

人数最多时，即为其他几个概念没有重合时，有：2（北方人）＋1（云南人）＋2（选修逻辑哲学）＋3（选修古典音乐欣赏）＝8（人）。

要想人数最少，则要重复的元素尽可能多，因 2 人只选修了逻辑哲学，3 个人这学期选修了古典音乐欣赏，故参加晚会的人数最少为：2（选修逻辑哲学）＋3（选修古典音乐欣赏）＝5（人）。其中北方人、云南人与这 5 人重复。

2. E

题干断定：

善的行为：①要有好的动机，②要有好的效果。

有两种恶的行为：①有意伤害他人且对他人造成了伤害。②无意伤害他人但对他人造成了伤害，且伤害的可能性是可以预见的。

A 项，P 先生虽然有伤害他人的动机，但并未造成伤害，不符合恶的行为的定义。

B 项，J 先生的动机并不是"好的动机"，不符合善的行为的定义。

C 项，此项指出，M 女士的行为造成的伤害是"意外"，即意料之外的，具有不可预见性，不符合恶的行为的定义。

D 项，T 先生具有好的动机（帮邻居铲除门前的积雪），但不具有好的效果（他的邻居因此摔了一跤），不符合善的行为的定义。

E 项，S 女士对小孩的伤害虽然是无意的，但带小孩在马路上玩这种行为具备可预见的危险性，符合恶的行为的定义。故 E 项正确。

3. B

尚左数：一个数字左边的数字都比其大（或无数字）∧该数字右边的数字都比其小（或无数字）。

A 项，4、5、9 不满足"尚左数"的定义。

B 项，均为"尚左数"。

C 项，8 不满足"尚左数"的定义。

D 项，5、8 不满足"尚左数"的定义。

E 项，8 不满足"尚左数"的定义。

综上，B 项正确。

4. E

①研究生入学考试中：女生的录取率大于男生的录取率。

②管理类联考同学的录取率达到了 28％，经济类联考同学的录取率只有 26％。

③管理类、经济类联考的录取率低于其他专业考生的录取率。

题干信息①是对所有参加研究生入学考试的同学的划分，而题干信息②仅仅是参加研究生入学考试的同学中的一部分，因此，此题不是针对"同一个集合"的二次划分模型，无法推出任何结论，故 E 项正确。

5. E

由②"己、庚的学历层次不同",可知己和庚一人是博士,一人是本科。

若"甲、乙、丙三人是博士",则有4个博士,与①中"博士毕业的有3人"矛盾,故甲、乙、丙均为本科。由于最后录取的是女博士,故这3人均排除。

由③"甲、丁的性别不同",可知甲和丁为一男一女。

若"戊、己、庚三人是女性",则有4名女性,与①中"女性有3人"矛盾,因此,戊、己、庚是男性。由于最后录取的是女博士,故这3人均排除。

故最终录用的女博士是丁。

6. B

题干将某综合性大学的学生按照"学科"和"性别"两个标准进行了两次划分,故可断定该题属于二次划分模型,采用九宫格法进行解题。

设某综合性大学的理科女生为 a,文科女生为 b,理科男生为 c,文科男生为 d。根据题干信息,则有表1。

表1

性别 ＼ 学科	理科	文科
女生	a	b
男生	c	d

①理科学生多于文科学生:$a+c>b+d$。

②女生多于男生:$a+b>c+d$。

①+②得:$2a+b+c>2d+b+c$,故有 $a>d$。

即理科女生多于文科男生,故Ⅲ项一定为真。另外两个选项不一定为真。

7. A

①有花植物占大多数,即:有花植物>无花植物。

②阔叶树种超过了半数,即:阔叶树种>非阔叶树种。

③各种珍稀树种也超过了一般树种,即:珍稀树种>一般树种。

要注意,①是对"植物"进行划分,而②和③是对"树种"进行划分。故此题是针对"树种"的二次划分模型,使用口诀"大交大>小交小"可得:珍稀阔叶树种>一般非阔叶树种,故此题A项正确。此题亦可使用九宫格法。需要注意的是:此题使用九宫格法,实则也是口诀"大交大>小交小"的证明过程。

可用九宫格法证明如下:

设珍稀阔叶树种为 a,珍稀非阔叶树种为 b,一般阔叶树种为 c,一般非阔叶树种为 d,如表2所示。

表2

属性 ＼ 树种	阔叶树种	非阔叶树种
珍稀树种	a	b
一般树种	c	d

A 项，由于阔叶树种＞非阔叶树种，即 $a+c>b+d$；珍稀树种＞一般数种，即 $a+b>c+d$。两式相加化简可得：$a>d$，即珍稀阔叶树种超过了一般非阔叶树种，故此项正确。

B 项，无法比较阔叶有花植物与非阔叶无花植物的多少，因为题干信息中，阔叶和非阔叶是对"树"的划分，而不是对"植物"的划分。

C、D 项，题干没有涉及，无关选项。

E 项，与 B 项错误相似。

8. D

"别在我家门口"综合征：我赞同此项目，但是不要在我家附近做。

A 项，该家长并不赞同感染艾滋病毒的儿童进入学校，因此其行为不符合该综合征的特征。

B 项，该政客并未反对自身进行财产公开登记，因此其行为不符合该综合征的特征。

C 项，该教授并不属于宗教团体，因此其行为不符合该综合征的特征。

D 项，符合该综合征的特征。

E 项，该战略家认为"核战争会毁灭人类"，即他实际上是反对核战争的。因此其行为不符合该综合征的特征。

9. A

①五人中，有两名本科专业是市场营销，两名本科专业是计算机，有一名本科专业是物理学。

②五人中有两名女士，她们的本科专业背景不同。

若两名女士分别为市场营销和计算机专业，那么其余三名男士的专业各不相同。

若两名女士分别来自市场营销和物理学专业，或者计算机和物理学专业，那么其余三名男士中有两名男士专业相同，另一名男士专业与前两名男士不同。

综上，A 项正确。

10. A

题干虽然涉及黄种人、黑种人及其他肤色人种，但选项却是针对黄种人和黑种人这个集合按照"性别"和"肤色"两个标准进行了两次划分，故可断定此题为<u>二次划分模型</u>，可用口诀"大交大＞小交小"和九宫格法进行解题。

题干有以下信息：

①世界总人口中，男、女比例相当。

②黄种人大大多于黑种人。

③在除黄种人和黑种人以外其他肤色的人种中，男性比例大于女性。

由①、③可知，黄种人和黑种人之中女性的人数更多。

故有④：黄种人和黑种人中，女性＞男性。

方法一：大交大＞小交小。

由②、④知：黄种女性＞黑种男性，故 A 项正确。

方法二：九宫格法。

根据上述信息，则有表 3。

表3

人种 ＼ 性别	女性	男性
黄种人	a	b
黑种人	c	d

根据②可得：$a+b>c+d$。

根据④可得：$a+c>b+d$。

两式相加可得：$2a+b+c>2d+b+c$，化简可得：$a>d$。

即：黄种女性＞黑种男性，故 A 项正确。

专项训练 2 判断

1. D

沙僧：有经处有火。即：有经→有火＝无火→无经。

A项，"有的无火处有经"等价于"有的有经处无火"，与"凡是有经处有火"矛盾，故此项必然为假。

B项，"有的有经处无火"与"凡是有经处有火"矛盾，故此项必然为假。

C项，有火→有经，根据箭头指向原则，"有火"后无箭头指向，故此项可真可假。

D项，无火→无经，与题干信息等价，故此项必然为真。

E项，无经→无火，根据箭头指向原则，"无经"后无箭头指向，故此项可真可假。

2. E

第1步：画箭头。

题干：①未来的父母在孩子出生前确实想要这个孩子→孩子出生后肯定不会受虐待，可简写为：想要→￢虐待。

第2步：逆否。

题干的逆否命题为：②虐待→￢想要。

第3步：找答案。

A项，有孩子→改变观念，若此项为真，无法得出题干的结论。

B项，爱→￢虐待，若此项为真，无法得出题干的结论。

C项，￢想要→抚养，若此项为真，无法得出题干的结论。

D项，不爱→虐待，若此项为真，无法得出题干的结论。

E项，虐待→￢想要，等价于②，若此项为真，则能得出题干的结论，符合题干要求。

3. A

第1步：画箭头。

题干：①￢调查→￢发言权。

第2步：逆否。

题干的逆否命题为：②发言权→调查。

第3步：找答案。

A项，调查→发言权，根据箭头指向原则、②可知，"调查"后无箭头指向，故此项不符合题干。

B项，发言权→调查，等价于②，符合题干。

C项，￢调查→￢发言权，等价于①，符合题干。

D项，发言权→调查，等价于②，符合题干。

E项，调查∨￢发言权，等价于：￢调查→￢发言权，等价于①，符合题干。

4. E

题干：忠孝不能两全，即，￢（忠∧孝）＝（￢忠∨￢孝）＝（忠→￢孝）＝（孝→￢忠）。

A项，忠∧￢孝，可真可假。

B项，孝∧￢忠，可真可假。

C项，¬ 忠∧¬ 孝，可真可假。

D项，"¬ 忠"后无箭头指向，可真可假。

E项，忠→¬ 孝，与题干等价，必然为真。

5. B

由于"他没有接受上述三条建议中的任何一条"，故有：

(1)为假，即：¬（参观沙特馆→¬ 参观石油馆）＝参观沙特馆∧参观石油馆，即参观沙特馆和石油馆。

(2)为假，可知有两种可能：石油馆和中国国家馆都参观，石油馆和中国国家馆都没参观；由(1)可知参观了沙特馆，故第1种可能为真，即石油馆和中国国家馆都参观。

(3)为假，即：¬（¬ 参观中国国家馆∨¬ 参观石油馆）＝石油馆∧中国国家馆。也可得出石油馆和中国国家馆都参观。

综上，沙特馆、石油馆、中国国家馆王刚均参观了。故B项正确。

6. D

①有些大众对绝大多数新的立法都没有觉察。

②不是所有大众对现存立法都必然不了解，等价于：有些大众对现存立法可能了解。

Ⅰ项，"有的可能不"和②（"有的可能"）为下反对关系，可真可假。

Ⅱ项，与②等价，必然为真。

Ⅲ项，"有的有察觉"与①（"有的没有察觉"）为下反对关系，可真可假。

因此，Ⅰ项和Ⅲ项不一定为真。

7. A

①要么张珊入选，要么李思入选，即：张∀李。

②张珊入选，或者李思入选，即：张∨李。

题干中的两个已知条件和所有选项均涉及两个判断：张珊是否入选，李思是否入选。故此题可看作**双判断模型**。可使用对当关系法或真值表法。

方法一：对当关系法。

①张∀李，有两种可能：张真李假，张假李真。这两种可能均可以使"张∨李"为真，即，若①为真，则②也为真，与题干"两种断定只有一种为真"矛盾，故①为假，②为真。

由①为假可推出：¬（张∀李）＝（张∧李）∀（¬ 张∧¬ 李）。

又由于②为真，故必有：张∧李，即张珊和李思都入选，A项正确。

方法二：真值表法（如表1所示）。

表1

	张	李	张∀李(甲)	张∨李(乙)
情况1	√	√	×	√
情况2	√	×	√	√
情况3	×	√	√	√
情况4	×	×	×	×

根据表1可知，只有情况1满足"两人的预测只有一个成立"，故张珊和李思都入选，A项正确。

8. D

总经理：小李∧小孙。

董事长：¬（小李∧小孙）＝¬小李∨¬小孙。

A项，¬小李∧小孙，与董事长的意思不同。

B项，小李∧¬小孙，与董事长的意思不同。

C项，¬小李∧小孙，与董事长的意思不同。

D项，¬不提拔小李→¬提拔小孙，等价于：¬小李∨¬小孙，与董事长的意思相同。

E项，¬小李∀¬小孙，与董事长的意思不同。

9. C

题干：这些试题不都有解＝有的试题没有解。

Ⅰ项，"有的不"和"所有"两者为矛盾关系，题干为真，则此项一定为假。

Ⅱ项，"有的不"和"所有不"两者为推理关系，下真上不定，无法确定此项真假。

Ⅲ项，"有的"和"有的不"两者为下反对关系，一真另不定，无法确定此项真假。

Ⅳ项，与题干等价，一定为真。

综上，能确定真假情况的是Ⅰ项和Ⅳ项。

10. B

①很多快乐的人并不幸福，即：有的快乐的人不幸福。

②没有一个幸福的人是不快乐的，即：所有幸福的人都是快乐的，可符号化为：幸福→快乐。

A项，根据"有的互换原则"可知，有的不幸福的人快乐＝有的快乐的人不幸福，等价于①，一定为真。

B项，与②矛盾，为假。

C项，根据②，由"推理关系"中的"所有→有的"可知：有的幸福的人是快乐的。再根据"有的互换原则"可知，"有的快乐的人是幸福的"一定为真。

D项，¬快乐→¬幸福，等价于：幸福→快乐，等价于②，一定为真。

E项，¬（幸福∧¬快乐）＝¬幸福∨快乐＝幸福→快乐，等价于②，一定为真。

11. A

题干：有的演员作弊。

Ⅰ项，此项等价于：所有的演员都作弊，根据口诀"下真上不定"可知，此项可真可假。

Ⅱ项，"有的"与"有的不"是下反对关系，一真另不定，故此项可真可假。

Ⅲ项，"有的"与"所有不"矛盾，故此项必为假。

12. E

题干：所有的鸟类都是卵生的。

题干的矛盾命题为：并非（所有 的鸟类都 是 卵生的）。

等价于： 有的 鸟类 不是 卵生的。

A项，题干并未涉及非鸟类，此项无法驳斥题干。

B项，"可能"有的鸟类不是卵生的，题干的矛盾命题中没有模态词"可能"，可迅速排除此项。

C项，"没有见过"与"有没有"不等价，此项无法驳斥题干。

D项，非卵生的动物不大"可能"是鸟类，题干的矛盾命题中没有模态词"可能"，可迅速排除此项。

E项，鸵鸟是鸟类，但不是卵生的(举反例)，可得：有的鸟类不是卵生的，与题干的矛盾命题等价，故最能驳斥题干。

注意：虽然现实生活中鸵鸟是卵生的，但此题假设了选项为真，即在此题中，"鸵鸟不是卵生的"为真。

13. E

故：所有方法都必然不能做出来书上有的题，即 E 项正确。

14. E

陈老师：有的同学对自己的职业定位不够准确。

Ⅰ项，不是所有人对自己的职业定位都准确＝有的同学对自己的职业定位不够准确。与题干等价，必然为真。

Ⅱ项，不是所有人对自己的职业定位都不够准确＝有的同学对自己的职业定位准确，"有的"与"有的不"为下反对关系，根据口诀"一真另不定"可知，此项可真可假。

Ⅲ项，根据口诀"一真另不定"可知，此项可真可假。

Ⅳ项，依据口诀"下真上不定"可知，"有的"为真时，无法推知"所有"的真假，故此项可真可假。

15. D

题干：有的受到希望工程捐助的学生不努力学习，这使该校所有的教师感到痛心。

Ⅰ项，等价于：有的受到希望工程捐助的学生不努力学习，使该校所有的教师感到痛心，与题干等价，为真。

Ⅱ项，题干并未提及"未受到希望工程捐助的学生"的状况，故真假不定。

Ⅲ项，"并不使有些教师感到痛心"与题干中"所有的教师都感到痛心"矛盾，故必然为假。

综上，Ⅱ项不能确定真假，故 D 项正确。

16. D

题干：①公正→健全的法律∧贫富差异允许∧消灭绝对贫困∧公平竞争机会。

逆否得：②￢健全的法律∨￢贫富差异允许∨绝对贫困∨￢公平竞争机会→￢公正。

A项，"健全的法律∧贫富差异允许∧消灭绝对贫困∧公平竞争机会→公正"，根据箭头指向原则、①可知，"健全的法律∧贫富差异允许∧消灭绝对贫困∧公平竞争机会"后无箭头指向，故此项可真可假。

B项，"健全的法律∧贫富差异允许→￢公正"，根据箭头指向原则、①可知，"健全的法律∧贫富差异允许"后无箭头指向，故此项可真可假。

C项，"贫富差异允许∧公平竞争机会→公正"，根据箭头指向原则、①可知，"贫富差异允许∧公平竞争机会"后无箭头指向，故此项可真可假。

D项，"￢健全的法律∧￢贫富差异允许→￢公正"，由②可知，￢健全的法律→￢公正，故此项正确。

E项，"健全的法律∧贫富差异允许∧消灭绝对贫困→公正"，根据箭头指向原则、①可知，"健全的法律∧贫富差异允许∧消灭绝对贫困"后无箭头指向，故此项可真可假。

17. C

题干：①¬（成绩名列前三位∧有两位教授推荐）→¬免试推荐生。

其矛盾命题为：（¬成绩名列前三位∨¬有两位教授推荐）∧免试推荐生。

即：选项如果是"¬有两位教授推荐∧免试推荐生""¬成绩名列前三位∧免试推荐生""¬成绩名列前三位∧¬有两位教授推荐∧免试推荐生"这三种情况之一，就能说明上述决定没有得到贯彻。

Ⅰ项，成绩名列前三位∧有两位教授推荐∧¬免试推荐生，与题干的矛盾命题不等价，不能说明决定没有得到贯彻。

Ⅱ项，¬有两位教授推荐∧免试推荐生，与题干的矛盾命题等价，说明决定没有得到贯彻。

Ⅲ项，¬成绩名列前三位∧免试推荐生，与题干的矛盾命题等价，说明决定没有得到贯彻。

故 C 项正确。

18. B

题干：经营日式快餐→富士山连锁店。

题干的矛盾命题为：经营日式快餐∧¬富士山连锁店。

Ⅰ项，¬经营日式快餐∧富士山连锁店，与题干的矛盾命题不等价，可能为真。

Ⅱ项，经营日式快餐∧¬富士山连锁店，与题干的矛盾命题等价，不可能为真。

Ⅲ项，经营韩式快餐∧富士山连锁店，与题干的矛盾命题不等价，可能为真。

19. E

根据"题干第一个判断为真"可知：①有的男生不喜欢打篮球。

根据"题干第二个判断为假"，可知"女生都不喜欢打篮球"为假，即"并非女生都不喜欢打篮球"为真，等价于：②有的女生喜欢打篮球。

Ⅰ项，"所有"和"有的不"为矛盾关系，根据①真可知，此项前半句必然为假，后半句与②等价，必然为真。故此项为假。

Ⅱ项，"有的"和"有的不"为下反对关系，根据①、②均为真及口诀"一真另不定"可知，此项两个分句的真假均无法确定。故此项真假不定。

Ⅲ项，前半句与①等价，必然为真；由"有的"无法推出"所有"，故由②"有的女生喜欢打篮球"无法断定后半句"女生都喜欢打篮球"的真假。故此项真假不定。

> **注意：**
> 在本题中，选项都是两个分句，选项若要为真，有且仅有"两个分句"全部为真这一种情况；若两个分句中有一个为假或两个均为假，则该项为假的；若两个分句中有一个为真另一个真假不定或两个都真假不定，则该项真假不定。

20. E

已知题干中的信息不是事实，故有：**并非**这次考试**没**有人**不**及格，双重否定表示肯定，故可得：①这次考试有人不及格。

A项，此项等价于：所有的人不及格，根据口诀"下真上不定"，"有的"为真时，无法推知"所有"的真假情况，故此项可真可假。

B项，"有的"是一个存在量词，其数量不定，无法根据①推知是否为少数，故此项可真可假。

C项，有些人及格∧有些人不及格，根据①为真，无法判断"有些人及格"的真假，故此项可真可假。

D项，此项等价于：有的人及格，"有的"和"有的不"为下反对关系，根据口诀"两个有的，至少一真。一假另必真，一真另不定"可知，此项可真可假。

E项，与题干的矛盾命题等价，必然为真。

21. C

题干：青睐→世界杯表现出色∧俱乐部表现优异。

题干的矛盾命题为：青睐∧(￢世界杯表现出色∨￢俱乐部表现优异)。

即：选项中若出现"①青睐∧￢世界杯表现出色""②青睐∧￢俱乐部表现优异""③青睐∧￢世界杯表现出色∧￢俱乐部表现优异"均是不可能为真的。

A项，￢青睐∧世界杯表现出色，与题干不矛盾，可能为真。

B项，青睐∧世界杯表现出色∧俱乐部表现优异，与题干不矛盾，可能为真。

C项，青睐∧￢世界杯表现出色，等价于②，一定为假。

D项，青睐∧俱乐部表现优异(头号射手)，与题干不矛盾，可能为真。

E项，青睐∧俱乐部表现优异，与题干不矛盾，可能为真。

22. C

第1步：画箭头。

①经济稳定增长→价格上涨。

②涨幅在一个较小区间内→￢经济造成负面影响。

第2步：逆否。

题干的逆否命题为：

③价格不上涨→经济没有稳定增长。

④对经济造成负面影响→￢涨幅在一个较小的区间内。

第3步：找答案。

A项，价格上涨→经济正在稳定增长，根据箭头指向原则、①可知，"价格上涨"后无箭头指向，故此项可真可假。

B项，涨幅过大→对经济必然有负面影响，根据题干信息无法确定此项真假。

C项，价格不上涨→经济没有稳定增长，等价于③，符合题干。

D项，经济没有稳定增长→价格也会降低，根据箭头指向原则、③可知，"经济没有稳定增长"后无箭头指向，故此项可真可假。

E项，经济发展水平上升→价格上涨过快，根据①可知，"经济发展水平上升"无法推出"价格上涨过快"，故此项可真可假。(注意："价格上涨"表示的是价格的变化；而"价格上涨过快"表示的是价格变化的速度；两者并非同一概念。）

23. C

第 1 步：画箭头。

①￢改良→￢符合。

第 2 步：逆否。

题干的逆否命题为：②符合→改良。

第 3 步：找答案。

A 项，改良←符合，等价于②，符合题干。

B 项，符合→改良，等价于②，符合题干。

C 项，改良→符合，由箭头指向原则、②可知，"改良"后无箭头指向，故此项不符合题干。

D 项，￢（￢改良∧符合）=改良∨￢符合=￢改良→￢符合，等价于①，符合题干。

E 项，不改良→不符合，等价于①，符合题干。

24. C

题干：并非所有诚实的人都不可能听信一些非正式渠道的流言。

等价于： 有的 诚实的人 可能 听信一些非正式渠道的流言。

故 C 项正确。

25. B

①有的人聪明。

②有的人有智慧。

③没有人同时具备这两种品质=￢（聪明∧智慧），即：￢聪明∨￢智慧。有三种可能，即：聪明但是不智慧，不聪明但是智慧，既不聪明也不智慧。

A 项，由"￢聪明∨￢智慧"的 3 种可能可知，此项有可能为真。

B 项，"￢（聪明∧智慧）"为真，则"聪明∧智慧"必然为假。

C 项，由③可知：所有人"￢聪明∨￢智慧"必然为真。

D 项，由"￢聪明∨￢智慧"的 3 种可能可知，此项有可能为真。

E 项，由"￢聪明∨￢智慧"的 3 种可能可知，此项有可能为真。

26. B

题干：①郑→吴∧李∧赵。

逆否得：②￢吴∨￢李∨￢赵→￢郑。

A 项，由题干无法判断李和吴的关系，此项可真可假。

B 项，由②知，"￢赵→￢郑"为真，此项正确。

C 项，郑→￢李∨￢赵，等价于：郑→￢（李∧赵），又等价于：李∧赵→￢郑。由①可知，"李∧赵"后无箭头指向，故此项可真可假。

D 项，吴∧李∧赵→郑，由①知，"吴∧李∧赵"后无箭头指向，故此项可真可假。

E 项，￢郑→￢吴，由②知，"￢郑"后无箭头指向，故此项可真可假。

27. B

题干：①为恶意和憎恨所局限的观察者→只能见到表面的东西。

②探到人和世界的最深处→敏锐的观察力∧善意∧热爱。

由①逆否得：③┐ 只能见到表面的东西→┐ 为恶意和憎恨所局限的观察者。

由②逆否得：④┐ 敏锐的观察力∨┐ 善意∨┐ 热爱→┐ 探到人和世界的最深处。

A项，人→┐ 达到最崇高的目标，由题干无法推出。

B项，┐ 敏锐的观察力→┐ 探到人和世界的最深处，能由④推出，符合题干。

C项，人性恶→表面现象，由题干无法推出。

D项，善意→见不到表面的东西，由题干无法推出。

E项，只能看到表面的东西的观察者→为恶意和憎恨所局限，由题干无法推出。

28. A

第1步：画箭头。

①老师：┐ 作业→┐ 游戏。

②学生：作业→游戏。

第2步：逆否。

题干的逆否命题为：

③老师：游戏→作业。

④学生：┐ 游戏→┐ 作业。

第3步：找答案。

A项，老师：作业→游戏；根据箭头指向原则、③可知，"作业"后无箭头指向，故此项可真可假。

B项，老师：┐ 作业→┐ 游戏，等价于①，一定为真。

C项，学生：作业→游戏，等价于②，一定为真。

D项，老师：游戏→作业，等价于③，一定为真。

E项，学生：┐ 游戏→┐ 作业，等价于④，一定为真。

29. C

第1步：画箭头。

①┐ 合法→┐ 保护。

②不合法情况确实存在→根据情况依法追究法律责任。

第2步：逆否。

题干的逆否命题为：

③保护→合法。

④┐ 要根据情况依法追究法律责任→┐ 不合法情况确实存在。

第3步：找答案。

A项，自愿→就会受到法律的保护，错误，根据①可知，不合法的合同即使是自愿的也不会受到法律的保护。

B项，题干没有涉及"自愿"与"承担法律责任"之间的关系。

C项，保护→合法，等价于③，符合题干的推理。

D项，合法→保护，根据箭头指向原则、③可知，"合法"后无箭头指向，故此项不符合题干。

E项，┐ 合法→承担法律责任，根据②可知，需根据实际情况确定是否追究法律责任，故此项推理过度。

30. D

专家：可能发现恐龙头骨。

A 项，"不可能不"＝"必然"；故此项等价于"必然发现恐龙头骨"，与专家的意思不同。

B 项，"不一定"＝"可能不"；故此项等价于"可能不发现恐龙头骨"，与专家的意思不同。

C 项，无关选项，题干没有涉及恐龙头骨被发现的概率大小。

D 项，"不一定不"＝"可能"；故此项等价于"可能发现恐龙头骨"，与专家的意思相同。

E 项，无关选项，题干没有涉及在其他地方发现恐龙头骨的可能性。

专项训练 3 推理(1)

1. D

 题干由特称(有的)和全称判断组成，故此题为**有的串联模型**。使用有的开头法进行串联。

 题干有以下信息：

①有的从政者→理想主义者，等价于：有的理想主义者→从政者。

②有的从政者→机会主义者，等价于：有的机会主义者→从政者。

③从政者→对社会价值观产生影响。

从"有的"开始串联，可知：

由①、③串联可得：④有的理想主义者→从政者→对社会价值观产生影响。

由②、③串联可得：⑤有的机会主义者→从政者→对社会价值观产生影响。

Ⅰ项，有的对社会价值观产生影响→机会主义者，等价于：有的机会主义者→对社会价值观产生影响。由⑤可知，此项为真。

Ⅱ项，有的理想主义者→对社会价值观产生影响，由④可知，此项为真。

Ⅲ项，┐从政者→┐对社会价值观产生影响，等价于：对社会价值观产生影响→从政者。由③可知，"对社会价值观产生影响"后面无箭头指向，故此项可真可假。

综上，D项正确。

2. A

 题干中"舞蹈E不能通过"是事实，条件①、②、③、④均为假言，故此题为**事实假言模型**，使用口诀"事实出发做串联"秒杀。

 由事实出发，舞蹈E不能通过，即：┐E。

由"┐E"可知④的后件为假，故其前件为假，得：┐B。

根据①可知：┐B→A，故由"┐B"，可得：A。

由"A"可知，②的后件为假，故其前件为假，得：C∧D。

由"C"可知，③的前件为假，而前件为假推不出其他东西，即无法确定魔术F是否通过。

综上，A通过、B不通过、C通过、D通过、E不通过、F不确定，故A项正确。

3. E

 题干中"名单中有斯佳"是事实，条件(1)、(2)、(3)、(4)均为假言，故此题为**事实假言模型**，使用口诀"事实出发做串联"秒杀。

 由事实出发，名单中有斯佳。

找重复信息"斯佳"，由条件(3)"秋彤和斯佳不能都有"，得：┐秋彤。

由"┐秋彤"可知条件(4)的后件为假，故其前件为假，得：冰玉∨┐萌萌。

观察条件(1)和条件(2)可发现，其前件恰好分别为"冰玉""┐萌萌"，与二难推理公式(2)的形式一致。

根据二难推理公式(2)可得：

冰玉 ∨ ¬ 萌萌；

冰玉 → 清爽；

¬ 萌萌 → 妍妍；

_____

所以，清爽 ∨ 妍妍，等价于：¬ 清爽 → 妍妍。

综上所述，E项正确。

4. A

 题干涉及重量上的大小关系，故此题是排序问题。可用等式、不等式将题干表示出来。

 第1步：将题干信息用等式、不等式表示。

①甲＋乙＝丙＋丁。

②甲＋丁＞丙＋乙。

③乙＞甲＋丙。

第2步：利用等式不等式的性质进行计算。

②－①得：丁－乙＞乙－丁，化简得：丁＞乙。

②＋①得：2甲＋乙＋丁＞2丙＋乙＋丁，进而可得：甲＞丙。

再结合③可知，丁＞乙＞甲＞丙。故A项正确。

5. B

 本题直接进行推理显然过于复杂，可直接使用选项排除法。

 若A项为真，则甲第2、5、6、7题答错，只得60分，排除。

若B项为真，则甲、乙、丙三人得分均为70分，正确。

若C项为真，则甲第2、5、7、8题答错，只得60分，排除。

若D项为真，则甲第2、4、5、7、8题答错，只得50分，排除。

若E项为真，则甲第2、5题答错，得80分，排除。

故B项正确。

6. D

 题干是五名运动员和五座城市人做一一匹配，故此题为**两组元素的一一匹配模型**。题干中无假言，故使用口诀"事实/问题优先看，重复信息是关键。两组匹配用表格，三组匹配就连线。"由于本题的题干信息比较复杂，我们可以使用表格法帮助分析。

 已知条件中，"白崇凡只与一名运动员比赛过"最为特殊，故先分析白崇凡。

由条件(2)知，上海运动员和其他三名运动员比赛过，可见，白崇凡不是来自上海。

由条件(4)知，广东、辽宁和北京的三名运动员都相互比赛过，可见，白崇凡不是来自广东、辽宁或北京。

综上可知，白崇凡来自湖北，得表1。

表1

地区 运动员	湖北	广东	辽宁	北京	上海
张全蛋	×				
牛彩霞	×				
刘少芬	×				
白崇凡	√	×	×	×	×
刘健	×				

由条件(1)知，张全蛋只和其他两名运动员比赛过，又由条件(2)知，上海运动员和其他三名运动员比赛过。可见，张全蛋不是来自上海。

由条件(3)知，牛彩霞没有和广东运动员比赛过(即牛彩霞不是来自广东)。辽宁运动员和刘少芬比赛过(即刘少芬不是来自辽宁)。

由条件(4)知，辽宁和北京的运动员和广东的运动员比赛过，故，牛彩霞不是来自辽宁或北京。

综上可知，牛彩霞来自上海，得表2。

表2

地区 运动员	湖北	广东	辽宁	北京	上海
张全蛋	×				×
牛彩霞	×	×	×	×	√
刘少芬	×		×		×
白崇凡	√	×	×	×	×
刘健	×				×

既然确定了"牛彩霞来自上海"，故找重复信息"上海"，由条件(2)可知，牛彩霞和3名运动员比赛过。

但由于牛彩霞没有和广东运动员比赛过，故她和湖北、辽宁、北京的运动员都比赛过。

由于"广东、辽宁和北京"的运动员两两比赛过，故来自这三个地方的运动员至少比赛两场。

而由于辽宁、北京的运动员与来自上海的牛彩霞比赛过，故这两个地方的运动员至少比赛三场。

由于张全蛋只和其他两名运动员比赛过，故张全蛋不是来自辽宁或北京。故张全蛋来自广东，得表3。

表 3

地区 运动员	湖北	广东	辽宁	北京	上海
张全蛋	×	√	×	×	×
牛彩霞	×	×	×	×	√
刘少芬	×	×	×		×
白崇凡	√	×	×	×	×
刘健	×	×			×

将上表补充完整，可知，刘少芬来自北京，刘健来自辽宁。综上可得表 4。

表 4

地区 运动员	湖北	广东	辽宁	北京	上海
张全蛋	×	√	×	×	×
牛彩霞	×	×	×	×	√
刘少芬	×	×	×	√	×
白崇凡	√	×	×	×	×
刘健	×	×	√	×	×

故 D 项正确。

7. C

由上题可知，牛彩霞与湖北、辽宁、北京的运动员比赛过，由于白崇凡是湖北人，且只与一名运动员比赛过，即白崇凡只与牛彩霞比赛过，故 C 项正确，A、B、E 项均不正确。

由张全蛋来自广东，并根据条件(3)可知，牛彩霞与张全蛋没有比赛过，故 D 项不正确。

8. A

本题是从 9 人中选择 7 人，故本题为选人问题中的选多模型。题干的两个已知条件均与数量有关，故本题可结合数量关系进行运算。

本题又补充条件(3)：P 国的两名男性候选人当选为委员会委员。

根据条件(2)，P 国最多可以入选 3 人，现已有两名男性入选，故 P 国的两名女性最多有一人当选。

又因为，Q 国和 R 国共计只有两名女性。根据条件(1)，至少有三位女性当选。故 Q 国和 R 国的两名女性必须全部当选。

综上可知，P 国有 1 名女性当选，Q 国和 R 国各有一名女性当选，故恰有 3 名女性当选。

再根据共 7 人当选，可知，当选的男性有 4 名。故 A 项必定为真。

9. D

此题的提问方式为"下列哪一项可以是真的"，故可采用选项排除法。

Q国总共只有3人，由于"当选委员中Q国人比P国多"，故P国最多当选2人。

因为P国总共有4人，故P国至少要淘汰2人。由于9人中只淘汰2人，故淘汰的两人均为P国人。

综上，P国当选2人，Q国3人全部当选，R国2人全部当选，排除A、B两项。

根据条件（1），至少有3名女性当选。因为Q国和R国共有2名女性，故P国的当选者为1名男性和1名女性或者2名女性，排除C、E项。

故D项正确。

10. D

 题干由五个前提和一个结论构成，要求找一个前提，使得结论"动物C是哺乳动物人"成立。故此题考查的是隐含三段论。使用隐含三段论问题的四步解题法。

 第1步：将题干中的前提符号化。

前提①：B是鸟→￢A是哺乳动物。

前提②：C是哺乳动物∨A是哺乳动物，等价于：￢A是哺乳动物→C是哺乳动物。

前提③：￢B是鸟→￢D是鱼，等价于：D是鱼→B是鸟。

前提④：D是鱼∨￢E是昆虫，等价于：E是昆虫→D是鱼。

前提⑤：￢E是昆虫→￢B是鸟，等价于：B是鸟→E是昆虫。

第2步：如果有多个前提，将前提串联。

将⑤、④、③、①、②串联得：B是鸟→E是昆虫→D是鱼→B是鸟→￢A是哺乳动物→C是哺乳动物。

第3步：将题干中的结论符号化。

结论：C是哺乳动物。

第4步：补充从前提到结论的箭头，从而得到结论。

显然，若有"E是昆虫"，即可推出"C是哺乳动物"的结论，故D项正确。

11. B

 本题中共9个学员分为3组，每组人数均为3人。故本题为两组元素的多一匹配模型。题干中MBA学员和MPAcc学员人数不一致，可先进行数量分析；又由于提问方式为"哪一项可能正确"，故可能需要使用选项排除法。

 根据题干，这些学员被分成3组，每组3人。

由于MPAcc学员共4人，而要求每组至少有1个MPAcc学员，所以MPAcc学员按1人、1人、2人分组。因此，MBA学员应该按2人、2人、1人分组（此数量不一定对应组别顺序）。

本题补充条件（6）：F（MBA）在第1组。

根据条件（2）"F（MBA）和J（MBA）在同一组"，J也在第1组。故排除C项。

又知第1组最多只能有2位MBA学员，故H（MBA）不在第1组。

由条件（5）可知，H（MBA）也不在第2组，因此，H（MBA）只能在第3组。

A项，若G（MBA）和K（MBA）在第3组，由于H（MBA）也在第3组，则与"每组至多两个MBA学员"矛盾，故此项不成立。

D项，若K和R在第1组，则第1组有F、J、K、R共4人，与"每组3人"矛盾，故此项不成立。

E项，显然违反条件（4）"H和R不在同一组"，此项不成立。

综上，B 项正确。

12. B

 本题中共 9 个学员分为 3 组，每组人数均为 3 人。故本题为两组元素的多一匹配模型。本题中补充了确定事实，故可使用直接推理法。

 根据题干，这些学员被分成 3 组，每组 3 人，每组至少有 1 个 MPAcc 学员，至多两个 MBA 学员。所以 MPAcc 学员按 1 人、1 人、2 人分组，那么 MBA 学员应该按 2 人、2 人、1 人分组（此数量不一定对应组别顺序）。

本题补充条件(7)：G 是第 1 组中唯一的 MBA 学员。

根据题干分析，MBA 学员按 2 人、2 人、1 人分组，由(7)可知，第 1 组 MBA 学员数量为 1 人(G)。因此，第 2 组、第 3 组 MBA 学员数量均为 2 人，即：MBA 学员 F、H、J 和 K 平均分配给第 2 组和第 3 组。

再结合条件(5)"H 不在第 2 组"可知，H(MBA)在第 3 组。

因为 F 和 J 均为 MBA 学员，且在同一组，若 F 和 J 在第 3 组，则第 3 组的 3 人均为 MBA 学员，与"第 3 组 MBA 学员数量均为 2 人"矛盾，因此，F、J 都在第 2 组。

故，MBA 学员 K 和 H 在第 3 组。

即 B 项正确。

13. C

 此题的问题是"下面哪一项可能正确"，故可考虑使用选项排除法。

 根据条件(2)，排除 A、E 项。

根据条件(3)，排除 D 项。

根据条件(5)，排除 B 项。

故 C 项正确。

14. D

 题干是 5 位学生和 3 座城市之间的匹配，故此题是两组元素的多一匹配模型。可使用口诀"数量关系优先算，数量矛盾出答案"秒杀。

 先分析数量关系：由条件(5)"每人参观一座城市时至少有 1 个学生与他前往"，说明没有人独立前往某一座城市。由于条件(1)"S 和 P 参观的城市不同"，故 5 位学生不可能都去同一座城市。故 5 位学生的组合只能是"2+3"的组合。

本题给出一个新的事实作为条件：H 和 S 一起参观了某一座城市。

找重复信息"H"，结合条件(2)知，H、R、S 一起参观了某一座城市。

故 P、L 一起参观另外一座城市。再根据条件(3)可知，P、L 参观的是 M 或者 T。

故 D 项可能为真。

15. E

 由上题的分析可知，5 人只能是"2+3"的组合，即 2 人一组去一座城市，3 人一组去另外一座城市。

本题给出了新的事实：S 参观 V。由条件(1)知，P 和 S 不同组，故 P 不参观 V。

由条件(3)知：L 不参观 V。故，L 和 S 不同组。

因为只有两组，故 L 和 P 同组，即 E 项正确。

16. C

题干中有甲、乙、丙、丁共四个判断，已知这四个判断"只有一真"，故此题为**真假话问题**。优先找矛盾关系。如果题干中没有矛盾，则根据"只有一真"，可以找下反对关系或推理关系。

甲父：乙。

乙父：丙。

丙母：甲∨乙。

丁母：乙∨丙。

第1步：找矛盾。

题干中没有矛盾关系。

第2步：找下反对关系或推理关系。

如果甲父猜对了，那么丙母和丁母也都猜对了，与题干"只有一人猜对"矛盾。

如果乙父猜对了，那么丁母也猜对了，与题干"只有一人猜对"矛盾。

故甲父和乙父都猜错了。

第3步：推出结论。

由甲父猜错了可得：乙没有通过面试。

由乙父猜错了可得：丙没有通过面试。

即，乙和丙都没有通过面试，与丁母的猜测矛盾，因此，丁母猜错了。

根据"只有一真"可知，丙母猜对了，即：甲∨乙＝¬乙→甲。

由于乙没有通过面试，因此，甲通过了面试。故C项正确。

17. D

题干由一个前提和一个结论构成，要求找到"保证上述结论正确"的项，故此题考查的是**隐含三段论**。

第1步：将题干中的前提符号化。

前提①：有的外科医生→协和医科大学8年制的博士毕业生。

互换得：有的协和医科大学8年制的博士毕业生→外科医生。

第2步：将题干中的结论符号化。

结论：有的协和医科大学8年制的博士毕业生→有着精湛的医术。

第3步：补充从前提到结论的箭头，从而得到结论。

根据"成对出现"的原理，可知答案一定涉及"外科医生"和"有着精湛的医术"。

易知，补充前提②：外科医生→有着精湛的医术。

即可与前提①串联得：有的协和医科大学8年制的博士毕业生→外科医生→有着精湛的医术。从而推出：有的协和医科大学8年制的博士毕业生→有着精湛的医术。

故答案即为前提②：所有的外科医生都具有精湛的医术，D项正确。

18. B

本题涉及快慢关系，可以看作是**排序问题**。但本题也可以看作是人与名次的匹配，即**两组元素的一一匹配模型**。

从事实出发，由条件(4)知，郑是第4名，故吴不是第4名。

找重复信息"吴"，由条件(3)知，"吴比周高4个名次"可有以下四种情况：吴1周5、吴2

周 6、吴 3 周 7、吴 4 周 8(吴 4 已被排除)。

由条件(2)知，吴的名次为赵、孙名次的平均数，故吴不可能是第一名。

若吴为第 2 名，赵和孙一个是第 1 名，一个是第 3 名。再根据条件(5)可知，赵是第 1 名，孙是第 3 名。

此时，前三名中没有钱，故孙的速度比钱快，与条件(1)矛盾。故吴不可能是第 2 名。

综上所述，吴和周的名次只能是"吴 3 周 7"这种情况，即吴是第 3 名。B 项正确。

19. D

由题干及上题我们已知：吴是第 3 名、郑是第 4 名、周是第 7 名，李不是第 8 名。

由条件(2)知，吴的名次 3 是赵、孙名次的平均数；故赵、孙的名次只可能是：赵第 1 名、孙第 5 名。故有表 5。

表 5

第 1 名	第 2 名	第 3 名	第 4 名	第 5 名	第 6 名	第 7 名	第 8 名
赵		吴	郑	孙		周	不是李

根据条件(1)可知，钱比孙快，因此，钱的名次为第 2 名。

由于李不是第 8 名，因此，李是第 6 名，王是第 8 名。

综上，比赛结果从高到低为：赵、钱、吴、郑、孙、李、周、王。

故 D 项正确。

20. B

题干由两个前提和一个结论构成，要求找到"最能对张市长的观点提出质疑"的项，故此题考查的是反驳三段论。

第 1 步：将题干中的前提符号化。

前提①：粮稳→菜稳。

前提②：油不稳→菜波动(菜不稳)。

第 2 步：如果有多个前提，将前提串联。

由串联①、②可得：③粮稳→菜稳→ ¬ 菜波动→油稳。

第 3 步：写出题干结论的矛盾命题。

张市长的结论为：粮稳 ∧ 肉涨，其矛盾命题为：粮不稳 ∨ 肉不涨，等价于：粮稳→肉不涨。

第 4 步：补充从前提到结论的矛盾命题的箭头，从而反驳题干的结论。

易知补充前提④：油稳→肉不涨。

即可与③串联得：粮稳→菜稳→ ¬ 菜波动→油稳→肉不涨，从而得到：粮稳→肉不涨。

故补充的前提④就是答案，即：如果食用油价格稳定，那么肉类食品价格不会上涨，B 项正确。

21. C

题干中有三个对选人的预测，已知"三位球迷各猜对了一半"，故此题为一个人多个判断的真假话问题。可使用选项排除法。

A 项，若此项为真，则球迷乙、球迷丙的猜测全错，与"三位球迷各猜对了一半"矛盾，故此项为假。

B项，若此项为真，则球迷乙猜测全对，而球迷甲、球迷丙的猜测全错，与"三位球迷各猜对了一半"矛盾，故此项为假。

C项，若此项为真，三位球迷各猜对了一半，正确。

D项，若此项为真，则球迷甲猜测全对，而球迷乙、球迷丙的猜测全错，与"三位球迷各猜对了一半"矛盾，故此项为假。

E项，若此项为真，则球迷甲、球迷乙的猜测全错，球迷丙的猜测全对，与"三位球迷各猜对了一半"矛盾，故此项为假。

22. E

 题干中的已知条件均为假言，选项均为事实。故此题为假言事实模型。常用两种解题思路：找矛盾法、二难推理法。

题干有以下信息：

①甲→乙。

②乙→丙。

③丙→丁。

串联①、②、③可得：甲→乙→丙→丁。

故若甲加薪，则四人均加薪，与"只有2人加薪"矛盾，所以甲不加薪。

故若乙加薪，则乙、丙、丁三人均加薪，与"只有2人加薪"矛盾，所以乙不加薪。

综上所述，加薪的两人为丙和丁。故E项正确。

23. B

题干出现人、别墅、建成年份的一一匹配，故此题为多组元素的一一匹配模型。题干中无假言命题，故使用口诀"事实/问题优先看，重复信息是关键。两组匹配用表格，三组匹配就连线"秒杀。

本题问题与"O"相关，条件(3)中直接涉及"O"，故优先考虑，由条件(3)可知，O不是建于1685年。

条件(4)为确定事实，即：P是建于1708年，故：M、N、O均不是建于1708年。

再由条件(5)可知，张的别墅建于1770年。再结合条件(1)可知，N不是建于1770年。

N属于赵，则N不属于李，结合条件(3)可知，N不是建于1685年。

因此，赵的别墅N建于1610年，又由于O不是建于1685年，也不是建于1708年，因此，O建造于1770年，是张的别墅。

故B项正确。

24. B

由上题分析可知，张的别墅O建于1770年，赵的别墅N建于1610年。

故B项正确。

25. A

题干中"这个夏天小李单位来了一项紧急任务，相关人员一律不得请假，小李也不例外"是事实，其余已知条件均为假言，故此题为事实假言模型，使用口诀"事实出发做串联"可秒杀。

"这个夏天小李单位来了一项紧急任务，相关人员一律不得请假，小李也不例外"，即：小李没有时间。

可知"如果小张与小李做约定，则小李这个夏天一定要有时间"的后件为假，故其前件为假，即：小张未与小李做约定。

可知"如果与小李同游，小张一定要与小李做约定"的后件为假，故其前件为假，即：不与小李同游。

"只有与小李同游，小张才会游吐鲁番或天池"，即：┐小张与小李同游→┐小张游吐鲁番∧┐小张游天池。故有：小张不游吐鲁番也不游天池。

可知"小张这个夏天如果去新疆，就要游吐鲁番和喀纳斯"的后件为假，可知其前件为假，即：小张不去新疆。故 A 项正确。

26. D

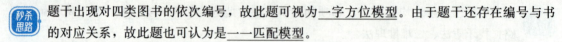

题干出现对四类图书的依次编号，故此题可视为一字方位模型。由于题干还存在编号与书的对应关系，故此题也可认为是一一匹配模型。

本题的问题中补充了新条件：(4)历史的号码是偶数，即，历史的书架号码是 2 或者 4。

找重复信息"历史"，由条件(1)可知：历史的书架号码小于化学，故历史不可能是 4。所以，历史的书架号码是 2，化学的书架号码是 3 或 4。

由于 3 号书架放的是地理，故化学的书架号码只能是 4。余下的生物只能放在 1 号书架。

因此，从 1 号到 4 号，分别放的是生物、历史、地理和化学。故 D 项正确。

27. B

根据条件(2)可知，生物的位置仅有两种，情况少的元素可进行分类讨论。

假设①：假设生物的书架号码是 1，由于 3 号是地理，那么根据条件(1)可知，历史的号码是 2，化学的号码是 4。故地理、化学与生物不相邻。

假设②：假设生物的书架号码是 4，由于 3 号是地理，故历史、化学与生物不相邻。

综上，化学不可能与生物相邻，B 项正确。

28. C

题干已知这四个判断"真假不等"，故此题为真假话问题。优先找矛盾关系，再根据"真假不等"进行分类讨论。

第 1 步：找矛盾。

根据题干信息，乙与丁的话矛盾，故必有一真一假。

第 2 步：分类讨论。

根据"真假不等"可知，共有以下两种情况：

情况(1)：三真一假（甲、丙的话均为真）。

情况(2)：三假一真（甲、丙的话均为假）。

第 3 步：推出结论。

分析情况(1)，由甲的话为真，可知乙是罪犯。由"作案的人是这四个人中的一个人"可知，甲、丙、丁均不是罪犯。

分析情况(2)：由丙的话为假，可知丙是罪犯。由"作案的人是这四个人中的一个人"可知，甲、乙、丁均不是罪犯。

综上，无论是何种情况，甲、丁均不是罪犯。作案者要么是乙，要么是丙。

故甲或丁是罪犯一定为假，C 项正确。

29. D

题干由选人(数量)和假言构成，故此题为<u>数量假言模型</u>。可使用口诀："题干数量加假言，数量关系优先算；如有事实就串联，还有矛盾和二难"秒杀。

第1步：优先算数量关系。

由"恰有两人去北京，恰有两人去西安，恰有两人去南京，恰有两人去拉萨"，可知每个城市都有两位同学去，总数等于8。

由"每名同学至多只能去三个地方"知，8＝3＋3＋2，故可得(6)：三位同学去的城市数量分别为3座、3座、2座。

第2步：通过重复信息做串联。

条件(3)、(5)都涉及赵嘉，并且有重复信息"南京"。

故条件(3)、(5)可串联可得，赵嘉北京→赵嘉南京→赵嘉西安，逆否得：﹁赵嘉西安→﹁赵嘉南京→﹁赵嘉北京。

说明如果赵嘉不去西安，则他在四个城市中只能去拉萨，与条件(6)矛盾。故<u>赵嘉去西安</u>。

第3步：通过重复信息找矛盾。

条件(4)、(5)都涉及孙斌，故分析这两个条件。

由条件(4)得：孙斌拉萨→孙斌西安，等价于：﹁孙斌西安→﹁拉萨。

由条件(5)得：孙斌南京→孙斌西安，等价于：﹁孙斌西安→﹁南京。

故，若孙斌不去西安，则他不去拉萨，也不去南京，与条件(6)矛盾。故<u>孙斌去西安</u>。

根据条件(1)：恰有两人去西安。故孙斌、赵嘉去西安，钱宜不去西安。

找重复信息"钱宜"，由条件(4)可知，钱宜不去拉萨。

由于每人至少要去两个地方，故钱宜要去北京和南京。

由条件(6)知，除钱宜外，另外两人都去三个地方。

若赵嘉不去北京，由于要去三个地方，则他要去南京。

若赵嘉去北京，则由条件(3)知，他也要去南京。

故由二难推理公式可知，赵嘉去南京。

综上，可得表6。

表6

人物 城市	钱宜(2个地方)	赵嘉(3个地方)	孙斌(3个地方)
北京	√		
南京	√	√	
西安	×	√	√
拉萨	×		√

由条件(1)知，有两人去拉萨，故赵嘉要去拉萨，不去北京，则有孙斌去北京，从而得表7。

表7

城市 ＼ 人物	钱宜（2个地方）	赵嘉（3个地方）	孙斌（3个地方）
北京	√	×	√
南京	√	√	×
西安	×	√	√
拉萨	×	√	√

故 D 项正确。

30. B

 此题的问题是"以下哪项论证的方式与题干的最为类似"，故为<u>推理结构相似题</u>。先将题干符号化，再将选项与题干一一对应即可解题。

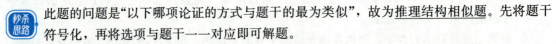 题干：法制健全（A）∨ 社会控制能力（B）←社会稳定（C）；社会稳定（C）∧ ¬ 法制健全（¬ A）→社会控制能力（B）。

将题干符号化：A∨B←C；C∧ ¬ A→B。

A 项，A∨B→C∧D；¬ B∧C→¬ D，与题干不同。

B 项，A∨B←C；C∧ ¬ A→B，与题干论证方式一致。

C 项，A∧B→C；A∧ ¬ C→¬ B，与题干不同。

D 项，A→B∧C；B∧ ¬ C→¬ A，与题干不同。

E 项，A↔B∨C；¬ C∧A→B，与题干不同。

专项训练 4 推理（2）

1. D

 题干由事实和假言构成，故此题为**事实假言模型**，使用口诀"事实出发做串联"即可秒杀。

 ①阿司匹林∨对乙酰氨基酚→不会产生良好的抗体反应。

②小张产生了良好的抗体反应。

从事实出发，由条件②可知，条件①的后件为假，故条件①的前件为假，即：¬（阿司匹林∨对乙酰氨基酚），等价于：¬阿司匹林∧¬对乙酰氨基酚。

故：小张没有服用阿司匹林，也没有服用对乙酰氨基酚。所以 D 项正确。

2. B

 题干由事实、选言和假言构成，故此题为**事实假言模型**，使用口诀"事实出发做串联"即可秒杀。

 ①方明参加 100 米→马亮参加 100 米。

②参加 100 米→尿检∧审查通过。

③丹尼斯没参加尿检。

从事实出发，由③"¬尿检"，可知②的后件为假，故其前件也为假，可得：¬参加，即：丹尼斯没参加 100 米。

若方明不参加 100 米，因为方明、马亮和丹尼斯三人中至少有一人参加，故马亮参加 100 米。

若方明参加 100 米，由①知，马亮参加 100 米。

根据二难推理公式(3)可知，马亮参加 100 米。故 B 项正确。

3. D

 题干中"6 号队员出场"为事实，其余条件为假言，此题为**事实假言模型**，使用口诀"事实出发做串联"即可秒杀。

 从事实出发，由"6 号队员出场"可知，"只有 4 号队员不能出场时，才派 6 号队员出场"的前件为真，根据口诀"肯前必肯后"，可得：4 号队员不能出场。

由"4 号队员不能出场"可知，"如果 4 号队员的竞技状态好，并且伤势已经痊愈，那么让 4 号队员出场"后件为假，根据口诀"否后必否前"，可得：4 号队员状态不好∨4 号队员伤未痊愈，即，4 号队员伤痊愈→4 号队员状态不好。

故 D 项正确。

4. C

 题干中的第一句话"只要待在学术界，小说家就不能变伟大"是题干做出的断定，即结论。"但是"后面的部分是题干的理由，即前提。故此题由一个前提和一个结论构成，要求找到"上述论证所依赖的假设"，故此题考查的是**隐含三段论**。

 第 1 步：将题干中的前提符号化。

题干的前提：只有沉浸在日常生活中，才能靠直觉把握生活的种种情感，而学院生活显然与之不相容。

即：在学院生活，无法沉浸在日常生活中。

故有：①学院生活→无法沉浸在日常生活中→不能靠直觉把握生活的种种情感。

第2步：将题干中的结论符号化。

结论：待在学术界（即在学院生活）→不能变伟大。

第3步：补充从前提到结论的箭头，从而得到结论。

易知，补充前提②：不能靠直觉把握生活的种种情感→不能变伟大。

可与前提①串联得：待在学术界（即在学院生活）→无法沉浸在日常生活中→不能靠直觉把握生活的种种情感→不能变伟大，从而得到结论。

故答案为前提②，即C项正确。

5. B

 题干中有三位老师的判断，已知这三个判断"只有一真"，故此题为**真假话问题**，优先找矛盾关系。如果题干中没有矛盾，则根据"只有一真"，可以找下反对关系或推理关系。

 甲：小李数学第一。

乙：小王语文第一。

丙：小李没有数学第一。

第1步：找矛盾。

甲老师的话与丙老师的话显然矛盾，故必为一真一假。

第2步：判断其他已知条件的真假。

根据"只有一真"，可知乙的话为假。故小王没有取得语文第一名。

第3步：推出结论。

再由"小李、小王都只取得了一门课的第一名"可得，小王取得数学第一名，故小李取得语文的第一名。综上，B项正确。

6. A

 本题将10种食材分配给两个置物架，这10种食材又可分为三类。这种题型我们可称为**分类匹配问题**。另外，题干中涉及数量关系"每个置物架有5种食材"，数量关系处常有矛盾。

 第1步：分析两道题的共用条件。

从事实出发，由条件④知，羊肉和西瓜在第二置物架。

由于各条件均不涉及"羊肉、西瓜"，即无重复信息，故分析数量关系。

由条件①知，每个置物架都有水果，故余下的一种水果：甜瓜在第一置物架。

找"甜瓜"，由条件③可知，芹菜和甜瓜都在第一置物架。

第2步：分析此题的已知条件。

由此题的题干知，白菜和牛肉在同一个置物架。

找重复信息"白菜"，由条件②"韭菜和白菜在同一个置物架"，可知牛肉、韭菜、白菜在同一置物架。

找重复信息"牛肉"，由条件⑤知，牛肉在第一置物架，那么菠菜和牛肉在同一个置物架。

此时，第一置物架有：牛肉、菠菜、韭菜、白菜、甜瓜、芹菜，共6种。与"每个置物架有5种食材"矛盾。

因此，牛肉不可能在第一置物架。故牛肉在第二置物架。

综上可知，第二置物架为：牛肉、羊肉、韭菜、白菜、西瓜。

因此，第一置物架上的5种食材分别是：甜瓜、芹菜、猪肉、菠菜、油菜。

故 A 项正确。

7. D

 本题补充新信息：⑥菠菜和油菜不在同一个置物架。再整合上题中分析出来的共用信息，可得表1。

表1

置物架	确定食材	不确定食材
第一置物架	甜瓜、芹菜	菠菜∀油菜
第二置物架	羊肉、西瓜	菠菜∀油菜

又根据②可知，韭菜和白菜在同一个置物架。

假设把韭菜和白菜放置在第一置物架，则第一置物架5种食材全放满了，且只有青菜和水果，没有肉类，与①矛盾。故假设错误。

因此，韭菜和白菜在第二置物架，故剩余的猪肉、牛肉均在第一置物架。

再根据⑤可知，菠菜第一置物架。综上，可得表2。

表2

置物架	食材
第一置物架	甜瓜、芹菜、猪肉、牛肉、菠菜
第二置物架	羊肉、西瓜、韭菜、白菜、油菜

故正确答案为D项。

8. B

 本题的提问方式为"哪项<u>可能</u>为真"，故可使用选项排除法。

 本题又补充新事实(6)：小张值日两天，小田在周四值日。

由事实(6)出发，结合(4)可知：小张在周一到周三这三天中值日两天。

再根据(3)可知，小张不可能连续两天值日，故小张在周一和周三值日，周二不值日，故A项错误。

整理上述信息可得表3。

表3

周一	周二	周三	周四	周五
张		张	田	

根据上表信息可知，D、E 两项均错误。

结合(5)可知，小方周二不值日，故 C 项错误。

综上，B 项正确。

9. D

本题又补充新事实(7)：小李不值日。

找重复元素"小李"，可知(5)的后件为假，故其前件为假，可得：小方不值日。

此时，余下三人：小张、小郭、小田。

由(2)知，每人最多值日两天，故余下三人的值日天数分别为2天、2天、1天。

由(4)知，小张的值日早于小田。若这两人均值日2天，又由(3)可知，小张不能连续值日，则小张只能是周一和周三值日。此时，小田为周四和周五值日，与(3)矛盾。

因此，小张和小田不可能均值日两天，即其中一人值日1天，另外一人值日2天。

故小郭必值日2天，即D项正确。

10. D

题干是人和国籍做一一匹配，故此题为**两组元素的一一匹配模型**。本题条件较为复杂，故可优先考虑排除法。

题干问的是德国人的身份，故优先分析与德国人有关的条件，即条件(3)和(4)。

由条件(3)可知，德国人是技师，且德国人不是丙。

由条件(4)可知，德国人不是乙和己。

现已知德国人是技师，故不是技师的人均不是德国人。

由条件(1)可知，甲是医生，故甲不是德国人。

由条件(2)可知，戊是教师，故戊不是德国人。

因此，德国人是丁，故D项正确。

11. E

题干问的是美国人的身份，故优先分析与美国人有关的条件，即条件(1)和(6)。

由条件(1)可知，甲不是美国人，且美国人是医生。

由条件(6)可知，乙不是美国人。

现已知美国人是医生，故不是医生的人均不是美国人。

由条件(2)可知，戊是教师，故戊不是美国人。

由条件(3)可知，丙是技师，故丙不是美国人。

根据上一题结论可知，丁不是美国人。

因此，美国人是己，故E项正确。

12. A

题干出现几个人年龄大小的顺序，故此题是**排序问题**。可用等式、不等式将题干表示出来。

第1步：将题干用不等式表示。

①红红≠通州。

②慧慧＜朝阳，即朝阳＞慧慧。

③通州＞兰兰。

第2步：推出事实。

找到题干信息重复元素："通州"，从重复元素出发。

由①可知，红红不住在通州。由③可知，兰兰不住在通州。因此，慧慧住在通州。

结合②、③可知，朝阳＞通州（慧慧）＞兰兰，兰兰不住在通州也不住在朝阳，因此，兰兰住在丰台，进而可得：红红住在朝阳。

因此可得：朝阳（红红）＞通州（慧慧）＞丰台（兰兰）。

综上，三人年龄大小为：红红＞慧慧＞兰兰。故 A 项正确。

13. D

 题干要求在 7 人中选择 6 人进行表演，每天的表演涉及前中后的顺序，故此题为<u>一字方位模型＋一一匹配模型</u>。但本题的提问方式为"以下哪项列出的是 2 队上场表演可接受的安排"，故可使用选项排除法。

 A 项，不符合条件（2）"如果安排 K 上场，他必须在中位"，故排除。

B 项，不符合条件（3）"如果安排 L 上场，他必须在 1 队"，故排除。

C 项，不符合条件（5）"P 不能与 Q 在同一个队"，故排除。

E 项，不符合条件（6）"如果 H 在 2 队，则 Q 在 1 队的中位"，故排除。

故 D 项正确。

14. A

 本题使用选项排除法。

本题补充新条件：H 在 2 队。

找"H 在 2 队"，可知条件（6）的前件为真，故其后件为真，可得：Q 在 1 队的中位。从而排除 B 项和 D 项。

由条件（1）"如果安排 G 上场，他必须在前位"，可排除 C 项和 E 项。

故 A 项正确。

15. C

 题干由事实和假言构成，故此题为<u>事实假言模型</u>，使用口诀"事实出发做串联"即可秒杀。

 本题新补充事实：（5）甲和丁不表演同一个节目。

从事实出发，由事实（5）和条件（1）可知，甲与乙不表演同一个节目、甲与丁也不表演同一个节目，同时又只有两种节目，故乙和丁表演同一个节目。

找与"乙、丁"有关的重复信息，即条件（4）。

由条件（4）可知：若乙表演昆剧，则丁表演京剧，与"乙和丁表演同一个节目"矛盾，故乙不表演昆剧，因此，乙和丁表演的是京剧。

继续找与"乙、丁表演京剧"有关的重复信息，即条件（2）。

由"丁表演京剧"知，条件（2）前件为真，则其后件也为真，可得：己表演昆剧。

由"己表演昆剧"知，条件（3）后件为假，则其前件也为假，可得：戊不表演京剧，即戊表演昆剧。

综上，C 项正确。

16. E

 题干已知这 6 个判断"只有两假"，故此题为<u>真假话问题</u>。优先找矛盾关系。如果题干中没有矛盾，则根据"只有两假"，可以找反对关系。

 第 1 步：找矛盾。

条件①和⑥矛盾，条件③和⑤矛盾，故这四句话两真两假。

第 2 步：判断其他已知条件的真假。

根据"只有两假"，可知剩余的条件②和④均为真。

第3步：推出结论。

因为条件④为真，得出确定信息：¬ 林宗辉。

由"¬ 林宗辉"知，条件②后件为假，则其前件也为假，可得：伍仔。

综上所述，举报信是伍仔寄的，故 E 项正确。

17. B

 题干由特称(有的)和全称判断组成，故此题为**有的串联模型**。使用有的开头法进行串联。

 题干有以下信息：

①有的青少年犯罪行为→法制意识缺失，等价于：有的法制意识缺失→青少年犯罪行为。

②有的青少年犯罪行为→个人道德败坏，等价于：有的个人道德败坏→青少年犯罪行为。

③有的不理智的过激行为→法制意识的缺失 ∧ 个人道德败坏。

④青少年犯罪行为→给社会和家庭带来伤害。

从有的开始串联：

串联①、④可得：⑤有的法制意识缺失→青少年犯罪行为→给社会和家庭带来伤害。

串联②、④可得：⑥有的个人道德败坏→青少年犯罪行为→给社会和家庭带来伤害。

A 项，有的法制意识的缺失的行为不是青少年的犯罪行为，与⑤"有的法制意识的缺失是青少年的犯罪行为"为下反对关系，一真另不定，故此项可真可假。

B 项，所有个人道德败坏都不是青少年的犯罪行为，与⑥"有的个人道德败坏是青少年犯罪行为"矛盾，故此项必然为假。

C 项，有的法制意识缺失→给社会和家庭带来了伤害，由⑤知，此项必然为真。

D 项，"有法制意识的行为"后无箭头指向，故此项无法确定真假。

E 项，由题干无法确定是否有"其他原因"，故此项可真可假。

题目要求选"不可能为真"的选项，故 B 项正确。

18. D

 题干出现 10 个文件柜呈现一字形排列，故此题为**一字方位模型**。由于此题还涉及文件柜的编号与文件的对应关系，故此题也可认为是**一一匹配模型**。

 本题问题中给出事实：4 号文件柜放本局文件(简写为：4 本局)，5 号文件柜放上级文件(简写为：5 上级，后文以此类推)。

找重复信息"本局"，可由条件②知，放本局文件柜连号，故"3 本局"或"5 本局"。由于 5 已被占用，故："3 本局"。

条件①中给出事实："1 各处室""10 各处室"。

综上，可得表 4。

表 4

1	2	3	4	5	6	7	8	9	10
各处室		本局	本局	上级					各处室

此时，还剩一个各处室文件柜和四个基层文件柜。

由条件③知，基层文件柜与本局文件柜不连号，故 2 不能放基层文件，所以 6、7、8、9 均放基层文件。余下的 2 号柜放各处室文件。

根据上述信息，可得表5。

表5

1	2	3	4	5	6	7	8	9	10
各处室	各处室	本局	本局	上级	基层	基层	基层	基层	各处室

故 D 项正确。

19. C

 题干出现人、角色、位置的一一匹配，故此题为多组元素的一一匹配模型。题干中无假言，故使用口诀"事实/问题优先看，重复信息是关键。两组匹配用表格，三组匹配就连线"秒杀。

 条件③、⑤给出事实："闪电侠"在2号位置，M在3号位置，可得表6。

表6

顺序	1	2	3	4
名字			M	
角色		闪电侠		

找重复信息"O"，由条件④知O是"蝙蝠侠"，结合上表可知，"O—蝙蝠侠"不能在2号和3号位置。同时由条件②知，"O—蝙蝠侠"前面还需要有"钢铁侠"。所以"O—蝙蝠侠"只能在4号位置。

又由条件①可知，"超人"靠在"N"后面，所以"超人"不能在1，故"超人"只能在3号位置，N在2号位置。综上可得表7。

表7

顺序	1	2	3	4
名		N	M	O
角色		闪电侠	超人	蝙蝠侠

综上，P在1号位置扮演"钢铁侠"。故 C 项正确。

20. C

 根据上题的推理结果可知，C项正确。

21. A

题干由事实和假言构成，故此题为事实假言模型，可从事实出发解题。此题的匹配关系比较复杂，可使用表格法帮助解题。

 ①赵大去马来西亚→¬张珊去泰国。

 ②钱二去泰国∨钱二去韩国→钱二去新加坡。

③李思去马来西亚→李思去新加坡∧李思去韩国。

④钱二去日本→¬李思去泰国。

⑤赵大没去泰国，钱二没去新加坡，张珊没去马来西亚，李思没去日本，王伍没去韩国。

⑥每人在五个国家中选择两个国家游玩，每个国家恰好有两个人选择。

从事实出发，由钱二没去新加坡和②可知，钱二没去泰国、韩国。

由于每个人去两个国家，故钱二去了马来西亚和日本。再由④可得，李思没去泰国。

由③知，若李思去马来西亚，则李思也去新加坡和韩国，与"每人选择两个国家"矛盾，故李思不去马来西亚。又由⑤知，李思没去日本，故李思去了新加坡和韩国。

根据上述信息可得表8。

表 8

国家 同事	泰国	新加坡	马来西亚	日本	韩国
赵大	×				
钱二	×	×	√	√	×
张珊			×		
李思	×	√	×	×	√
王伍					×

根据上表可知：张珊和王伍去了泰国。

由张珊去泰国，结合条件①，可知，赵大没去马来西亚。故有表9。

表 9

国家 同事	泰国	新加坡	马来西亚	日本	韩国
赵大	×		×		
钱二	×	×	√	√	×
张珊	√		×		
李思	×	√	×	×	√
王伍	√				×

根据上表可知：王伍去马来西亚和泰国。故 A 项正确。

综上，可得表10。

表 10

国家 同事	泰国	新加坡	马来西亚	日本	韩国
赵大	×		×		
钱二	×	×	√	√	×
张珊	√		×		
李思	×	√	×	×	√
王伍	√	×	√	×	×

22. B

 本题补充了事实：张珊去了韩国。根据"每人在五个国家中选择两个国家游玩，每个国家恰好有两个人选择"，可得表11。

表11

国家\同事	泰国	新加坡	马来西亚	日本	韩国
赵大	×		×		×
钱二	×	×	√	√	×
张珊	√	×	×	×	√
李思	×	√	×	×	√
王伍	√	×	√	×	×

故，赵大去了新加坡和日本，B项正确。

23. E

 由于此题有两问，可先整理题干信息：

①李思进入选拔赛→王伍进入选拔赛。

②王伍进入选拔赛→朱八进入选拔赛。

③张珊进入选拔赛。

④¬白起进入选拔赛→¬张珊进入决赛。

⑤赵柳进入选拔赛∨¬白起进入决赛，等价于：¬赵柳进入选拔赛→¬白起进入决赛。

由①、②串联可得：⑥李思进入选拔赛→王伍进入选拔赛→朱八进入选拔赛。

 此题的提问方式为"以下哪项可能为真"，故优先考虑使用选项排除法。

 A项，由⑥可知，若王伍进入选拔赛，那么朱八一定也进入选拔赛，故排除此项。

B项，由⑥可知，若王伍进入选拔赛，那么朱八一定也进入选拔赛，故排除此项。

C项，由⑥可知，若李思进入选拔赛，那么王伍和朱八一定也进入选拔赛，故排除此项。

D项，由⑥可知，若李思进入选拔赛，那么王伍和朱八一定也进入选拔赛，又知张珊进入选拔赛，故排除此项。

综上，E项正确。

24. C

 此题补充了新条件：赵柳未进入选拔赛。

由⑤"¬赵柳进入选拔赛→¬白起进入决赛"，可知：白起未进入决赛。

又由③可知，张珊进入选拔赛，故C项正确。

25. B

 题干为8人自左至右的排序，故此题为一字方位模型。本题的提问方式为"以下哪项是可能的"，故优先考虑使用选项排除法。

 A项，"郑第八"说明郑在最右边，与条件(2)矛盾，排除。

B项，若钱第五，根据条件(1)可知，赵第一，不与题干矛盾，可能为真。

C项，若李第三，根据条件(3)可知，孙在李左边且隔一个嘉宾，即孙第一，与条件(1)矛盾，排除。

D项，若周第二，根据条件(4)，吴在第五；若孙第三，根据条件(3)可知，李也在第五，吴和李都在第五是矛盾的，排除。

E项，"郑第八"说明郑在最右边，与条件(2)矛盾，排除。

故B项正确。

26. E

 题干中涉及孙的只有条件(3)，而该条件中还涉及孙和李的位置关系，并且条件(5)中也涉及李的位置关系；可以重复元素"李"为突破口进行解题。

 根据条件(3)可知，孙和李的位置关系为：孙◎李，孙和李中间恰有一人，即用"◎"表示。

根据条件(5)可知，王与李的位置关系为：李王，中间有没有人不确定。

结合条件(3)和(5)，孙、◎、李王(中间可能有其他人)等人至少占四个位置，如果孙在第六位，则王排在第九位，不符合题干。由此可知，孙不能在第六位。

故E项正确。

27. B

 题干中出现选言(可看作假言)和假言，选项均为事实。故此题为<u>假言事实模型</u>。常用两种解题思路：找矛盾法、二难推理法。

 方法一：串联找矛盾法。

第1步：将题干符号化。

①¬赵星期二→钱星期一。

②¬李星期六→周星期二∨郑星期二。

③¬钱星期一→孙星期四。

④孙星期四∨吴星期四→李星期日。

⑤每人只安排一次，并且每天仅安排一人陪同市长。

第2步：串联。

串联条件③、④、②和①可得：¬钱星期一→孙星期四→李星期日→¬李星期六→周星期二∨郑星期二→¬赵星期二→钱星期一。

第3步：推出答案。

可见，由"¬钱星期一"出发推出了矛盾，故"¬钱星期一"为假，所以"钱星期一"为真。

即B项正确。

方法二：通过重复元素，找二难推理法。

第1步：找重复元素。

条件④的前件出现"孙星期四"，条件③的后件出现"孙星期四"。

第2步：找二难推理。

此时，逆否条件③可能出现二难推理(口诀：前件后件一个样，后件逆否出二难)。

由条件③逆否得：¬孙星期四→钱星期一。

由条件④、②、①串联得：孙星期四→李星期日→¬李星期六→周星期二∨郑星期二→¬赵星期二→钱星期一。

根据二难推理公式(3)可得：钱星期一。即B项正确。

28. C

题干出现全称判断，此题的问题是"以下哪项在结构上和题干最为类似"，故为推理结构相似题。先将题干符号化，再将选项与题干一一对应即可解题。

题干：爬行动物(A)→不是两栖动物(￢B)，两栖动物(B)→卵生的(C)。所以，凡是卵生的动物(C)→不是爬行动物(￢A)。

将题干符号化：A→￢B，B→C，所以，C→￢A。

A项，A→B，C→B，所以，C→A，与题干的推理结构不同。

B项，￢A→B，B→￢C，所以，￢C→￢A，与题干的推理结构不同。

C项，注意此项论点在前，论据在后，可调整语序为：因为广东人不是香港人，而香港人都说粤语。所以，所有说粤语的人都不是广东人。A→￢B，B→C，所以，C→￢A，与题干的推理结构相同。

D项，A→B，B→C，所以，C→A，与题干的推理结构不同。

E项，A→￢B，C→B，所以，C→￢A，与题干的推理结构不同。

故C项正确。

29. D

此题可以看作是位置1～7与7道菜品的匹配关系，7道菜又可分为三类。故此题为分类匹配问题。题干中有先后顺序，故可以用不等式表示题干中的信息。

第1步：由于此题有两问，故可先整理题干中的共用条件。

条件(1)：不能连续上川菜，也不能连续上粤菜。

条件(2)：Q不是第三个→P不先于Q，即：Q不是第三个→Q先于P。

条件(3)：P先于X。

条件(4)：M先于K先于N。

第2步：分析此题给出的条件。

本题给出新条件：第四个上X。

找重复元素"X"，由条件(3)知，P先于X，故P在前三个上。

由条件(4)：M先于K先于N。

再根据条件(1)：不能连续上川菜，可知川菜M和川菜K之间至少穿插一道其他的菜。

因此，川菜M、其他菜、川菜K、粤菜N，这些菜合计至少占据4个位置。

由于X在第四个上，所以M在前三个上。故有：M、P均在前三位。

结合条件(2)可进行如下假设：

情况1：若Q不在第三位上，根据②可知，Q先于P。由于P在前三个上，故Q、P都在前三位。由于这两道菜都是粤菜，不能连着上，故只能位于第一、三位。故前三道菜依次为：Q、M、P。即，M是第二道上。

情况2：若Q第三位上，由于P也在前三位且二者不能连着上，故二者只能位于第一、三位。故前三道菜依次为：P、M、Q。即，M是第二道上。

综上所述，无论哪种情况，都是第二个上M。故D项正确。

30. A

本题问题中给出事实：第三个上M，可得表12。

表 12

1	2	3	4	5	6	7
		M				

因为 M 第三个上，且 M 是川菜，根据条件(1)可知，不能连续上川菜，故第二个、第四个位置不能是川菜，排除 C 项。

根据条件(2)可知，因为 M 第三个上，所以 Q 不是第三个上，故 Q 先于 P，故排除 E 项。

根据条件(2)和条件(3)可知，Q 先于 P 先于 X。

根据条件(4)可知，M 先于 K 先于 N。

若 P 在 M(第三个)之前，则由于 Q 先于 P，Q 在第一个上，P 在第二个上，则 Q 和 P 连续上，与不能连续上粤菜矛盾。故 P 之能在 M 之后。

故 M 之后上的菜有 P、X、K、N，M 之前上的菜为 Q、L。

由于 L 与 M 均为川菜，不能相邻，故 L 第一个上，Q 第二个上。排除 B 项和 D 项。

故 A 项正确。

专项训练5 削弱题

1. E

论证结构 锁定关键词"因此",可知此前是论据,此后是论点。

题干:航空管制法颁布以来,美国主要的<u>航空公司</u>已经裁减3 000多人————→美国经济受到
了对<u>航空公司</u>放松管制的破坏。

秒杀思路 题干的论据仅涉及"主要航空公司",论点涉及的是"航空公司",前者是后者的子集,故此
题是<u>归纳论证模型</u>。那么,主要航空公司能代表整个航空业的情况吗?如果不能,就可以
削弱题干。

选项详解 A项,"表达支持"是诉诸主观,不能削弱客观事实。(干扰项·诉诸主观)

B项,支持题干,此项指出由于运行航班所需"雇员的减少"导致乘坐商业航班的人数减少,
说明现在航空业确实存在"就业减少"的情况。

C项,支持题干,此项指出"航班定期飞行的路线减少"导致竞争更加激烈,有助于支持题
干信息"放松管制带来竞争"。

D项,不能削弱,因为"几家主要的航空公司"现在的利润和雇佣水平提高了,可以说明
"主要的航空公司"没有受到放松管制的影响,但并不能说明"美国经济"不受放松管制的
影响。

E项,此项说明"小型的旅客承运商"提供的新工作数量大于"主要航空公司"取消的岗位数
量,那么美国航空公司总体雇员较之前增加了而不是减少了,因此,可以削弱题干的
论证。

2. A

论证结构 锁定关键词"因此",可知此前是论据,此后是论点。

题干:调查显示,①某公司的许多工人对他们的工作不满意,②大多数感到不满意的工人
认为对自己的工作安排没有自主权————→为了提高工人对工作的满意程度,公司的管理层
仅仅需要改变工人对他们工作安排自主权程度的观念。

秒杀思路 论据中有共变的现象"工人对工作不满意"和"工作安排没有自主权",暗含一个<u>因果关系</u>:
工作安排没有自主权导致了工人对工作不满意。

论点中有关键词"为了",并且给出了一个措施,故此题是<u>原因措施目的模型</u>。可以削弱题
干中暗含的因果关系,也可以削弱措施目的。

选项详解 A项,此项指出"工资太低并且工作条件不令人满意"导致工人不满意,那么"仅仅"解决工
作自主性问题,并不能消除工人的不满足。措施达不到目的,削弱题干。

B项,无关选项,题干的目的是解决"不满意的工人"存在的问题,不涉及"满意的工人"与
"不满意的工人"的数量比较。(干扰项·无关新比较)

C项,无关选项,题干没有涉及该公司与其他公司的比较。(干扰项·无关新比较)

D项,"相信"是诉诸主观,不能削弱事实。(干扰项·诉诸主观)

E项,支持题干,此项说明满意的人有自主权,题干说明不满意的人没有自主权,根据求
异法可知,此项支持工作自主权影响工人的工作满意度。(提供对照组)

3. B

[论证结构] 锁定关键词"由……引起""使……"，可知题干中含有因果关系。

题干：人们经常能回忆起在感冒前有冷的感觉（共同出现的现象）$\xrightarrow[\text{证明}]{}$感冒是由着凉引起的，是寒冷使病毒感染人体（原因）。

[秒杀思路] 此题的论据是两种现象"感冒"和"冷"共同出现，论点是原因，故此题是共变法模型。共变法最常见的削弱方式是"共因削弱"。

[选项详解] A项，此项说明着凉导致压力，压力又削弱人体的抵御能力，这就解释了着凉为何会引起压力，支持题干。

B项，此项说明病毒导致了感冒，而且，病毒引起了冷的感觉，即病毒是现象"感冒"和"冷"的共同原因，而不是着凉引起了感冒，共因削弱。

C项，无关选项，因为题干涉及的是"感冒"，而此项涉及的是"重感冒"。（干扰项·偷换论证对象）

D项，无关选项，"知道"是主观的，无法削弱事实。（干扰项·诉诸主观）

E项，不能削弱题干，因为着凉后"有可能"不感冒，只能削弱着凉"必然"会感冒，但不能削弱着凉"有时候"会引起感冒。（干扰项·不当反例之可能不）

4. B

[论证结构] 锁定关键词"因为"，可知题干第一句话是现象，后面是对现象原因的分析。

题干：美国亚利桑那州死于肺病的人的比例大于其他的州死于肺病的人的比例（现象），因为，亚利桑那州的气候更容易引起肺病（原因）。

[秒杀思路] 此题是现象分析型的题目。常用的削弱方式有：（1）因果倒置；（2）另有他因；（3）因果无关；（4）有因无果；（5）无因有果；（6）否因削弱。

[选项详解] A项，此项肯定了气候是引起肺病的因素，支持题干。（干扰项·明否暗肯）

B项，说明不是因为气候导致了肺病，而是有肺病的人都来此处养病，因果倒置，可以削弱题干。

C项，无关选项，美国人通常不会一生住在一个地方，那么他们住在哪？在亚利桑那州住了多久？均无法确定。

D项，"没有证据"不能作为证明或反驳的理由。（干扰项·诉诸无知）

E项，无关选项，此项可以削弱"亚利桑那州的气候是一成不变的"，但不能削弱亚利桑那州的气候对肺病有影响。

5. E

[论证结构] 锁定关键词"将来、会有"，可知此题是对未来结果的预测。

刘教授：网络购物便捷$\xrightarrow[\text{预测}]{}$在不远的将来，会有更多的网络商店取代实体商店。

[秒杀思路] 此题是预测结果模型，指出结果预测不当即可削弱。

[选项详解] A、C、D项，都表示网购有弊端，可以削弱。

B项，实体商店有优势，可以削弱，但"有些"是弱化词，故削弱力度小。

E项，提出反面理由，说明网络商店必须依赖实体商店才能生存，即实体商店不可取代，此项削弱力度最强。

6. C

 锁定关键词"可见"，可知此前是论据，此后是论点。观察论据，可知论据是一种现象，而论点是对现象原因的分析。

题干：大部分的数学家都是长子(现象)，这是因为，长子天生的数学才华相对而言更强(原因)。

 此题是现象分析型的题目，常用的削弱方式有：(1)因果倒置；(2)另有他因；(3)因果无关；(4)有因无果；(5)无因有果；(6)否因削弱。

 Ⅰ项，另有他因，女性的数学才华普遍受到压抑，才导致没有成为数学家，使得大部分数学家是男性，因为题干中的"长子"指的是年龄最大的儿子(非女儿)，故可以削弱题干。

Ⅱ项，另有他因，是因为长子的人数多而导致大部分数学家是长子。

Ⅲ项，支持题干，说明长子的确更有数学才华。

故 C 项正确。

7. C

 锁定关键词"但是"，可知"但是"之后的话才是题干的观点。再锁定关键词"表明"，可知"表明"之前是论据，"表明"之后是论点。

题干：要把核废物倒在人口稀少的地区 —— 证明 —→ 这项政策的负责者们至少在安全方面还是有些担忧的。

 "要把核废物倒在人口稀少的地区"这是一种做法，这种做法的原因是"在安全方面有担忧"。所以，此题是现象分析型的题目。只要说明不是这个原因即可削弱题干。

A项，说明把核废物倒在人口稀少的地区有助于发生事故时的疏散，即确实有安全方面的考虑，支持题干。

B项，说明把核废物倒在人口稀少的地区是为了减少发生事故时的伤亡，即确实有安全方面的考虑，支持题干。

C项，说明把核废物倒在人口稀少的地区是出于经济和政治问题的考虑，而不是出于安全方面的考虑，另有他因，可以削弱。

D项，无关选项，题干不涉及"化学废物"。(干扰项·偷换论证对象)

E项，说明把核废物倒在人口稀少的地区是因为这样对公众造成的威胁最小，说明确实有安全方面的考虑，支持题干。

8. C

 锁定关键词"这说明"，可知此前是论据，此后是观点。

题干：某高校本科生毕业论文中被发现有违反学术规范行为的人次在近 10 年来明显增多(数量) —— 证明 —→ 当代大学生在学术道德方面的素质越来越差(评价)。

这道题的论据是"数量"，结论是"评价"，用"数量"来证明"评价"的题，一般都是数量比率模型。但是，要评价学术道德的好坏，不应该看违反学术规范的行为的"数量"，而应该看违反学术规范的行为的"发生率"。

根据公式：

$$违反学术规范行为的发生率 = \frac{违反学术规范行为的人次}{学生总数}。$$

C 项说明，近 10 年来大学本科毕业生的数量大幅增加，可以说明违反学术规范行为的"发生率"降低，从而削弱题干。

另外，这道题论据中的论证对象是"某高校本科生"，论点中的论证对象是"当代大学生"，用样本来推断全体，故也可以从归纳论证的角度来解题。

A项，说明"互联网为学术不端行为带来了便利"，解释了违反学术规范行为增多的原因，支持题干。

B项，说明违反学术规范行为增多的原因可能是"缺乏学术道德方面的相关教育"，解释了题干中现象的原因，支持题干。

D项，不能削弱，个别论文被评为省优秀论文，并不能说明其他论文是否存在违规。（干扰项·不当反例）

E项，说明有的违反学术规范的行为没有被检查出来，那么违反学术规范行为的真实人数比发现的人数更多，那就更加说明大学生学术道德方面的素质差，支持题干。

9. E

锁定关键词"因此"，可知此前是论据，此后是观点。

约翰：心理治疗期间最<u>不快乐</u> ——证明——> 心理治疗对自己<u>不起作用</u>。

这道题的论据的核心概念是"不快乐"，结论的核心概念是"不起作用"，故此题是<u>拆桥模型</u>。使用拆桥法，即指出"不快乐"不代表"不起作用"，即可削弱。

A、B项，无关选项，题干不涉及交谈疗法和行为疗法之间的比较。

C、D项，无关选项，题干不涉及尝试几种不同心理治疗法的人和只用一种心理治疗法的人之间的比较。

E项，指出接受心理治疗最终"有效"的人会经常"不快乐"，即说明了"不快乐"不代表"无效（不起作用）"，故E项为正确选项。

10. B

锁定关键词"专家解释说""由于……原因"，可知此题是<u>现象分析型</u>的题目。

题干：考古人员在一座唐代古墓中发现多片先秦时期的夔文（现象）。专家解释说：由于雨水冲刷等原因（原因），这些先秦时期的陶片后来被冲至唐代的墓穴中。

即：雨水冲刷 ——导致——> 在唐代墓穴中发现了先秦时期的夔文陶片。

此题是<u>现象分析型</u>的题目，常用的削弱方法有：（1）因果倒置；（2）另存他因；（3）因果无关；（4）有因无果；（5）无因有果；（6）否因削弱。

A项，无关选项，题干讨论的是"先秦时期的夔文陶片"，而此项讨论的是"西汉时期的文物"。（干扰项·偷换论证对象）

B项，古墓没有漏水、毁塌迹象，直接否定了"雨水冲刷"这个原因，否因削弱，力度大。

C项，此项说明夔文陶片可能是唐代的而不是先秦的，故此项试图削弱的是"考古人员"的发现，而此题要求我们削弱的是"专家的观点"，故此项为无关选项。

D项，此项说明先秦陶片有可能是随墓主一起下葬的，但这仅仅是一种可能性，故削弱力度弱。

E项，不能削弱，"很少发现"不能说明"不存在"这种情况。

11. D

锁定关键词"古生物学家推测"，可知此前是论据，此后是论点。观察论据，发现论据是一种现象，而论点是对现象的原因分析，故此题是<u>现象分析型</u>的题目。

题干：恐龙骨骼化石中，砷、钡、铬、铀、稀土等元素含量超高，与现代陆生动物相比，其体内的有毒元素要高出几百甚至上千倍（现象）。因此，古生物学家推测：这些恐龙死于慢性中毒（原因）。

对于**现象分析型**的题目，否定题干的原因，或者说明是其他原因，皆可削弱题干。要注意，此题要选的是"不能质疑"的一项。

A项，说明"有毒元素会渗进化石"导致题干中的现象，另有他因，削弱题干。

B项，说明恐龙体内的有毒元素可能被解毒元素中和，那么恐龙就不会死于中毒，否因削弱。

C项，说明恐龙的死因是自然死亡而不是慢性中毒，另有他因，削弱题干。

D项，无关选项，题干讨论的是"恐龙化石"，此项讨论的是"植物化石"。（偷换论证对象）

E项，说明恐龙可能死于致命伤，另有他因，削弱题干。

12. E

题干中出现两组对象的对比：

"微波炉"加热原料奶至50℃，其溶菌酶活性降低至加热前的50%；

"传统热源"加热原料奶至50℃，其溶菌酶活性几乎与加热前一样；

故：对酶产生失活作用的不是加热，而是产生热量的微波。

题干中出现对比实验，显然考查的是**求异法**。对比实验的题常用"另有差因"进行削弱，即指出还有其他影响实验结果的差异因素。

A项，无关选项，此项改变了题干的实验条件，加热到100℃能使酶失活，不代表在50℃时也可以。例如，100℃的水可以烫死一个人，不代表50℃的水也可以烫死一个人。

B项，无关选项，题干不涉及对酶的破坏的"补偿"。

C项，要注意，对比实验中的另有差因，必须得是另有其他差异因素导致了题干中的结果差异。一般来说，加热时间越久，更能有效地让酶失活，因此，如果此项为真，那么题干中的现象应该是微波炉加热的酶不失活，传统热源加热的酶失活。故此项不能导致题干中的结果差异，不是"另有差因"，不能削弱题干。

D项，无关选项，题干不涉及"口感"。

E项，可能是微波炉加热使牛奶内部温度更高导致牛奶中的酶失活，可见，此项说明存在其他差异因素，即"内部温度不同"，另有差因，削弱题干。

13. E

锁定关键词"因此"，可知此前是论据，此后是论点。

题干：一年中的任何月份，18～65岁的女性中都有52%在家庭以外工作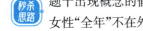18～65岁的

女性中有48%是全年不在外工作的家庭主妇。

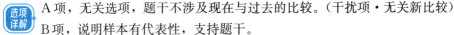题干出现概念的偷换，"一年中的任何月份"都有48%的女性不在外工作，不能说明，48%的女性"全年"不在外工作。因为可能有女性在外工作几个月，又在家待几个月。故E项正确。

A项，无关选项，题干不涉及现在与过去的比较。（干扰项·无关新比较）

B项，说明样本有代表性，支持题干。

C项，"优先考虑"是一种主观意愿，不能削弱客观事实。（干扰项·诉诸主观）

D项，无关选项，题干不存在职业女性与家庭主妇社会地位的比较。（干扰项·无关新比较）

14. C

 锁定关键词"因此"，可知此前是论据，此后是论点。

题干：蒙古奶牛与欧洲奶牛杂交的后代每年产奶量高于纯种的蒙古奶牛。因此，国际组织计划通过杂交的方式，帮助蒙古牧民提高其牛奶产量。

 锁定关键词"通过……方式"，可知此题是<u>措施目的模型</u>。常用措施不可行、措施达不到目的、措施弊大于利来削弱。

 A项，等价于：有的欧洲奶牛不能成功地同蒙古奶牛杂交，并不排斥"有的欧洲奶牛能成功地同蒙古奶牛杂交"，不能削弱。（干扰项·不当反例之有的不）

B项，"许多年轻的蒙古人认为饲养奶牛是一种低贱的职业"，不代表这项职业没有其他人乐意去做，不能削弱。（干扰项·不当反例之有的不）

C项，蒙古地区的放牧条件只适合饲养当地品种的奶牛，不适合杂交奶牛生长，措施不可行，削弱题干。

D项，无关选项，题干只涉及牛奶的"产量"，不涉及牛奶的"出口"。（干扰项·转移论题）

E项，无关选项，题干只涉及杂交奶牛、纯种蒙古奶牛的产奶量，不涉及"欧洲奶牛"的产奶量。（干扰项·偷换论证对象）

15. B

 锁定关键词"这充分说明"，可知此前是论据，此后是论点。

题干：在过去的20年里，州立法机关的黑人成员人数增长超过了100％，而白人成员却略微下降 —证明→ 黑人的政治力量将很快与白人基本相等。

 题干的论据是"增长率"，结论的"相等"是指数量上相等，可知此题考查的是<u>增长率模型</u>。根据公式：

$$现在的黑人成员数量＝20年的黑人成员数量×（1＋增长率）。$$

可知，要想确定现在的黑人成员数量，必须知道20年前的黑人成员的基数。若20年前州立法机关的黑人成员人数远远低于白人，则即使在增长率较高的情况下，可能现在的黑人成员数量仍然很少，可以削弱题干，故B项正确。

 A项，无关选项，此项不涉及黑人与白人数量的比较。

C项，无关选项，题干涉及的是"州立法机关的成员"，不涉及"州长"。（干扰项·偷换论证对象）

D项，无关选项，题干显然不涉及"中等家庭的收入"。（干扰项·转移论题）

E项，无关选项，题干涉及的是"州立法机关的成员"，而此项是"登记选举的黑人"。（干扰项·偷换论证对象）

16. E

 本题的问题是"指出<u>李工程师</u>论证中的漏洞"，故看李工程师的话。锁定其关键词"因此"，可知此前是论据，此后是论点。

李工程师：日本肺癌病人的平均生存年限是9年，亚洲其他国家的肺癌病人的平均生存年限只有4年 —证明→ 日本在延长肺癌病人生命方面的医疗水平要高于亚洲的其他国家。

 李工程师的论证中有两个考点：

第一，李工程师的论据是现象，论点其实是对现象原因的分析。故李工程师的论证是<u>现象</u>

分析型的结构。张研究员的话指出这一现象是另外一个原因(日本人自我保健意识高)导致的，即另有他因，从而反驳李工程师的原因分析。

第二，李工程师的论据涉及的是"高于亚洲其他国家的肺癌病人的平均生存年限"，结论涉及的是"延长肺癌病人生命方面高于亚洲的其他国家"，"高于平均值"显然不等于"高于每个值"，故 E 项正确。

A 项，一些发展中国家的肺癌患者"死于由肺癌引起的并发症"，这说明他们的死因还是与"肺癌"有关，不能作为反例削弱题干。(干扰项·不当反例)

B 项，无关选项，题干仅涉及"肺癌病人平均生存年限"，不涉及"平均寿命"。(干扰项·偷换论证对象)

C 项，无关选项，题干仅涉及"肺癌"，不涉及"胰腺癌"。(干扰项·偷换论证对象)

D 项，无关选项，题干不涉及日本医疗技术发展的"原因"。(干扰项·转移论题)

17. C

本题的问题是"以下哪项如果为真，最能反驳上述科学家的观点"，故定位关键句"据此，许多科学家认为"，可知此前是论据，此后是论点。

故科学家的论证结构为：天文观察发现，大多数星系都有红移现象，而且，星系距离地球越远，红移越大，因此，宇宙一定在不断膨胀。

题干论据中的论证对象是"天文观察发现，大多数星系"，结论的论证对象是"宇宙"，前者是后者的子集，故此题是归纳论证模型，指出样本没有代表性即可削弱。

A 项，个别蓝移的天体不能反驳"大多数"星系有红移现象。(干扰项·不当反例之有的不)

B 项，无关选项，地球是否位于宇宙的中心，不影响宇宙是否膨胀。

C 项，指出人们所能观察的星体可能不足真实宇宙的百分之一，那么通过天文观察发现的星系，就不能代表整个宇宙，削弱题干。

D 项，说明题干观察到的现象是正确的，支持题干。

E 项，由题干的背景信息可知，有两种可能的原因导致红移，即"物体远离地球"和"粒子变轻"，此项排除"粒子变轻"这种可能，从而肯定"物体远离地球"这种可能，故此项支持题干。

18. B

题干中出现两组对象的对比：

火龙公司的工资与利润挂钩：劳动生产率高；

其他子公司的工资不与利润挂钩：平均劳动生产率低；

所以，宏达山钢铁公司实行工资与利润挂钩的工资制度可以提高劳动生产率。

此题是对比实验(求异法)模型。只要指出有其他导致结果差异的因素，即可削弱题干。

A 项，说明火龙公司采取与利润挂钩的工资制度，有助于吸引人才，从而提高劳动生产率，支持题干。

B 项，说明火龙公司劳动生产率高的原因可能是"先进技术装备"的使用，而不是"与利润挂钩的工资制度"，另有差因，削弱题干。

C 项，无关选项，题干仅讨论了"去年"的情况，因此，公司成立了三年还是十年，不影响题干的论证。(干扰项·转移论题)

D项，红塔钢铁公司去年也实行了与利润挂钩的工资制度（有因），但劳动生产率没有明显提高（无果），但是，此项的论证对象是"红塔钢铁公司"，而题干的论证对象是"宏达山钢铁公司"，论证对象不同，削弱力度较小。

E项，题干说火龙公司的劳动生产率比其他子公司的"平均"劳动生产率高，并不排除有子公司比火龙公司的劳动生产率高，因此，此项不能削弱题干。（干扰项·不当反例）

19. C

[论证结构] 锁定关键词"这说明"，可知此前是论据，此后是论点。

题干：糖尿病患者中，年轻人不到 10％，其中 70％为肥胖者 $\xrightarrow[\text{证明}]{}$ 肥胖将极大地增加患糖尿病的危险。

[秒杀思路] 题干的论据是：A（肥胖）在 B（糖尿病）中的所占百分比高；题干的结论是：A（肥胖）与 B（糖尿病）存在因果关系。选项中也出现百分比，因此，此题是百分比对比模型。可使用秒杀口诀"同比削弱，差比加强"。

[选项详解] A项，无关选项，题干讨论的是"糖尿病"，此项讨论的是"心血管疾病"。（干扰项·偷换论证对象）

C项，题干指出"糖尿病患者中，年轻人不到 10％，其中 70％为肥胖者"，如果我们假定年轻人与中老年人的肥胖率相当，那么，糖尿病患者中的中老年肥胖者应该在（1－10％）×70％＝63％左右。此项指出"肥胖者在该国中老年人中所占的比例超过 60％"，与"63％"相当，根据口诀"同比削弱，差比加强"可知此项削弱题干。

B、D、E项，均为无关选项，这三项都比较了"2004 年"与"1994 年"的情况，但题干仅讨论 2004 年的情况。（干扰项·无关新比较）

20. E

[论证结构] 锁定关键词"因为"，可知后面是论据，而前面"这种说法（海豹导致了鳕鱼的减少）难以成立"是论点。

题干：海豹很少以鳕鱼为食 $\xrightarrow[\text{证明}]{}$ 不是海豹导致了鳕鱼的减少。

[秒杀思路] 题干的结论是"不是"海豹导致了鳕鱼的减少，我们就要指出"是"海豹导致了鳕鱼的减少。

[选项详解] A项，说明可能是海水污染造成鳕鱼的减少，有助于说明"不是"海豹导致了鳕鱼的减少，支持题干。

B项，无关选项，题干不涉及"海豹的数量"与"鳕鱼的数量"的比较。（干扰项·无关新比较）

C项，在海豹数量增加以前（无因），鳕鱼数量就已经减少了（有果），说明确实不是海豹的原因，支持题干。

D项，说明海豹和鳕鱼生活在不同的海域，因而不可能是海豹导致了鳕鱼的减少，支持题干。

E项，此项说明海豹和鳕鱼之间存在食物竞争关系，那么海豹数量的增加，可能会导致鳕鱼的食物变少，从而引起鳕鱼数量的减少，削弱题干。

21. C

[论证结构] 锁定关键词"因此"，可知此前是论据，此后是论点。

题干：①被疟原虫寄生的红细胞在人体内的存在时间不会超过 120 天；②疟原虫不可能从

一个它所寄生衰亡的红细胞进入一个新生的红细胞$\xrightarrow[\text{证明}]{}$一个疟疾患者在进入了一个绝对不会再被疟蚊叮咬的地方 120 天后仍然周期性高烧不退，则这种高烧不会是由疟原虫引起的。

 题干的结论是高烧"不是"由疟原虫引起的，我们就要指出高烧"是"由疟原虫引起的。

 A项，题干不涉及"疟原虫引起的高烧"和"感冒病毒引起的高烧"的区别。（干扰项·无关新比较）

B项，题干不涉及"携带疟原虫的疟蚊"和"普通的蚊子"的区别。（干扰项·无关新比较）

C项，说明如果一个疟疾患者在进入了一个绝对不会再被疟蚊叮咬的地方 120 天后仍然周期性高烧不退，那么，这种高烧仍然可能是由进入人的脾脏细胞的疟原虫引起的，削弱题干。

D项，无关选项，题干只涉及"周期性高烧"，不涉及其他症状。（干扰项·偷换论证对象）

E项，无关选项，题干不涉及疟原虫是否"只能"在人的细胞内及疟蚊体内生存。（干扰项·转移论题）

22. C

 题干先说了一种印象，然后指出"这种印象是不正确的"，并说明为什么这种印象不正确。故此题的论点是"这种印象（奥运比赛更容易造成运动员受伤）是不正确的"，后文是论据。

题干：两周中奥运会上运动员的受伤事故和同一个时间段发生在世界各地的运动员受伤乃至致残事故比起来，在数量上微乎其微$\xrightarrow[\text{证明}]{}$奥运比赛更容易造成运动员受伤的印象不正确。

 题干的论据是"数量"，结论是对一个事物的"评价"，评价是否更容易受伤应该用"受伤率"而不应该用"受伤数"，故此题是数量比率模型。

根据公式：

$$奥运会运动员的受伤率=\frac{奥运会运动员的受伤人数}{奥运会运动员的总数}。$$

可知，只要说明奥运会运动员的总数少，即可说明奥运会运动员的受伤率高，从而削弱题干。

 A项，此题中，刘翔的故事只是引出话题，并不是题干的论据，而且个人的情况无也法说明所有运动员的受伤率情况。（干扰项·不当反例）

B项，无关选项，题干比较的是"奥运会运动员和普通运动员"哪个更容易受伤，而此项是现在的奥运会和过去的奥运会的比较。（干扰项·无关新比较）

C项，此项指出运动员中只有极小一部分参加奥运会比赛，也就是说参加奥运会的运动员的总数少，故削弱题干。

D项，此项说明参加奥运会确实容易受伤，削弱题干的论点，但要注意，此题要求削弱题干的"论证"，但此项并没有涉及题干的论证关系，故此项不如 C 项好。

E项，支持题干，说明参加奥运会的运动员的保护措施好，不容易受伤。

23. D

 锁定关键词"因此"，可知此前是论据，此后是论点。

程老师：在工程设计中，用于解决数学问题的计算机程序越来越多了，这样就不必要求工程技术类大学生对基础数学有深刻的理解 $\xrightarrow{\text{证明}}$ 在未来的教学体系中，基础数学课程可以用其他重要的工程类课程替代。

论据有关键词"不必"，我们可以用"有必要"对论据进行削弱。

论点有关键词"可以替代"，我们可以用"不能替代"对论点进行削弱。

Ⅰ项，工程类基础课程中已经包含了相关的基础数学内容，那么基础数学课程就没必要开了（即可以被其他重要的工程类课程替代），支持题干。

Ⅱ、Ⅲ项，指出了基础数学课程的重要性，说明基础数学课程不能被替代，削弱题干。

故 D 项正确。

24. E

锁定关键词"为保证"，可知此题是措施目的模型。

题干：企业为保证用工（目的）必须提高工人的工资水平和福利待遇，从而增加劳动力成本在生产总成本中的比重（措施）。

另外题干中出现绝对化词"必须"，我们指出"不必"如此，用其他措施也可以达到目的，即可削弱题干。

A项，无关选项，"养老金短缺问题"与题干无关。

B项，措施有副作用，可以削弱题干，但力度弱。

C项，"正在研究"说明政策尚未实施，不能解决当前的用工问题，故此项不能削弱题干。

D项，无关选项，题干涉及的是"用工成本"，此项涉及的是"生产成本"。（干扰项·偷换论证对象）

E项，可以用增加机器人的方式解决用工问题，说明提高工人的工资和福利待遇不是必须的，削弱题干。

25. D

锁定关键词"以此来"，可知前面是措施，后面是目的。

题干：京华大学的管理者计划卖掉他们所有的专利给企业（措施）$\xrightarrow{\text{以求}}$ 获得资金，改善该校本科生的教育条件（目的）。

对于措施目的模型的题目，常用的削弱方法有：（1）措施不可行；（2）措施达不到目的；（3）措施弊大于利。

A项，说明京华大学将有更多的资金进行专利研究，支持题干。

B项，"减免税收"是京华大学卖掉专利的利好条件，支持题干。

C项，无关选项，题干不涉及"本科生教育"问题。

D项，如果企业已经拥有类似专利，则他们不会购买学校的专利，措施不可行，削弱题干。

E项，无关选项，题干中的措施是"卖掉他们所有的专利给企业"，而不是"研发新的专利"，故不需要吸引企业对其研究投资。

26. E

锁定关键词"造成""引起的"，可知题干是现象分析型结构。

题干：沙尘暴是由气候干旱造成草原退化、沙化而引起的，是天灾，因此是不可避免的。

题干存在一个递进式的因果关系，即：气候干旱（因）$\xrightarrow{\text{导致}}$ 草原退化、沙化（果）$\xrightarrow{\text{导致}}$ 内

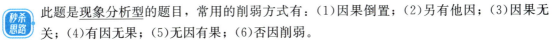

蒙古地区出现沙尘暴(果)。

秒杀思路 此题是现象分析型的题目,常用的削弱方式有:(1)因果倒置;(2)另有他因;(3)因果无关;(4)有因无果;(5)无因有果;(6)否因削弱。

选项详解 A、D项,说明草原退化是因为人祸,而非天灾,可以削弱题干。

B、C项,与内蒙古相邻的蒙古国在气候上具备一定的类似性(有因),但草没有出现退化(无果),可以削弱。

E项,不能削弱,此项只描述了现在草原退化的状况,但不涉及草原退化的原因。

27. C

论证结构 本题没有明显的论证结构提示词。但根据题干的问题中的"该保护手套的作用",即可锁定此题是措施目的的模型,题干中的"作用"其实就是目的。

题干:使用完全套至指根的保护手套(措施)——以求→防止指根随着伤势的愈合黏结起来,以免再次手术(目的)。

秒杀思路 题干为了解决手指指根部分黏结问题,使用了一个新的办法(使用完全套至指根的保护手套),故此题是措施目的模型,优先考虑措施不可行、措施达不到目的、措施弊大于利和措施有副作用。

选项详解 A项,由题干无法得知新手套的透气性如何,如果新手套的透气性好则支持题干,如果新手套的透气性差则削弱题干。(干扰项·两可选项)

B、D项,均说明实施此措施有一些困难之处,但不代表无法实施,故不能削弱题干。(干扰项·存在难度)

C项,措施有副作用,说明使用此手套会对手指造成新的伤害,削弱题干。

E项,无关选项,题干只涉及手指的保护,没有涉及脚趾。(干扰项·偷换论证对象)

28. A

论证结构 锁定关键词"据此认为"和"引起的",可知此前是论据,此后是论点。

媒体:北大干部子女的比例从20世纪80年代的20%以上增至1997年的近40%,超过工人、农民和专业技术人员子女——证明→北大学生中干部子女比例20年来不断攀升,远超其他阶层。

秒杀思路 此题的论据是"比率",结论也是"比率",所以此题不是数量比率模型。

选项详解 A项,企业干部的子女原来不属于干部子女,现在属于干部子女,那就说明是统计标准的变化导致题干中的比例变化,削弱题干。

B项,无关选项,题干不涉及国内与国外的比较。(干扰项·无关新比较)

C项,工农子女"越来越多"指的是数量,不能直接削弱比例。

D项,无关选项,"农民子女"变成了"工人子女",并不影响"干部子女"的比例。(干扰项·偷换论证对象)

E项,无关选项,题干的论证不涉及"美国"的情况。(干扰项·偷换论证对象)

29. B

论证结构 锁定关键词"因此",可知此前是论据,此后是论点。

题干:①利兹鱼与鲸鲨体形相当。②利兹鱼的平均寿命为40年左右,而鲸鲨的平均寿命约为 70 年 ————→ 利兹鱼的生长速度很可能超过鲸鲨。
　　　　　证明

 生长速度是个"比率"，即：

$$生长速度 = \frac{体型}{生长时间}。$$

在体型相当（分子相同）的情况下，要削弱题干，需要指出二者虽然年龄不同，但生长时间（分母）相同。

 A 项，二者的生长速度不会有"大的差异"，可以反驳二者的生长速度差异大，但不能反驳利兹鱼的生长速度"超过"鲸鲨。

B 项，削弱题干，指出二者的生长时间是相同的（即分母也相同），所以生长速度也应该是相同的。

C 项，不能削弱题干，因为我们并不能确定题干中两种鱼的"幼年、成年、中老年"时间是多长，因此就无法计算生长速度。

D 项，无关选项，题干不涉及侏罗纪时期的鱼类和现代鱼类之间的比较。（干扰项·无关新比较）

E 项，无关选项，题干不涉及远古时期的海洋环境和今天的海洋环境之间的比较。（干扰项·无关新比较）

30. D

 锁定关键词"因此"，可知此前是论据，此后是论点。

题干：①衡量一项社会改革措施是否成功，要看社会成员的幸福感总量是否增加；②新推出的福利改革措施增加了公务员的幸福感总量 ————→ 这项改革措施是成功的。
　　　　　　　　　　　　　　　　　　　　　　　　　　　　　　　　　　证明

 社会改革措施是否成功的标准是"社会成员的幸福感总量"，但新推出的福利改革措施增加的是"公务员的幸福感总量"，因此，题干的论据存在以偏概全的逻辑错误。

 A 项，"并没有增加 S 市所有公务员的幸福感"，等价于"有的 S 市公务员的幸福感没有提高"，这并不能削弱 S 市公务员的"幸福感总量"增加了。（干扰项·不当反例之有的不）

B 项，无关选项，题干不涉及公务员占社会成员的比例，而且即使公务员的比例小，如果其他社会成员的幸福感不变，那么提高公务员的幸福感总量也可以提高全社会的幸福感总量，故此项不能削弱题干。（干扰项·无关新比例）

C 项，由此项无法确定"民营企业人员幸福感的减小值"与"公务员幸福感的增加值"的大小，如果前者大，则可能使全体社会成员的幸福感总量下降；反之，则可能使全体社会成员的幸福感总量增加，故此项不能削弱题干。（干扰项·两可选项）

D 项，由论据①可知，衡量一项社会改革措施是否成功，要看"社会成员的幸福感总量"。若此项为真，则说明该项改革措施失败，削弱题干。

E 项，无关选项，该项措施是否引起争议与该项措施是否提高了社会成员的幸福感总量无关。

专项训练6 支持题

1. A

 锁定关键词"主要原因",可知此前是现象,此后是原因。

题干:壳牌石油公司连续三年在全球500家最大公司净利润总额排名中位列第一(现象),其主要原因是该公司比其他公司有更多的国际业务(原因)。

 此题是现象分析型的题目,常用四种方法支持:(1)因果相关;(2)排除他因;(3)无因无果;(4)并非因果倒置。

 A项,没有"更多的国际业务"的公司(无因),净利润总额少(无果),根据求异法的原理,可知"无因无果"可以支持题干。

B项,无关选项,题干仅涉及"近三年"的情况,不涉及"历史上"的情况。

C项,偷换概念,由"努力走向国际化"无法确定这些公司"国际业务"的多少。

D项,无关选项,题干不涉及石油和成品油的"价格"。

E项,无关选项,题干不涉及壳牌石油公司是哪个国家的公司。

2. C

 锁定关键词"这说明",可知此前是论据,此后是论点。

专家:近八成的糖尿病患者<u>不重视血糖监测</u> —证明→ <u>大部分患者还不知道应该如何管理糖尿病</u>。

 题干论据与论点的主语(论证对象)相同,但谓语部分不同,可使用搭桥法解题。

 A、B、E项均说明了"血糖"监测的好处,但均不涉及管理"糖尿病",故支持力度小。

C项,不重视血糖监测→不能对糖尿病进行有效的管理,故C项若为真,专家的意见一定为真,是最强的支持。

D项,重视血糖监测→能对糖尿病进行有效的管理,题干中"重视血糖监测"是必要条件,而此项是充分条件,故不能支持题干。

3. A

 锁定关键词"因此",可知此前是论据,此后是论点。锁定关键词"导致",可知此题论点中有因果关系。

题干:①体内不产生P450物质的人与产生P450物质的人比较,前者患帕金森氏综合征的可能性三倍于后者;②P450物质可保护脑部组织不受有毒化学物质的侵害 —证明→ 有毒化学物质可能导致帕金森氏综合征。

 题干论据①出现两组对比,可知此题是求异法模型。论点中出现"导致"一词,可知题干中"有毒化学物质"是原因。

 A项,指出P450物质除了保护脑部组织不受有毒化学物质的侵害外没有其他作用,这就排除了P450物质的其他作用减少了帕金森氏综合征发病率的可能,排除他因,支持题干。

B项,另有他因,说明可能因为缺乏"某些其他物质"才导致帕金森氏综合征,而不是缺乏P450物质,削弱题干。

C项,无关选项,因为题干并没有说患帕金森氏综合征的人不产生P450物质,只是说不

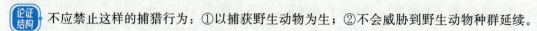

产生 P450 物质的人患帕金森氏综合征的可能性更大。(干扰项·偷换论证对象)

D 项,无关选项,"多乙胺"的作用与"P450 物质"无关。(干扰项·偷换论证对象)

E 项,无关选项,"合成 P450 物质"的用途与"P450 物质"的作用无关。

4. E

【论证结构】不应禁止这样的捕猎行为:①以捕获野生动物为生;②不会威胁到野生动物种群延续。

【秒杀思路】此题仅仅是提出了一种观点,让我们找论据支持这种观点。此题中无明显的命题模型,后文中,如果题干中无明显命题模型的,就不再写"秒杀思路"部分。

【选项详解】A 项,题干不涉及"以营利为目的"的捕猎行为,不能支持题干。

B 项,此项中的行为不符合题干中的要点①,不能支持题干。

C 项,牛羊不是野生动物,不符合题干中的要点①,不能支持题干。

D 项,此项无法确定人类是否"以猎杀大象为生",故不符合题干中的要点①,不能支持题干。

E 项,符合题干中的两个要点,为题干提供例证,支持题干。

5. D

【论证结构】锁定关键词"可见",可知此前是论据,此后是论点。

题干:有时候,一个人不能精确地解释一个抽象词语的含义,却能十分恰当地使用这个词语进行语言表达————→理解一个词语并非一定依赖于对这个词语的含义作出精确的解释。(证明)

【秒杀思路】题干论据中的"十分恰当地使用这个词语进行语言表达"(下文简称使用)与结论中的"理解一个词语"(下文简称理解)不一致,可使用搭桥法解题。

【选项详解】A 项,无关选项,题干没有讨论解释抽象词语的难易程度。(干扰项·转移论题)

B 项,此项搭的是"解释"与"理解"的桥,而不是"使用"与"理解"的桥,排除此项。

C 项,无关选项,题干不涉及"其他人"。(干扰项·偷换论证对象)

D 项,使用→理解,支持题干。

E 项,无关选项,题干仅讨论"抽象词语",不涉及"非抽象词语"。(干扰项·偷换论证对象)

6. D

【论证结构】题干中存在两组对象的比较:

实验组:强制戒烟,平均体重增加了 10%;

对照组:不戒烟,平均体重基本不变;

故,戒烟导致体重增加。

【秒杀思路】题干中出现两组对比,可知此题是求异法模型。考虑"排除其他差异因素"进行支持。

【选项详解】A 项,题干讨论的是平均体重增加的"比例",所以与平均体重是否相同无关。

B 项,此实验考查的是"平均体重"的增加比例,人数是否相等不影响平均体重。

C 项,可能影响体重变化的生存条件基本相同,不一定保证实验中无其他差异因素,比如:摄入等量的食物(如每顿 3 个包子),可能会使一个体重 100 公斤的人体重减少,却使另外一个体重 50 公斤的人体重增加,这样,在相同的生存条件下,对体重产生了不同的影响,即另有其他因素导致体重增加,未必是戒烟引起的,所以 C 项不能支持题干。

D项，可能影响体重变化的生存条件基本"保持不变"，这就说明没有其他因素影响体重，支持题干。

E项，试图用著名"专家"支持观点，诉诸权威。

7. B

论证结构

锁定关键词"因此"，可知此前是论据，此后是论点。

题干：①昆虫是通过它们身体上的气孔系统来"呼吸"的。②在目前大气的氧气含量水平下，气孔系统的总长度已经达到极限；若总长度超过这个极限，供氧的能力就会不足———→证明→氧气含量的多少可以决定昆虫的形体大小。

秒杀思路

观察选项，可见多个选项中出现对照组，可知此题是通过构造对比实验来支持题干。

选项详解

A项，无关选项，题干的论证对象是"昆虫"，此项是"海洋中的无脊椎动物"。（干扰项·偷换论证对象）

B项，此项说明地球的氧气浓度比现在高时，昆虫的形体比现在大，即通过两组对比支持题干。

C项，无关选项，题干比较是同种昆虫在不同氧气浓度下的体形大小（成年以后），而此项是"小蝗虫"与"成年蝗虫"的比较。（干扰项·无关新比较）

D项，不能支持题干，此项有两个差异因素"氧气含量高"和"气压高"，使用求异法要保证只有一个差异因素。

E项，无关选项，题干只涉及"昆虫"，此项涉及"动物"。（干扰项·偷换论证对象）

8. A

论证结构

锁定关键词"这说明"，可知此前是论据，此后是论点。

题干：某小区安装多功能防盗系统后，盗窃事件发生率下降———→证明→多功能防盗系统对防止盗窃事件有作用。

秒杀思路

题干出现安装多功能防盗系统前后的对比，可知此题考查的是求异法。

选项详解

A项，题干中的小区安装了多功能防盗系统后，盗窃事件发生率下降，而此项指出其他小区的盗窃事件有显著增加，与题干形成对照组，证明多功能防盗系统有作用，支持题干。

B项，另一个居民小区也安装了这种多功能防盗系统（有因），但效果不佳（无果），削弱题干。

C项，指出盗窃事件减少有其他的可能性：加强了治安管理，另有他因，削弱题干。

D项，无关选项，题干的论证与"其他措施"无关。

E项，无关选项，"获奖"并不能证明"有效"。

9. E

论证结构

注意，此题要支持的是"研究人员的结论"，而不是支持整段话。研究人员的结论是破折号中间的部分，即：对抗性运动鼓励和培养运动的参与者变得怀有敌意和具有攻击性。

秒杀思路

对抗性运动让参与者变得怀有敌意和具有攻击性，说明此题是前因后果型的题目。

A项，不是橄榄球运动让人有攻击性，而是有攻击性才能成为橄榄球运动员，说明研究人员因果倒置，削弱其结论。

B项，无法确定"是否知情"对攻击性的影响，故此项不能很好地削弱研究人员的结论。

C项，无关选项，研究人员的结论不涉及"协作"问题。（干扰项·转移论题）

D项，无关选项，研究人员的实验是两组对比实验，不要求有人同时参加两种运动。

E项，通过求异法，说明参加橄榄球和曲棍球运动比赛导致运动员更怀有敌意和具有攻击性，而参加游泳的运动员无论是否为比赛季都没有变化，从而支持了研究人员的论证。

10. B

锁定关键词"这个结果表明"，可知此前是论据，此后是论点。

题干：医院的研究表明，酒后立即被询问的对象往往低估他们恢复驾驶能力所需要的时间
————➤在驾驶前饮酒的人很难遵循广告中"感到能安全驾驶的时候才开车"的建议。
   证明

题干根据在医院做的一项研究的样本情况，得出一个针对"所有在驾驶前饮酒的人"的结论，可知此题为归纳论证模型，需要指出样本具有代表性。

A项，无关选项，题干的论证只涉及"驾驶前饮酒的人"，不涉及"喝酒后由别人送回家的人"。（干扰项·偷换论证对象）

B项，此项说明医院的研究对象是更加保守的人，他们会低估恢复驾驶能力所需要的时间，那么，其他驾驶前饮酒的人就会更加低估恢复驾驶能力所需要的时间了。说明医院的调查对象有代表性，支持题干。

C项，无关选项，题干的论证只涉及"驾驶前饮酒的人"，不涉及"不喝酒的人"。（干扰项·偷换论证对象）

D项，无关选项，"对安全驾驶不起重要作用的能力"当然和安全驾驶是无关的。

E项，无关选项，题干的论据是医院的"研究"，而不是"公益广告"。

11. C

甲：抽烟对你（乙）的身体有害。

乙：我这样抽烟已经 15 年了，但并没有患肺癌，因此，抽烟对自己的身体无害。

乙的论据是"没有患肺癌"，而结论是"无害"，前者是后者的子集，故乙犯了以偏概全的逻辑错误。此题要支持甲，其实就是要削弱乙。

A项，无关选项，甲的讨论只涉及对"健康"的影响，不涉及对"家庭"的影响。（干扰项·转移论题）

B项，无关选项，甲的讨论只涉及对"你（乙）"的健康的影响，不涉及"其他人"。（干扰项·偷换论证对象）

C项，支持甲的意见，说明除了肺癌外，抽烟可能对乙的健康造成其他影响。

D项，无关选项，甲的讨论不涉及"烟瘾"问题。（干扰项·转移论题）

E项，无关选项，甲的讨论不涉及不同香烟的比较。（干扰项·无关新比较）

12. B

题干中有关键句"还可能与基因不同有关"，可知题干中存在现象分析。但是，本题并没有在这个角度命题，而是问"以下哪项最能支持该研究成果应用于慢性疲劳综合征的诊断和治疗"。要将成果"应用于治疗"，说明此题是措施目的模型。

格拉斯哥大学的研究成果：慢性疲劳综合征患者的基因与健康人的基因有差别。

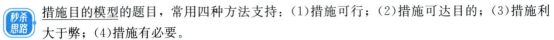

需要支持的是：该研究成果可应用于慢性疲劳综合征的诊断和治疗。

措施目的模型的题目，常用四种方法支持：(1)措施可行；(2)措施可达目的；(3)措施利大于弊；(4)措施有必要。

A项，无关选项，"一些疾病"与"慢性疲劳综合征"无关。

B项，科学家们鉴别出了导致慢性疲劳综合征的基因，那么就可以通过鉴别这一基因进行诊断，进而有可能进行治疗，说明措施可以达到目的，支持题干。

C项，目前尚无诊断和治疗慢性疲劳综合征的"方法"，与题干中的新的研究成果是否"有效"无关，无关选项。

D项，慢性疲劳综合征患者身上有一种独特的基因，说明可以通过这种独特基因来识别慢性疲劳综合征患者，但是，B项直接找到了致病基因，而此项中的独特基因则不一定是致病基因，故此项支持力度不如B项。

E项，无关选项，"治疗慢性疲劳综合征的药品"与题干中的"基因"无关。

13. C

锁定关键词"这个结果表明"，可知此前是论据，此后是论点。

题干：若有一次厌食，就会对有特殊味道的食物持续产生强烈厌恶(原因)——导致→小孩更易于对某些食物产生强烈的厌恶(结果)。

锁定"解释"二字，可知此题为找原因模型。常用的支持方法有：(1)排除他因；(2)因果相关；(3)并非因果倒置；(4)无因无果。

A项，此项有助于说明小孩的食物中令其厌食的种类会更多，但无法说明为什么小孩对"某些食物"的厌恶比成年人更强烈。(干扰项·无关新比较)

B项，无关选项，题干的解释是"若有一次厌食"，说明这种食物是吃过的，而此项是"未尝过的食物"。(干扰项·偷换论证对象)

C项，由于小孩的嗅觉和味觉更加敏锐，所以他们对特殊味道的食物更加厌恶，因果相关，支持题干。

D项，不能支持，因为题干中表示，"不管这种食物是否会对身体有利"都会产生厌食，因此厌食与否和具有健康知识的多少没有关系。

E项，无关选项，题干不涉及厌食持续时间长短的比较。(干扰项·无关新比较)

14. E

题干：有两种误判影响司法公正：肯定性误判(错判)、否定性误判(错放)。但法学家认为，目前，衡量法院是否公正，只需要看它的肯定性误判率(错判)。

当有两种影响因素时，排除其中一种的影响，即可确定另外一种的影响，故此题考查的是选言论证(排除法)。

A、C项，说明错放的危害不如错判大，但错放仍然有危害，故不能得出"只需要看它的肯定性误判率(即错判)"的结论。

B项，说明不应该"宁可错判，不可错放"，但与法学家的结论无关。

D项，无关选项，办案正确率普遍有提高，是现在与过去的比较，题干不涉及这样的比较。(干扰项·无关新比较)

E项，指出各个法院的否定性误判率基本相同，即排除错放的影响，故只需要考虑错判。支持法学家的观点。

15. E

锁定关键词"因此"，可知此前是论据，此后是论点。

题干的论据：

①蜘蛛通过改变自身颜色和所寄住的花的颜色相匹配。

②蜘蛛的捕食对象（昆虫）能够轻易识破经过颜色伪装的蜘蛛，这与人类不同，即人类无法轻易识破经过颜色伪装的蜘蛛。

题干的结论：蜘蛛伪装自己是为了躲避天敌。

蜘蛛伪装自己有两种可能："迷惑自己的捕食对象昆虫"和"躲避自己的天敌"，题干通过排除一种可能，肯定另外一种可能，使用的是选言论证（排除法）。

A项，说明蜘蛛在颜色上的伪装对于蝙蝠来说是没有用的，即说明蜘蛛伪装自己不是为了躲避天敌，削弱题干。

B项，无关选项，题干的论证不涉及"毒液"。（干扰项·转移论题）

C项，无关选项，题干不涉及"自身会变颜色的蜘蛛"与"缺少此能力的蜘蛛"的比较。（干扰项·无关新比较）

D项，无关选项，题干的论证不涉及"蛛网"。（干扰项·转移论题）

E项，说明蜘蛛的天敌鸟类与人类一样，无法分辨蜘蛛的伪装，故支持题干。

16. E

题干：调查表明，最近几年来，成年人中患肺结核的病例逐年减少。但是，据此还不能得出肺结核发病率逐年下降的结论。

题干中"但是"前面说的是"病例减少（数量）"，"但是"后面说的是"发病率"，故此题是量率模型。另外，题干的论据仅涉及"成年人"，而结论中的"发病率"指的是所有人的发病率，故此题也是归纳论证模型。

A项，说明题干中的调查存在问题，支持题干的结论。但是，农村中肺结核的发病情况既然缺少准确的统计，也就有可能高也有可能低，因此，支持力度弱。

B项，无关选项，题干仅涉及"发病"不涉及"治疗"。（干扰项·转移论题）

C项，无关选项，题干不涉及与"心血管病、肿瘤病"的比较。（干扰项·无关新比较）

D项，防治肺结核病的医疗条件有改善，有助于说明肺结核病的发病率下降，削弱题干。

E项，指出"未成年人"的发病率上升，因此不能依据"成年人"的发病率下降得到所有人的发病率下降的结论，支持题干。

17. B

锁定关键词"因此"，可知此前是论据，此后是论点。

题干：①顾客仅在使用软件有困难时才打电话；②威尔收到的热线电话比埃克斯收到的热线电话多四倍 ——证明——> 威尔的字处理软件一定比埃克斯的字处理软件难用。

题干通过投诉电话"数量"得出两家公司的字处理软件的"评价"，故此题是量率模型。指出威尔的字处理软件的投诉率更低，即可削弱题干；指出威尔的字处理软件的投诉率更高，则可支持题干。

A项，无关选项，热线电话的时间长短与投诉率无关。（干扰项·无关新比较）

B项，埃克斯的顾客数更多，但投诉数却更少，说明埃克斯的顾客投诉率更低，即威尔的顾客投诉率更高，支持题干。

C项，说明埃克斯收到的投诉电话虽然少，但收到的投诉信却更多，那就说明可能是埃克斯的字处理软件更难用，削弱题干。

D项，无关选项，"逐渐上升"是现在和过去的比较，但题干不涉及这样的比较。（干扰项·无关新比较）

E项，说明威尔收到的热线电话更多可能是因为其热线电话的号码更公开，另有他因，削弱题干。

18. E

 锁定关键词"因此推测"，可知此前是论据，此后是论点。

专家的论据：

①经A省的防疫部门检测，在该省境内接受检疫的长尾猴中，有1%感染上了狂犬病。

②只有与人及其宠物有接触的长尾猴才接受检疫。

专家的结论：

该省长尾猴中感染有狂犬病的比例，将大大小于1%。

论据中检查的对象是"与人及其宠物有接触的长尾猴"，结论的对象是"该省长尾猴"，前者是后者的子集，故此题是归纳论证模型。

A项，说明专家的样本仅点总数的10%，样本可能没有代表性，削弱题干。

B项，无关选项，题干讨论的是"长尾猴"，此项讨论的是"宠物"。（干扰项·偷换论证对象）

C项，无关选项，题干讨论的是"A省"，此项讨论的是"B省"。（干扰项·偷换论证对象）

D项，无关选项，题干不涉及"人"与"人的宠物"之间的比较。（干扰项·无关新比较）

E项，说明"与人及其宠物有接触的长尾猴患病率"比普通的长尾猴患病率高，那么，既然前者的发病率为1%，则后者的发病率小于1%，故支持题干。

19. B

 待削弱的假设①（陆路）：亚洲人是跨越14 000年以前还连接着北美洲和亚洲、后来沉入海底的陆地进入北美洲的，在艰难的迁徙途中，他们靠捕猎沿途陆地上的动物为食。

待支持的假设②（水路）：亚洲人是划船沿着上述陆地的南部海岸，沿途以鱼和海洋生物为食而进入北美洲的。

 题干中有两个假设，否定一个可肯定另外一个，故此题考查的是选言论证。

 A项，说明亚洲人主要以捕猎陆地上的动物为生，支持假设①。

B项，假设①认为"迁徙者是以沿途陆地上的动物为食"，B项说明沿途陆地上没有动物，即削弱假设①，从而肯定假设②，故此项是正确选项。

C项，无关选项，题干的论证不涉及"亚洲文化"和"北美洲文化"的比较。

D、E项，均没有涉及迁徙，显然是无关选项。

20. A

 锁定关键词"因为"，可知此后是论据，此前是论点。

董事会认为：①灰狼不会对游客造成危害，②也不会对公园中的其他野生动物造成危害。因此，董事会决定引进灰狼。

A项，作为灰狼食物的山羊、兔子等和其他野生动物一起出没，使得灰狼在捕食时会对其他野生动物造成危害，削弱董事会的论据②。

B、C 项，说明游客不会受到灰狼的攻击，支持董事会的论据①。

D 项，此项表面上看起来"伤害"了麋鹿，但实际上对于麋鹿种群是有利的，因此支持董事会的论据②。

E 项，说明游客和野生动物不会受到灰狼的伤害，支持董事会的论据①、②。

21. B

论证结构 传统观点：古埃及木乃伊中，有相当高的比例可以发现患关节尿酸炎的痕迹，因此，关节尿酸炎曾在 2 500 年前的古埃及流行。

题干的观点：木乃伊所显示的关节损害实际上是对尸体进行防腐处理时所使用的化学物质引起的——证明→关节尿酸炎没有在 2 500 年前的古埃及流行。

秒杀思路 题干的质疑手法是<u>另有他因</u>。即，是对尸体进行防腐处理导致了木乃伊的关节损害，而不是关节尿酸炎。注意此题要求"加强题干对传统观点的质疑"，即选择支持题干的观点、削弱传统观点的项。

选项详解 A 项，无关选项，我国的情况与古埃及的情况无关。（干扰项·偷换论证对象）

B 项，如果"关节尿酸炎是一种遗传性疾病"，那么假如此病曾在古埃及流行，古埃及人的后代中患这种病的发病率也应该更高才对，但事实并不高，说明此病没有在古埃及流行。支持题干的观点。

C 项，无关选项，科学家是否确定古埃及的防腐技术的化学性质，与这种技术是否会引起关节损伤无关。

D 项，有助于说明古埃及人得过"关节尿酸炎"，支持传统观点，削弱题干的观点。

E 项，题干说的是"有相当高的比例"的古埃及的木乃伊，有关节尿酸炎的痕迹。那么"没有显示患有关节尿酸炎的痕迹"的木乃伊的情况并不能削弱或支持题干。（干扰项·不当反例之有的不）

22. E

论证结构 题干：一般工人从技能的掌握到过时的时间逐渐缩短为 4 年。

问题：采取哪个选项中的措施，能达到"充分地利用工人的技能"的目的。

选项详解 A、B 项，周期太长，不能满足"4 年"这一时间要求。

C、D 项，无法说明如何帮助工人充分利用其技能。

E 项，进行培训，使工人充分利用其技能，措施有效。

23. A

论证结构 题干：在绝大部分出售商品的价格上附加 7% 左右的销售税，说明这种税是违背累进原则的：收入越低，纳税率越高。

秒杀思路 题干中出现"纳税率"一词，可知此题为<u>量率模型</u>。

选项详解 A 项，根据公式：

$$销售税的纳税率 = \frac{纳税额}{总收入} = \frac{购物额 \times 7\%}{总收入}。$$

故，若人们花在购物上的钱基本上是一样的，则上式中的分子"纳税额"基本上是相等的，则分母"总收入"越小，纳税率越大。故此项支持题干。

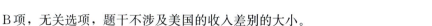

B项，无关选项，题干不涉及美国的收入差别的大小。

C项，无关选项，题干仅讨论"销售税"的纳税率，与低收入者是否有能力缴纳此税无关。

D项，无关选项，售出商品的比例的变动与"销售税"的纳税率无关。

E项，题干仅涉及"有的州"的情况，与此项中的"大多数州"无关。

24. D

 题干：商贸公司计划组织人力，专门收购大北亚航空公司赠送的礼券，再以低于相应的机票标准价出售，从中牟利（即，俗称的"黄牛"）。

问题：采取选项中的哪项措施，可避免商贸公司的行为可能给大北亚航空公司带来的经济损失（即，如何限制"黄牛"）。

 很显然，机票实名制可以限制"黄牛"对机票倒买倒卖的行为，故D项正确。

其余各项均无法限制"黄牛"。

25. A

 "安慰剂效应"的一种解释是：人对于未来的期待会改变大脑的生理状态，进而引起全身的生理变化。

 逻辑题中，出现"解释"二字就是指原因，故此题是<u>找原因模型</u>。常用的支持方法有：（1）排除他因；（2）因果相关；（3）并非因果倒置；（4）无因无果。

 A项，指出安慰剂生效是多种因素共同作用的结果，那就不见得是题干中的原因所致，削弱题干。

B项，丧失了预期未来能力（无因），则安慰剂毫无效果（无果），支持题干。

C项，不相信治疗是有效果的（即没有期待，无因），确实影响治疗效果（无果），支持题干。

D项，例证法，支持题干。

E项，失去了对安慰剂取得疗效的期待（无因），安慰剂也就失去了作用（无果），支持题干。

26. D

 锁定关键词"因此"，可知此前是论据，此后是论点。

题干：<u>精制食糖不是健康食品</u>。因此，<u>喜欢甜味</u>不再是一种对人有益的习性。

 题干的论据涉及"精制食糖"，论点涉及"喜欢甜味"，可使用搭桥法，说明"喜欢甜味"确实会让人选择不健康的"精制食糖"，即可支持题干。故D项正确。

 A项，此项没有指出人在面对甜味时的具体选择，无关选项。

B项，无关选项，题干论证的是"喜欢甜味"是否对人有益，此项论证的是"生吃"和"熟食"的差异。（干扰项·转移论题）

C项，说明一些喜欢甜味的人选择了更加健康的成熟水果，即喜欢甜味对一些人有益，削弱题干。

E项，题干讨论的是现在的人，而此项讨论的是"史前人类"，无关选项。（干扰项·偷换论证对象）

27. C

 锁定关键词"其重要原因是"，可知此前是现象，此后是现象的原因分析。

题干：在法庭的被告中，被指控偷盗、抢劫的定罪率，要远高于被指控贪污、受贿的定罪率（现象）。其重要原因是后者能聘请收费昂贵的私人律师，而前者主要由法庭指定的律师辩护（原因）。

锁定关键词"其重要原因是"，可知此题是找原因模型。常用的支持方法有：（1）排除他因；（2）因果相关；（3）并非因果倒置；（4）无因无果。

 A 项，无关选项，因为题干中的定罪率，是自己与自己比较。例如：

$$抢劫罪的定罪率 = \frac{抢劫罪的被告的定罪人数}{抢劫罪的被告的总人数}。$$

而此项是两类不同的被告之间的比较。

B 项，削弱题干，说明私人律师和法庭指定的律师作用相同。

C 项，排除他因，排除"被指控偷盗、抢劫的被告"的实际犯罪率更高，导致其定罪率更高的可能性，支持题干。

D 项，"一些"被指控偷盗、抢劫的被告，有能力聘请私人律师，不能说明整体情况。

E 项，"司法腐败"导致被指控贪污、受贿的被告定罪率更低，另有他因，削弱题干。

28. C

 题干：力格空调公司的劳动生产率提高了，即在单位时间里，较少的工人生产了较多的产品。

 题干涉及"劳动生产率"，故此题为数量比率模型。

 不妨设 2011 年生产的产品总数为 a，工人数量为 b，则：

$$劳动生产率 = \frac{单位时间内生产的产品总数}{工人数量} = \frac{a}{b}。$$

Ⅰ项，此项涉及的是"利润"，而不是"产品数量"，排除。

Ⅱ项，2020 年的劳动生产率为：$\frac{2a}{b+100}$，无法比较它与 $\frac{a}{b}$ 的大小，故此项不一定能支持结论。

Ⅲ项，2020 年的劳动生产率为：$\frac{2a}{1.1b} > \frac{a}{b}$，故此项一定支持结论。

故 C 项正确。

29. A

 锁定关键词"因此"，可知此前是论据，此后是论点。

题干：80 岁的老人和 30 岁的年轻人在玩麻将时所表现出的理解和记忆能力没有明显差别。因此，认为一个人到了 80 岁理解和记忆能力会显著减退的看法是站不住脚的。

 题干中有两个考点：

（1）题干用"在玩麻将时"所表现出的理解和记忆能力，来代表一个人的理解和记忆能力，那么"玩麻将"必须有代表性。

（2）论据中比较的是"80 岁的老人"和"30 岁的年轻人"，是不同的人之间比较；而结论中"一个人到了 80 岁时"，是自己和自己比较。必须建立两种比较中的联系，题干的论证才能成立。

A 项，由题干知，现在 80 岁的老人 = 现在 30 岁的年轻人。由 A 项知，现在 30 岁的年轻人 > 50 年前的 30 岁的年轻人。从而说明：现在 80 岁的老人 > 50 年前的 30 岁的年轻人。现在 80 岁的老人，正是 50 年前 30 岁的年轻人，这就说明人到了 80 岁的时候，比起年轻时

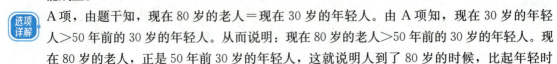

的自己，理解和记忆能力不仅没有减退反而更强了。故此项支持题干。

B项，说明调查对象是"大学教师"，可能难以代表普通人，削弱题干。

C项，试图用"权威部门"证明调查的可靠性，诉诸权威。

D项，无关选项，题干不涉及"记忆能力"与"理解能力"的关系。（干扰项·转移论题）

E项，题干讨论的是"80岁"时的情况，与"120岁"时的情况无关。（干扰项·转移论题）

30. E

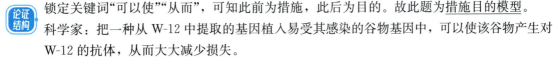

锁定关键词"可以使""从而"，可知此前为措施，此后为目的。故此题为措施目的的模型。

科学家：把一种从W-12中提取的基因植入易受其感染的谷物基因中，可以使该谷物产生对W-12的抗体，从而大大减少损失。

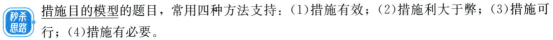

措施目的模型的题目，常用四种方法支持：(1)措施有效；(2)措施利大于弊；(3)措施可行；(4)措施有必要。

A项，说明抗体不仅能使第一种谷物减少损失，还能使第二种谷物减少损失，措施有效，支持题干。

B项，说明抗体能减少谷物病毒的感染性，措施有效，支持题干。

C项，说明抗体不仅能使第一代谷物减少损失，还能使它的后代减少损失，措施有效，支持题干。

D项，说明抗体不仅能使谷物抵抗W-12病毒，还可以使谷物抵抗其他病毒，措施有效，支持题干。

E项，植物通过基因变异获得对某种病毒的抗体的同时，会"改变"其某些生长特性。但要注意"改变"是中性词，可以是好的改变，也可以是坏的改变。故此项不能支持题干。

专项训练 7 假设题

1. D

 锁定关键词"因此"，可知此前是论据，此后是论点。

题干：照相机共拍摄了 50 辆超速汽车的照片，距离 1 公里处的警察测定，共有 25 辆汽车超速 —证明→ 这个警察目测超速汽车的准确率不高于 50%。

 题干以照相机为标准，来判断警察的准确性，必须有两个假设：①照相机拍摄的结果是准确的；②照相机处与警察处通过超速汽车数相同。所以，D 项为必要的假设。

 A、B 项，说明在照相机处与警察处通过的超速汽车数并不相同，削弱题干的隐含假设②。

C、E 项，无关选项，题干判断的是超速汽车，而非"不超速汽车"。

2. E

 锁定关键词"这证明"，可知此前是论据，此后是论点。

题干：在一百万年前的河姆渡氏族公社遗址发现了烧焦的羚羊骨残片 —证明→ 人类在很早的时候就掌握了取火煮食肉类的技术。

 使用搭桥法，搭建"烧焦的羚羊骨残片"与"人类取火煮食"的桥梁即可，故 E 项正确。

 A 项，不必假设"所有人"都掌握了取火的技术，只要有人能掌握即可，假设过度。

B 项，不必假设，"会吃熟肉"并不等于"不吃生肉"，也可能二者都吃。

C 项，无关选项，题干只涉及早期人类是否掌握取火的技术，与是否聚居无关。

D 项，不必假设以羚羊肉为"主食"，是食物之一即符合题干。

3. E

 锁定关键词"因此"，可知此前是论据，此后是论点。再锁定"关键措施"可知此题是措施目的的模型。

题干：培养能适应新时代要求的学生的关键因素不是灌输知识，而是培养能力 —证明→ 提高我国的中小学教育质量（目的）的关键措施是尽快地把目前的应试教育改为素质教育（措施）。

 措施目的模型的假设题的常用方法有：(1)措施可行；(2)措施可达目的；(3)措施利大于弊；(4)措施有必要。

 A 项，必须假设，搭桥法，建立前提中"适应新时代要求"和结论中"提高我国的中小学教育质量"之间的关系。

B 项，必须假设，指出措施有必要，否则就不必进行改革。

C 项，必须假设，否则即使改革为素质教育也不能提高教育质量。

D 项，必须假设，否则，若掌握了知识的学生一定有较强的能力，那么通过应试教育即可达到培养学生能力的目的，不必进行教育改革。

E 项，不必假设，因为题干中教育改革的目的是"培养能力"，并未提及是否一定要"掌握较多的知识"。

4. C

 锁定关键词"因此",可知此前是论据,此后是论点。

题干:地球所在的太阳系的八大行星中,存在生命的就占了八分之一。按照这个比例,考虑到宇宙中存在数量巨大的行星,因此,宇宙中有生命的天体的数量一定是极其巨大的。

 题干中出现"按照这个比例",这种说法类似于"照这么说",是类比论证的典型词句。类比论证的假设方法为:指出类比对象之间有相似性。

 A项,如果此项成立,能说明题干的观点成立,但"一定存在生命","一定"一词过于绝对假设过度。

B项,不必假设"恰有"八个行星。

C项,指出可以由太阳系类比到全宇宙,类比对象相似,必须假设。

D项,不必假设,题干只论证了"有生命",但不涉及"生命的形式"。

E项,不必假设,此项与题干的类比无关,"最适合"一词也过于绝对。

5. E

 题干第一句话给了一个断定,故为论点;锁定"这是⋯⋯的证据",可知"这"指代的部分是论据。

题干:在旧石器时代的古墓中,死者的身边有衣服、饰物和武器等陪葬物$\xrightarrow[\text{证明}]{}$当时的人类具有死后复生的信念。

 题干的论据是"陪葬物",论点是"死后复生",需要建立二者的关系,故可使用搭桥法。

 A项,削弱题干,说明陪葬物并非用于死后复生,而是死者生前所用。

B、C项,无关选项,题干不涉及"宗教信仰",而且"大多数"一词也假设过度。

D项,削弱题干,说明陪葬物并非用于死后复生,而是用于表示对死者的怀念与崇敬。

E项,搭桥法:陪葬物→死后复生,故 E 项必须假设。

6. A

 锁定题干最后一句话中的"如果⋯⋯那么⋯⋯",可知此句话是论点,它是基于前面"手术数量下降"所做出的预测。

题干:最近几年,每个外科医生每年所做的手术的数量平均下降了 1/4 $\xrightarrow[\text{预测}]{}$如果这种趋势得不到扭转,外科手术的普遍质量和水平不可避免地会降低。

 题干论据涉及的是"手术数量",论点涉及的是"手术质量",可考虑使用搭桥法。

 A项,"B,除非 A"="¬ A→B",故有:手术数量低于一个起码的标准→不能保持手术水平,搭桥法,必须假设。

B项,无关选项,题干不涉及"新上任的外科医生"与"已在任的外科医生"的比较。

C项,重复了题干中的论据,不是题干的隐含假设。

D项,无关选项,题干中"会降低"是对未来的预测,而此项"下降了"是对过去的总结。

E项,无关选项,题干涉及的是"每个外科医生的平均情况",而此项涉及的是"一些有经验的外科医生"。(干扰项·偷换论证对象)

7. C

 锁定关键词"因此"，可知此前是论据，此后是论点。故论点为"那个建议（建立多数人讲卡若尼安语言的独立国家）不能得到满足"。

题干：讲卡若尼安语言的人居住在几个广为分散的地方，这些地方不能以单一连续的边界相连接 $\xrightarrow[\text{证明}]{}$ 不能建立多数人讲卡若尼安语言的独立国家。

 题干论据涉及的是"不能以单一连续的边界相连接"，论点涉及的是"不能建立独立国家"，可考虑使用搭桥法。

 A 项，无关选项，题干的论证不涉及"曾经"的情况。

B 项，无关选项，"倾向于认为"是主观观点，与题干中的建议是否可以得到满足无关。

C 项，不能以创建一个由不相连接的地区构成的国家。即，地域不连续→不能建立国家。故此项搭建了题干中的桥梁，必须假设。

D 项，不必假设，题干的论证只要求讲卡若尼安语言的人占大多数，而不是不包括"任何"不讲卡若尼安语言的人。

E 项，无关选项，题干的论证不涉及"大多数国家"。

8. C

 题干：经过面试，如果应聘者的个性不符合待聘工作的要求，则不可能被录用。

 题干中"面试"是项措施，"不录用个性不符合工作要求者"是目的。故此题是措施目的模型。

 A 项，无关选项，题干不涉及"工商界的规矩"。

B 项，无关选项，题干不涉及"与面试主持人关系好"。

C 项，措施可行，必须假设。否则，如果面试主持人无法分辨哪些个性是工作所需的，题干的目的就无法达到（取非法）。

D 项，面试的目的之一是测试应聘者的个性，但不必假设这是"唯一目的"。（干扰项·假设过度）

E 项，不能假设，题干的目的是"个性不符合工作要求，则不录用"，而此项是"个性符合工作要求，则录用"，误把题干中的必要条件当作充分条件。

9. C

 锁定关键词"因此"，可知此前是论据，此后是论点。

题干：测谎器对人们所产生的心理压力能够被这类安定药物有效地抑制，同时没有显著的副作用 $\xrightarrow[\text{证明}]{}$ 这类药物可同样有效地减少日常生活的心理压力而无显著的副作用。

 题干中论据的对象是"测谎器对人们所产生的心理压力"，论点的对象是"日常生活的心理压力"，出现了论证对象的偷换，故可使用搭桥法，指出二者之间的相似性，故 C 项正确。

 A 项，不必假设，题干只涉及"某种类型"的安定药物而不是"任何类型"的安定药物。（干扰项·假设过度）

B 项，无关选项，题干讨论的是"口服"这种安定药物的效果，而非"不服用"药物时的情况。

D 项，无关选项，题干只涉及"某种类型"的安定药物而不是"大多数药物"。

E 项，无关选项，题干讨论的是上述安定药物对有心理压力的人的作用，这与有心理压力的人的数量无关。

10. B

论证结构　锁定关键词"这说明"，可知此前是论据，此后是论点。

张教授：在百万年前的智人遗址发现了烧焦的羚羊骨头碎片的化石 —— 证明 —→ 人类在自己进化的早期已经知道用火来烧肉了。

李研究员：但是，在同样的地方也同时发现了被烧焦的智人骨头碎片的化石。

秒杀思路　通过李研究员的"但是"一词，可知李研究员试图反驳张教授的结论。即：在同样的地方也同时发现了被烧焦的智人骨头碎片的化石，说明当时的人类不知道用火来烧肉。

选项详解　A项，假设过度，"智人"不以自己的同类为食即可使李研究员的论证成立，不必要求"所有动物"如此。

B项，必须假设，此项说明智人不以同类为食，因此，出现了烧焦的智人骨头碎片的化石，就说明这些火不是受人类操控的，从而说明当时的人类还不知道用火来烧肉。

C项，无关选项，题干不涉及两种化石数量的比较。（干扰项·无关新比较）

D项，无关选项，题干问的是李研究员的假设，这与张教授是否掌握所有考古资料无关。

E项，无关选项，题干不涉及智人的"主要"食物。

11. C

论证结构　锁定关键词"因为"，可知此后是论据，此前是论点。

题干：足球比赛和训练并不是他们主要的经济来源 —— 证明 —→ 很多自称是职业足球运动员的人并不真正属于这个行业。

秒杀思路　有些假设题，可直接搭论据和论点的桥，即：论据→论点。本题可用这样的搭桥法，即：¬ 主要经济来源→¬ 职业足球运动员，故 C 项必须假设。

选项详解　A项，无关选项，题干不涉及职业足球运动员与业余足球运动员的比较。（干扰项·无关新比较）

D项，无关选项，"希望"是一种主观判断，无法由此断定这些人事实上是不是职业运动员。

B、E项，无关选项，题干涉及的是"经济来源"与职业足球运动员的关系；而这两项涉及的是"进行足球训练和比赛"与职业足球运动员的关系。

12. E

论证结构　锁定关键词"因此"，可知此前是论据，此后是论点。

张教授：偷盗、抢劫等犯罪的刑满释放人员的重新犯罪率，要远远高于职务犯罪的刑满释放人员。这说明，狱中对前一类罪犯教育改造的效果，远不如对后一类罪犯。

李研究员：因职务犯罪入狱的刑满释放人员不具备重新犯罪的条件，因为刑满释放人员很难再得到官职；而因流氓犯罪入狱的刑满释放人员如果重新犯罪，几乎不需要什么外部条件。

选项详解　A项，假设过度，李研究员的依据是"不具备条件→不会犯罪"，等价于："犯罪→具备条件"，但这并不必假设"具备条件一定会重新犯罪"。

B项，无关选项，题干不涉及犯罪的"危害"。

C项，此项削弱张教授的结论，并不是李研究员的假设。因为李研究员的论证并不直接涉及"对罪犯的教育改造"。

D项，无关选项，题干不涉及哪种犯罪更容易"得手"。

E项，必须假设，因为李研究员认为职务犯罪的刑满释放人员不再具备"职务"这一犯罪条件，说明他认为这些人重新犯罪时仍然犯的是职务犯罪，即同一类罪行。

13. A

 锁定"为了""计划""以免"等关键词，可知此题是措施目的的模型。

题干：一只没有角的犀牛对盗猎者来说是没有价值的（原因），野生动物保护委员会为了有效地保护犀牛（目的），计划将所有的犀牛角都切掉（措施），以使它们免遭杀害的厄运（目的）。

 措施目的模型的假设题的常用方法是：（1）措施可行；（2）措施可达目的；（3）措施利大于弊；（4）措施有必要。

 A项，必须假设，说明将犀牛角切掉后，确实可以让犀牛免遭杀害，措施有效。

B项，无关选项，犀牛仅仅是被盗猎的动物之一即可，不必假设其是"唯一"动物。

C项，无关选项，题干不涉及"无角的犀牛与有角的犀牛对人的威胁"的比较。

D项，无关选项，题干仅讨论盗猎者的危害，不涉及"人类以外的敌人"。

E项，无关选项，题干仅讨论"将犀牛角切掉"这一措施，其他措施（对盗猎者进行更严格的惩罚）是否有效与题干中的措施是否有效无关。

14. A

 锁定关键词"因此"，可知此前是论据，此后是论点。

题干：若核试验得到了有效的限制，则商品负超常消费（省更多的钱）；若核试验的次数增多，则商品正超常消费（花更多的钱）——预测——当核战争成为能普遍觉察到的现实威胁时，商品正超常消费的可能性大大增加。

 "商品正超常消费的可能性大大增加"是对未来的预测，故此题是预测结果模型。

 A项，前提可行，必须假设，否则，若无足够的商品，则不可能出现商品正超常消费。

B项，无关选项，题干没有涉及老百姓支持还是反对核试验。

C项，不必假设老百姓"只能"通过本国核试验的次数来察觉核战争的现实威胁，也可以有其他方式。

D项，无关选项，题干不涉及商界对核试验的态度。

E项，无关选项，题干显然不必假设"冷战年代"的情况。

15. A

 锁定"计划"这一关键词，可知此题是措施目的的模型。

题干：学校董事会计划首先解雇效率较低的教师。

 措施目的模型的假设题的常用方法是：（1）措施可行；（2）措施可达目的；（3）措施利大于弊；（4）措施有必要。

A项，必须假设，必须有准确判定教师效率的方法，才能解雇效率较低的教师，方法可行。

B项，不必假设，是否存在两人效率相同的情况，并不影响题干计划的成立性。

C、D、E项，都没有涉及"效率"，显然是无关选项。

16. C

 锁定关键词"因此"，可知此前是论据，此后是论点。

题干：在2012年以前，阿司匹林和退热净独占了利润丰厚的日常使用止痛药市场。但在

2012年，布洛芬在日常使用的止痛药的份额中占据了50％——$\xrightarrow{\text{证明}}$阿司匹林和退热净的销售额减少了50％。

此题明显是数量关系模型，故先列出公式：

销售总额＝阿司匹林＋退热净＋布洛芬。

题干认为布洛芬增加，一定会引起"阿司匹林＋退热净"减小，那就得有一个前提，即销售总额不变。故C项正确。

A项，不必假设，从题干中可知阿司匹林的占有率为50％，可见不是"大多数"消费者倾向使用布洛芬。

B项，无关选项，题干并未涉及这些药物的"副作用"。

D项，无关选项，题干并未涉及这些药物的"生产商"。

E项，无关选项，题干仅讨论"销售额"，与布洛芬是否为"处方药"无关。

17. B

张教授：20世纪50年代，癌症病人的平均生存年限（即从确诊至死亡的年限）是2年，而到20世纪末这种生存年限已升至6年——$\xrightarrow{\text{证明}}$世界范围内诊治癌症的医疗水平有显著的提高。

李研究员：20世纪末癌症的早期确诊率较20世纪50年代有了显著的提高，所以张教授的论证缺乏说服力。

李研究员用的是"另有他因"的反驳方法，即，癌症的早期确诊延长了患者的生存年限，故B项必须假设，否则，如果早期确诊率的提高不是患者生存年限提高的原因，李研究员的反驳就不成立了。

A项，无关选项，李研究员的论证不涉及张教授的数据。

C项，无关选项，题干仅涉及"癌症病人"，不涉及全体人类的平均寿命。

D项，无关选项，题干不涉及癌症是不是"头号杀手"。

E项，无关选项，题干说的是"延长癌症病人的生存年限"，但未提及是否"治愈"。

18. B

李研究员反驳的观点是"诊治癌症的医疗水平有显著的提高"，若B项成立，则李研究员的论据恰好证明了"诊治癌症的医疗水平有显著的提高"，支持了张教授的论证，削弱了李研究员的反驳。

A项，无关选项，题干涉及的是癌症的早期确诊是否影响癌症病人的生病年限，而此项涉及的是患者的自我保健意识影响了癌症的早期确诊。

C、D、E项，均不涉及癌症的早期确诊，故均为无关选项。

19. A

题干：由于所有的赢家在球迷眼里都是勇敢者，所以每个输家在球迷眼里都是懦弱者。

题干的论据"所有的赢家在球迷眼里都是勇敢者"，即：赢家→勇敢，等价于：￢勇敢→￢赢家，可得：懦弱→输家。

题干的论点是：输家→懦弱。可见，由题干的论据无法推出论点。

由于论点：输家→懦弱＝￢懦弱→￢输＝勇敢→赢。故A项必须假设。

B、C项，不必假设，因为题干说的是"在球迷眼里"的情况，也就是球迷的主观判断。这并不要求主观判断是准确的。比如说，"情人眼里出西施"，她真的是西施吗？当然不是，只是爱她的人感觉她像西施。

D 项，不必假设，题干不涉及是否是"唯一标准"。

E 项，此项是对题干论据的重复，不是隐含假设。

20. C

 锁定关键词"这说明"，可知此前是论据，此后是论点。

题干的论据：

论据①：在英语和姆巴拉拉语中，"狗"的发音是一样的，但使用这两种语言的人交往只是将近两个世纪的事，而这两种语言都十分古老。

论据②：英语和姆巴拉拉语没有任何亲缘关系。

题干的论点：

不同的语言中出现意义和发音相同的词，并不一定是由于语言的相互借用（论点①），也不一定是由语言的亲缘关系所致（论点②）。

 A 项，无关选项，题干的论证与"汉语和英语"无关。

B 项，无关选项，题干的论证与"其他多种语言"无关。

C 项，必须假设，否则，可能是第三种语言中的"狗"一词，成为英语和姆巴拉拉语的中介（取非法）。

D 项，削弱题干，与题干的论据①矛盾。

E 项，假设过度，不必假设使用不同语言的人相互接触"一定"会导致语言的相互借用。

21. D

 锁定关键词"专家们由此推测"，可知此前是论据，此后是论点。

题干：许多星云如果都是由能看见的星球构成的话，它们的移动速度要比任何条件下能观测到的快得多————证明————>这样的星云中包含着看不见的巨大物质，其重力影响着星云的运动。

 Ⅰ项，必须假设，因为题干说这些星云的移动速度"比任何条件下能观测到的快得多"，说明无论如何它们都不可能被看见。

Ⅱ项，必须假设，如果星云的质量不能被准确估计，那就无法依据"重力"计算出星云的移动速度。

Ⅲ项，假设过度，不必假设看不见的物质具有看得见的物质的"所有属性"。

22. B

 本题干中出现转折词"但是"，重点看"但是"后面的部分，发现题干通过树的情况来论证星团的情况，故此题题干为类比论证。

题干：观察不同生长阶段的许多棵树，就能拼凑出一棵树的生长过程————证明————>这一原则完全适用于目前天文学家对星团发展过程的研究。

 此题有两个考点：

(1)题干用树的情况类比到星团的情况，是<u>类比论证</u>（也可以认为是搭桥法）。

(2)题干要对星团进行研究，这是一种<u>措施</u>。

 A 项，假设过度，题干中论据的论证对象是"树"，而论点的论证对象是"星团"，我们只需要假设对"树"的研究方法可以用于"星团"研究即可，不必假设适用于某个领域的研究方法"都"适用于其他领域。

B 项，必须假设，指出可以对星团进行研究，即措施可行。

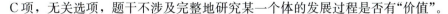

C项，无关选项，题干不涉及完整地研究某一个体的发展过程是否有"价值"。

D项，无关选项，题干不涉及是否有未发现的星团。

E项，无关选项，题干不涉及星团研究是否紧迫。

23. A

[论证结构] 锁定关键词"这说明"，可知此前是论据，此后是论点。论据是一种现象，论点是对这一现象的原因分析，故此题为现象分析型的题目。

题干：患者的大多数临床表现反复出现，相关的症状体征时有时无，药物治疗效果不佳 ——证明→ 此病是无法治愈的。

[秒杀思路] 现象分析型的题目的常用假设方法为：(1)因果相关；(2)排除他因；(3)并非因果倒置；(4)无因无果。

[选项详解] A项，想要得出此病无法治愈的结论，要排除患者被治愈后再次感染此病毒的可能性，故此项必须假设(排除他因)。

B项，不必假设，因为无法治愈不代表没有采取治疗措施。

C项，不必假设，因为题干只说此病无法治愈，但没讨论此病无法治愈的原因。

D项，无关选项，题干只涉及急性视网膜坏死，不涉及"其他疾病"。

E项，不必假设，因为题干只说此病无法治愈，但没讨论此病无法治愈的是否与患者的体质有关。

24. C

[论证结构] 锁定关键词"因此"，可知此前是论据，此后是论点。

题干：这半个世纪以来，化学工业发达的工业化国家的人均寿命增长率，大大高于化学工业不发达的发展中国家 ——证明→ 人们关于化学工业危害人类健康的担心是多余的。

[选项详解] A项，无关选项，题干比较的是"人均寿命增长率"，此项比较的是"人均寿命"。

B项，此项说明化学工业会危害人类健康，削弱题干。

C项，必须假设，否则，如果没有发达的化学工业，发达国家的人均寿命增长率会因此更高，则说明化学工业还是危害人类健康，那就推翻了题干的结论(取非法)。

D项，无关选项，题干没有对化学工业的污染和收益进行比较。

E项，无关选项，此项不涉及化学工业污染对健康的影响。

25. C

[论证结构] 锁定关键词"由此得出"，可知此前是论据，此后是论点。

美国学者：

论证①：中国儿童把牛和青草归为一类，把鸡归为另一类 ——证明→ 中国儿童习惯于按照事物之间的关系来分类。

论证②：美国儿童则把牛和鸡归为一类，把青草归为另一类 ——证明→ 美国儿童则习惯于把事物按照各自所属的"实体"范畴进行分类。

[选项详解] A项，无关选项，题干未涉及"马和青草"的关系。

B项，无关选项，题干未涉及"鸭和鸡蛋"的关系。

C项，必须假设，搭桥法，搭建题干论证②中的论据与论点的桥梁。

D 项，削弱题干论证①。

E 项，削弱题干论证②。

26. B

论证结构 锁定关键词"因此"，可知此前是论据，此后是论点。

题干：我不喜欢被前任总裁批评的感觉，因此，我不会批评我的继任者。

秒杀思路 题干中论据说的是"不喜欢被批评"，论点说的是"不会批评"，可使用搭桥法：不喜欢→不批评。

选项详解 A 项，无关选项，题干不涉及"继任者"的感觉。

B 项，只有该总裁的继任者喜欢被批评的感觉，他才会批评继任者，符号化为：喜欢←批评＝不喜欢→不批评，是正确的假设。

C 项，无关选项，题干讨论的是"不喜欢"能推出的结论，此项讨论的是"喜欢"能推出的结论。

D、E 项，无关选项，题干不涉及"其他人"。

27. C

论证结构 锁定关键词"因为"，可知此后是论据，此前是论点。

题干：课余时间要求学校安排勤工俭学的学生越来越少 ——证明→ 大学生的家庭困难情况有大幅度的改观。

秒杀思路 题干论据说的是"勤工俭学"，而论点是"家庭困难"。可使用搭桥法，建立二者的联系即可。故 C 项正确。

选项详解 A 项，不必假设，此项出现了题干中未涉及的新内容"改革开放"。

B 项，无关选项，此项中的是否"应当勤工俭学"是一种价值观，而题干中"勤工俭学的学生越来越少"是事实。

D 项，另有他因，说明勤工俭学的学生越来越少是因为大学生把更多的时间用在了学业上，削弱题干。

E 项，另有他因，说明勤工俭学的学生越来越少是因为勤工俭学的报酬太低，削弱题干。

28. C

论证结构 题干中有两个断定：

①从正史中不难看出皇帝的真实形态。

②要了解皇帝的真面目，还必须读野史，那是皇帝的生活写照。

秒杀思路 题干中出现"必须"两字，故可锁定正确的选项应该是必要条件，发现 B 项和 C 项中有必要条件的关联词"只有，才"。锁定题干"还必须"中的"还"字，说明题干并没有否定读正史的必要性，而是在读正史的基础上，"还"必须读野史。故 C 项正确。

选项详解 A 项，不必假设"所有"正史记述的都是皇帝家私人的事情，假设过度。

B 项，无关选项，题干仅表示野史是皇帝的"生活写照"，但并未涉及"隐私"。

C 项，必须假设，此项等价于"如果要看出皇帝的真面目，那么要将正史和野史结合起来"，搭建了"皇帝的真面目"与"正史"和"野史"的桥梁。

D 项，无关选项，题干不涉及"大事"和"小事"。

E 项，说明通过野史不能了解皇帝的真面目，削弱题干。

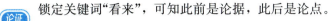

29. C

论证结构 锁定关键词"看来"，可知此前是论据，此后是论点。

题干：没有中国人获得诺贝尔经济学奖和诺贝尔文学奖 ——证明——→ 中国在人文社会科学方面的

研究与世界先进水平相比还有比较大的差距。

秒杀思路 题干论据说的是"诺贝尔奖"，而论点是"人文社会科学水平"。可使用搭桥法，建立二者的
联系即可。故 C 项正确。

选项详解 A项，无关选项，题干论证的对象是"人文社会科学"，与"物理学等理科"无关。

B项，无关选项，题干不涉及中国人文社会科学的"理论基础"和"历史基础"。

D项，无关选项，题干不涉及诺贝尔奖的"公平性"。

E项，无关选项，题干不涉及"各国的文化传统"。

30. A

论证结构 锁定关键词"因为"，可知此后是论据，此前是论点。

题干："酷"在英语中的初始含义是"凉爽"，和"帅"丝毫不相及 ——证明——→ 把"酷（cool）"解释为

"帅"实在是英语中的一种误用。

秒杀思路 题干的论据是"帅不是初始含义"，论点是"帅是误用"，可使用搭桥法：不是初始含义的，
就是误用，即初始含义才是对的。故 A 项正确。

选项详解 其余各项均不涉及"初始含义"，故均为无关选项，可迅速排除。

专项训练8 解释题

1. A

 待解释的现象：银蚁为什么要选择在中午时段觅食？

 A项，不能解释，此项只能说明银蚁具备在中午觅食的条件，但这种信息素在其他时间也存在，因此无法解释银蚁在中午觅食的动机。

B项，可以解释，解释了银蚁冒着高温危险觅食是担心气温下降后食物被其他觅食动物搬走。

C项，可以解释，解释了银蚁在高温下觅食是因为此时天敌不会出现。

D项，可以解释，解释了银蚁选择在中午离开巢穴是因为巢穴内的温度更高。

E项，可以解释，解释了银蚁选择在中午觅食是因为此时辨别外界信息的能力最灵敏。

2. D

 待解释的差异：剪除的干草在土壤中逐渐腐烂，有利于植物的生长；但是，被剪除的如果是新鲜青草的话，则结果会不利于植物的生长。

 A项，说明不管是干草还是新鲜青草都是有益的，加剧题干中的矛盾。

B项，可以解释剪除的干草有利于植物的生长，但无法解释剪除的新鲜青草不利于植物的生长。

C项，新鲜青草腐烂得更快，但不确定这对于植物有利还是无利，故不能解释题干。

D项，说明青草腐烂时产生的高温杀死了土壤中的有益细菌，故不利于植物生长，可以解释。

E项，无关选项，题干是对剪除的干草和剪除的新鲜青草对植物生长影响的比较，没有涉及混合起来的情况。

3. D

 待解释的矛盾：稀缺性物品才可以作为货币，但是，索罗斯岛上的人们以贝壳作货币，贝壳却遍布海滩。

 A项，无关选项，此项说明的是货币的作用，但未说明为什么索罗斯岛上的人们以贝壳作货币。

B项，无关选项，题干不涉及"鲸牙"。

D项，可以解释，说明贝壳虽然不稀缺，但是索罗斯岛上的居民使用的是经过工匠加工后的贝壳，此时它作为货币具有稀缺性。

C、E项，不能解释，这两项描述了索罗斯岛上的居民以贝壳作为货币这一现象，但未解释这一现象的原因。

4. C

 待解释的现象：虾虽然可以适应高盐度，但是，盐度高也给养虾场带来了不幸。

 A项，无关选项，题干讨论的是"虾"，而不是"鱼"。

B项，不能解释，由此项不确定水位下降对养虾场的影响。

C项，可以解释，说明盐度高会造成幼虾没有食物可吃，从而给养虾场带来了不幸。

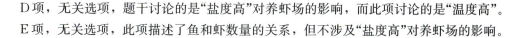

D项，无关选项，题干讨论的是"盐度高"对养虾场的影响，而此项讨论的是"温度高"。

E项，无关选项，此项描述了鱼和虾数量的关系，但不涉及"盐度高"对养虾场的影响。

5. E

 待解释的现象：一试点就成功，一推广就失败。

 A、B、C项，说明试点对象基础好或有各种优惠条件，可以解释题干。

D项，说明推广时会面临与试点时不同的环境和困难，可以解释题干。

E项，社会关注"试点"和"试点的推广"工作，说明在这一点上二者并无区别，那么结果也不应该有区别，不能解释题干中的现象。

6. C

待解释的现象：航空公司开通微信订票服务，然而，在近期内通过旅游类APP订票的旅行者并不会因此减少。

A项，可以解释，说明订票总量变大了，因此通过旅游类APP订票的人不会减少。

B项，可以解释，说明微信订票系统还未正式运行。

C项，无关选项，题干讨论的是"订票"，而此项讨论的是"订酒店"。

D项，可以解释，说明大多数旅行者为了保险起见愿意选择APP订票。

E项，可以解释，说明旅行者可能会为了省钱选择旅游类APP订票。

7. D

 待解释的现象：被调查的毕业生中，有60%的回答者说他们的成绩位居班级的前20%。

 A项，无关选项，题干不涉及"未回答者"。

B项，不能很好地解释，"个别人"的情况无法解释"大部分人"的情况。

C项，无关选项，题干不涉及汉武大学和其他学校的比较。

D项，说明差生没有回答此问题，即60%的基数是"回答问题的毕业生"，而20%的基数是"班级所有毕业生"，二者基数不同，所以可以解释题干中的现象。

E项，不能解释，"略微的美化"无法解释题干中如此大的数据差异。

8. A

 传统记忆理论：记忆就像录像带回放。

场景构建理论：记忆只记录碎片，需要时大脑将记忆碎片拼合并补充形成符合主体当前信念状态的记忆，即记忆可以随主体的状态而改变。

 注意，此题是用题干来解释选项，而非用选项去解释题干。

A项，无关选项，题干不涉及"丧失记忆"时的情况。

B项，如果人的记忆是录像回放的话，那么多次回忆内容不应该产生变化，所以此项应该用场景构建理论进行解释。

C项，如果人的记忆是录像回放的话，那么目击者就不应该认错人，所以此项应该用场景构建理论进行解释。

D项，说明人的记忆是由记忆碎片串联形成的，可以用场景构建理论进行解释。

E项，如果人的记忆是录像回放的话，那么双方的记忆就应该是相同的，所以此项应该用场景构建理论进行解释。

9. E

待解释的现象：非自花授粉樱草的繁殖条件比自花授粉的要差，但是，游人在植物园多见的是非自花授粉樱草而不是自花授粉樱草。

A 项，说明非自花授粉樱草多是因为其种子发芽率较高，可以解释。

B 项，说明非自花授粉樱草多是因为其是本地植物，可以解释。

C 项，说明非自花授粉樱草多是因为其基数大，可以解释。

D 项，说明非自花授粉樱草更易吸收土壤中的养分，可以解释。

E 项，不能解释题干中的现象，非自花授粉樱草多植于园林深处，那么游人应该更少见到非自花授粉樱草，加剧了题干中的矛盾。

10. B

待解释的现象：尽管是战时，美国海军的死亡率比纽约市民的死亡率还要低。

A 项，无关选项，题干不涉及"海军"与"陆军"的比较。

B 项，可以解释，说明了纽约市民包括生存能力较差的婴儿和老人，这类人群的自然死亡率高；而美国海军则基本由健康的青壮年组成，这些人群的自然死亡率低；这就解释了题干中的现象。

C 项，无关选项，美西战争不涉及美国本土，因此，敌军打击普通市民的手段多少与市民的死亡率无关。

D 项，题干假设了海军官员的资料是真的，也就是说美军的死亡率确实低于纽约市民，而不是夸张的说法，故此项无法解释题干。

E 项，犯罪可能是纽约市民死亡率高的原因，但犯罪不必然导致死亡，故此项解释力度小。

11. D

待解释的现象：许多外资企业经营状况良好，账面却连年亏损；尽管持续亏损，但这些企业却越战越勇，不断扩大在华投资规模。

注意题干中说的是"账面"连年亏损，也就是说实际上未必亏损。D 项，说明这些企业的"亏损"并不是真的，而是把利润转移至境外，因此，可以解释题干。

A、B、E 项，说明确实存在亏损的企业，但无法解释为什么连年亏损的企业会不断扩大在华投资规模。

C 项，此项说明在中国投资"有可能"获得更多的利润，这与题干中这些企业连年亏损矛盾，不能解释题干。

12. D

待解释的差异：根据航空业协会的统计，飞机每飞行 1 亿公里死 1 人，而汽车每行驶 5 000 万公里死 1 人。但是，汽车工业协会公布了另外一个数字：飞机每 20 万飞行小时死 1 人，而汽车每 200 万行驶小时死 1 人。

A 项，无关选项，题干只讨论飞机和汽车的安全性，不涉及"便利性、舒适感"等体验。

B 项，说明飞机更危险，解释题是找现象发生的原因，不能支持或削弱一方。

C 项，说明汽车更危险，解释题是找现象发生的原因，不能支持或削弱一方。

D 项，说明两个协会的统计标准不一致，才造成了题干中的"矛盾"，可以解释。

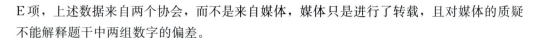

E项，上述数据来自两个协会，而不是来自媒体，媒体只是进行了转载，且对媒体的质疑不能解释题干中两组数字的偏差。

13. E

待解释的现象：尼古丁含量较高的香烟的吸烟者与尼古丁含量较低的香烟的吸烟者，在吸烟当晚临睡前单位血液中尼古丁的含量并没有大的区别。

A项，无关选项，题干讨论的是吸烟者血液中尼古丁的含量，而此项讨论的是两种吸烟者的数量占研究对象总数的比例。

B项，不能解释，按此项推理的话，高尼古丁香烟的吸烟者在临睡前单位血液中尼古丁的含量应该更高，加剧了题干的矛盾。

C项，"可能"有其他途径吸入尼古丁是一种猜测，不能解释题干。

D项，无关选项，题干不涉及烟瘾大小的比较。

E项，可以解释，说明两种吸烟者血液中的尼古丁都达到了饱和状态，因此两种吸烟者血液中尼古丁的含量没有大的区别。

14. B

待解释的差异：被广泛地排水和开发的多草湿地对鸭子、鹅、天鹅及其他绝大多数水禽的筑巢和孵化是必不可少的，但是鸭类的数目在此期间显著下降，而天鹅和鹅的数目却未受明显的影响。

A项，不能解释，禁止捕猎水鸟对鸭类、鹅、天鹅起到的作用是等同的，不会造成题干中的差异。

B项，可以解释，说明大多数鹅类、天鹅筑巢和孵化的地区未被开发，而鸭类筑巢和孵化的地区被开发了，所以鸭类数目受影响。

C项，不能解释，食物问题对鸭类、鹅、天鹅起到的作用是等同的，不会造成题干中的差异。

D项，不能解释，此项说明鹅类和天鹅数目应受到影响，加剧了题干的差异。

E项，不能解释，此项说明鹅类和天鹅数目应受到影响，加剧了题干的差异。

15. D

待解释的矛盾：我国森林资源不足，做一次性筷子是莫大的浪费，但是，没有禁止使用一次性筷子。

A项，可以解释，说明使用一次性筷子不一定造成森林资源的浪费。

B项，可以解释，说明了一次性筷子的有利之处。

C项，可以解释，说明了一次性筷子没有被禁止的原因是餐厅之间的相互攀比。

D项，加剧了题干中的矛盾，说明应该禁止一次性筷子。

E项，可以解释，说明合理使用一次性筷子有利于森林资源的保护。

16. A

待解释的矛盾：市场分析表明手机用户群是潜在的网络消费的用户群，但是，在各种手机零售场所宣传、推销他们的产品，两个月下来，效果很不理想。

A项，可以解释。由于刚购买手机的消费者需要经过一段时期后才能成为网络消费的潜在用户。而题干中商家在手机零售场所进行宣传和推销，即商家接触的都是刚买手机或者准备买手机的用户，故用户还未完全成为网络消费的潜在用户。

题干说的是"手机"和"网络消费"的关系，只有 A 项涉及。其余各项均不涉及"手机"和"网络消费"的关系，故其他选项可直接排除。

17. B

 待解释的差异：长在悬崖上的雪松吸取的养料不如林中雪松，但是，悬崖上雪松的年头却比林中雪松的年头长。

 A 项，不能解释，此项只说明雪松可以在悬崖上生长，但此项没有对悬崖上的雪松和林中雪松进行比较。

B 项，可以解释，说明林中雪松年头短是由于经常发生森林火灾，而悬崖上的雪松不受森林火灾的影响，故而年头长。

C 项，指出悬崖上的雪松生存条件较差，加剧了题干中的矛盾，故不能解释。

D 项，无关选项，说明悬崖上的雪松消耗的养分较少，但无法判断树木消耗养分多少与其年头长短之间的关系。

E 项，无关选项，题干涉及的是"北美的雪松"，而此项涉及的是"西伯利亚地区的雪松"。

18. D

 待解释的现象：订下半年的《都市青年报》，赠阅下半年《都市广播电视导报》这一活动没有取得成功。

 A 项，可以解释，说明《都市广播电视导报》作为赠品缺少吸引力。

B 项，可以解释，但是"有些"可能是个别情况，不能代表所有人，故此项解释力度较弱。

C 项，不能解释，《都市广播电视导报》的订户比《都市青年报》的订户多，无法说明《都市青年报》的订户不需要《都市广播电视导报》。

D 项，可以解释，大多数报刊订户在去年年底已经订了今年一年的《都市广播电视导报》，因此，他们不再需要这份报纸，解释力度最强。

比较 A 项和 D 项的力度，A 项是赠品的吸引力弱，而 D 项是大多数订户已经有了这个赠品，根本不需要。当然是"不需要"的解释力度更大。故 D 项正确。

E 项，无关选项，是否伤害"老订户"的感情，与题干中针对"新订户"的活动是否成功没有关系。

19. E

 待解释的现象：甲市的劳动力人口是乙市的十倍，但是，乙市各行业的就业竞争程度反而比甲市更为激烈。

 A 项，无关选项，题干讨论的是"劳动力人口"，此项讨论的是"人口"。

B 项，无关选项，城市面积的大小与就业没有直接关系。

C、D、E 三项均可以解释题干中的矛盾，但是 E 项的解释力度最大，甲市的劳动力主要去乙市就业，不仅增加了乙市的就业压力，还减小了甲市的就业压力。

20. E

 待解释的矛盾：β-胡萝卜素具有防止细胞癌变的作用，但是，经常服用 β-胡萝卜素片剂的吸烟者反而比不常服用 β-胡萝卜素片剂的吸烟者更易于患癌症。

 A 项，"有些"β-胡萝卜素片剂的情况未必有代表性，解释力度弱。

B 项，无关选项，题干不涉及不同地区间的比较。

C 项，可以解释，另有他因导致经常服用 β-胡萝卜素片剂的吸烟者更易患癌症。但题干中的论证对象是"吸烟者"，此项不涉及吸烟的问题，故力度不如 E 项。

D 项，可以解释，但解释的是"β-胡萝卜素"与"β-胡萝卜素片剂"的差异，而不是"经常服用β-胡萝卜素片剂的吸烟者"与"不常服用 β-胡萝卜素片剂的吸烟者"的差异，故解释力度不如 E 项。

E 项，直接指出造成"经常服用 β-胡萝卜素片剂的吸烟者"与"不经常服用 β-胡萝卜素片剂的吸烟者"差异的原因，解释力度最强。

21. B

需要解释的问题：为什么难以得知原始人类是否经过性器官由逐步发育到完全成熟的青春期？

A 项，此项不涉及原始人类性器官的发育过程，无关选项。

B 项，是合理的原因，说明对动物的性器官由发育到成熟的测定，必须基于对同一个体在不同年龄段的测定，因此，难以根据化石来确定原始人类是否也有青春期。

C 项，无关选项，题干不涉及"异种动物"及"同种动物的不同个体"之间性器官发育时间的比较。

D 项，无关选项，骨架化石是否完整与性器官的发育无关。

E 项，把此项补充到题干结尾：我们难以得知原始人类是否有青春期（即性器官由逐步发育到完全成熟的过程），因为，我们无法确定原始人类没有青春期（性器官无须逐渐发育而迅速成熟以完成繁衍）。此项犯了循环论证的逻辑谬误，排除。

22. C

待解释的矛盾：产品价格的上升通常会使其销量减少，但是，某女装价格标高，反而很快售出。

A 项，不能解释。如果服装产品是充分竞争性产品，那么应该是价格越低越有竞争优势。

B 项，无关选项，题干涉及的是价格对销量的影响，而不涉及广告效应。

C 项，可以解释，说明了价格标高后能快速售出的原因，即消费者认为服装的价格越高，质量越好。

D 项，可以解释，但"有的"人的情况未必能说明大部分人或者所有人的情况，解释力度弱。

E 项，解释题是找题干中现象的原因，而此项在质疑题干，故排除。

23. D

待解释的现象：为什么餐饮业网点数量和瘦身健身人数呈正相关？

A、B 项，说明餐饮业和瘦身健身业的发展互相促进，但是不能清晰解释二者的增长百分比何以如此接近。

C 项，"从事低收入、重体力工作"的外来人口上升，不大可能刺激较高消费的"餐饮"及"瘦身健身"行业的同步发展。

D 项，另有他因，城市人口收入的逐年提高，是餐饮业和瘦身健身业以接近的增长百分比同步发展的原因，可以解释题干中的现象。

E 项，不能解释，因为由此项无法判断高收入人群在最近 15 年的变化。

24. C

待解释的现象：某贫困地区的 248 所中学通过直播与某一线城市的重点中学同步上课，从数据上看，这种直播教学模式是非常成功的。然而，令人遗憾的是，这一成功模式并未在全国得到广泛推广。

 A 项，因为不同中学的学生知识基础不同，所以题干中的直播教学模式无法在全国范围内得到推广，可以解释。

B 项，说明题干中的直播教学模式在全国范围内推广需要诸多部门的通力协作，还有很多困难没有解决，可以解释。

C 项，不能解释，此项指出大部分贫困地区的中学师资水平低，那么这些贫困地区就更需要通过网课的形式享受一线城市重点中学的教育，所以题干中的直播教学模式应该在全国范围得到广泛推广，加剧了题干的矛盾。

D 项，说明一些贫困地区不愿意采用直播方式上课，可以解释。

E 项，说明大部分贫困地区不具备直播方式上课的基础设施，可以解释。

25. B

 待解释的现象：美国的人口只有中国的十分之一，但是，美国接受治疗的精神忧郁症病人是中国的十倍。

 A 项，说明统计标准不同造成了题干中的差异，可以解释。

B 项，和中国相比，美国的医疗费用并不过于昂贵，可能二者差不多，或者美国还是比中国略贵，只是没有贵到"过于昂贵"的程度，不能解释美国接受治疗的精神忧郁症病人数更多。

C 项，美国有较好的医疗条件，说明美国的精神忧郁症病人更可能得到治疗，可以解释。

D 项，美国人有较高的自我保健意识，说明美国的精神忧郁症病人更有可能去进行治疗，可以解释。

E 项，说明美国人更有可能得精神忧郁症，可以解释。

26. D

 待解释的现象：分居分为合法分居和非法分居，非法分居指分居者与无婚姻关系的异性非法同居。普查显示，分居者中，女性比男性多 100 万。

 Ⅰ 项，在正常情况下，不论是合法分居还是非法分居，男性分居者数量都应该与女性分居者数量相同。因此，是否非法同居不会影响分居者的数量，不能解释题干。

Ⅱ 项，未在上述普查中登记的分居男性多于分居女性，故而造成了普查中登记的分居男性少于分居女性，可以解释。

Ⅲ 项，离开 H 国移居他国的分居男性多于分居女性，故而造成了 H 国人的分居男性少于分居女性，可以解释。

27. B

 待解释的现象：一方面，根据该国的法律，工人终生不得被解雇，工资标准只能升不能降；但另一方面，这并没有阻止工厂引进先进的生产设备，这些设备提高了劳动生产率，使得一部分工人事实上被变相闲置。

 B 项，采用先进设备所带来的利润，高于培训工人去从事其他工作的费用，因此，工厂可以培训这些工人去做其他的工作，既不违反 R 国法律，又增加了利润，可以解释题干中的现象。

C 项，如果先进设备的引进提高了产品的最终成本，那么就不应该引进先进设备，加剧了题干中的矛盾。

A、D、E 项，均不涉及先进设备的使用，无关选项。

28. D

待解释的矛盾：S市的绝大多数餐馆事实上都执行一个规定：规模宴席（例如婚宴）的卫生检查程序要比普通散座餐饮更为严格，但是，近年来在S市对餐饮业的食物中毒投诉大多数是针对宴席的。

Ⅰ项，可以解释题干中的矛盾，说明宴席的食客数量比散客多，这样尽管宴席的卫生检查程序更严格，也有可能收到更多的投诉。

Ⅱ项，显然可以解释题干中的矛盾。

Ⅲ项，注意题干中的规定是"规模宴席的卫生检查程序要比普通散座餐饮更为严格"，如果此规定得以严格执行，那么规模宴席不应该产生更多的食物中毒，故此项加剧了题干中的矛盾。

29. E

待解释的现象：尽管地方政府违约的现象屡见不鲜，但投资人还是一如既往积极地投资PPP项目。

A、B、C项，均不涉及投资人的利益问题，故不能解释题干。

D项，此项只能解释在政府不违约的情况下，民营企业有利可图，但无法解释在政府存在违约的情况下，为何企业仍愿意投资PPP项目。

E项，可以解释，说明即使政府违约，投资人也可以从其他方面获得回报。

30. D

待解释的现象：1994年，象鼻虫使得当年亚洲的棕榈果生产率显著提高，但是，到了1998年，棕榈果的生产率却大幅度降低。

A项，无关选项，题干讨论的是"产量"，此项讨论的是"价格"。

B项，象鼻虫的主要作用是授粉，而它的天敌赤蜂在1998年秋季才开始出现，已经过了授粉季节，因此无法解释题干中的现象。

C项，象鼻虫的数量在1998年比1994年增加了一倍，那么其授粉效果应该更好，有助于棕榈果产量增加。故此项加剧了题干中的矛盾。

D项，说明是营养问题影响了1998年棕榈果的产量，可以解释。

E项，无关选项，题干仅讨论"棕榈果"，不涉及"椰果"。

专项训练9　其他题型

1. A

①撤销三个机构，这三个机构的人数正好占全机关的25％。

②全机关实际减员15％。

③机关内部人员有所调动，但全机关只有减员没有增员。

此题是个数量关系的推论题。撤销的三个机构人数占全机关的25％，但全机关实际减员只有15％，那就说明至少有10％的人进入了其他部门。

Ⅰ项，根据以上分析易知，此项为真。

Ⅱ项，不一定为真。比如，A部门调入了被裁撤的三个机构的人（占全机关人数的10％），又从B部门调入一些人，此时，A部门的调入人数超过全机关人数的10％。

Ⅲ项，不一定为真。比如，被撤销的三个机构中的留任人员占到全机关总人数的12％，其他部门的裁员占全机关的3％。此时，全机关实际减员15％，但被撤销机构中的留任人员占全机关总人数的13％。

2. D

①封建主义→贵族阶级的存在，等价于：¬贵族阶级的存在→¬封建主义。

②除非A，否则B=¬A→B，故有：¬（贵族的封号和世袭地位受到法律的确认）→严格意义上的贵族阶级就不可能存在，等价于：贵族阶级存在→贵族的封号和世袭地位受到法律的确认。

③欧洲的封建主义早在8世纪就存在。

④贵族世袭在12世纪才开始受到法律确认。

此题中出现诸如"除非……否则……"等关键词，提问方式是"上述断定能恰当地推出以下哪项结论"，故此题是个与形式逻辑有关的推论题。

Ⅰ项，由④可知，"12世纪以前贵族的世袭地位没有得到法律确认"，结合②可知，"严格意义上的贵族阶级就不存在"，再结合①可知，12世纪以前没有出现封建主义这一概念，与③矛盾，说明"封建主义这一概念存在不同的定义"，故此项必须成立，否则题干就犯了自相矛盾的逻辑错误。

Ⅱ项，由②可知，"贵族的封号和世袭地位受到法律的确认"是"贵族阶级存在"的必要条件，而非充分条件，故此项不必然成立。

Ⅲ项，由④可知，12世纪之前贵族的世袭地位没有得到法律确认，由②可知，他们不是严格意义上的贵族，而由③可知，欧洲的封建主义早在8世纪就存在。可见，8世纪到12世纪的封建国家中，不存在严格意义上的贵族，故此项成立。

3. B

①由深至浅有四种颜色：黑、蓝、黄、白。

②一种涂料只能被它自身或者比它颜色更深的涂料所覆盖。

此题的提问方式是"以下哪一项确切地概括了能被蓝色覆盖的颜色"，是由题干信息来看选项概括的准确度，可认为是推论题。

Ⅰ项，不准确，蓝色本身也能被蓝色覆盖，所以有可能是蓝色。

Ⅱ项，准确。因为，题干中有四种颜色，不是黑色的话，即蓝、黄、白，这三种颜色皆可被蓝色覆盖，也就是说，不是黑色的都可以被蓝色覆盖。

Ⅲ项，不准确，不如蓝色深的是黄色和白色，而蓝色本身也能被蓝色覆盖。

4. C

①用蒸馏麦芽渣提取的酒精可以作为汽油的替代品。

②到1995年，谷物作为酒精的价值已经超过了作为粮食的价值。

③西方国家已经或正在考虑用从谷物中提取的酒精来替代一部分进口石油。

④1995年后进口石油价格下跌。

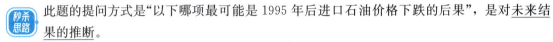此题的提问方式是"以下哪项最可能是1995年后进口石油价格下跌的后果"，是对<u>未来结果的推断</u>。

由于石油和谷物提取的酒精存在替代和竞争关系，那么，当1995年后进口石油价格下跌时，酒精就面临竞争压力有可能需要降价，从而作为其原材料的谷物就面临降价的压力。故C项正确。

A项，由②知，1995年，谷物作为酒精的价值已经超过了作为粮食的价值。因此，当酒精价格的下跌幅度大到使得谷物作为酒精的价值低于作为粮食的价值时，才会出现谷物从能源市场向粮食市场的转移。故此项虽然也有可能，但可能性不如C项大。

B项，与A项相反，不可能发生。

D项，与C项相反，不可能发生。

E项，题干讨论的是酒精与进口石油的关系，并未讨论国产石油的情况，故此项排除。

5. E

①夏季，当气温高于30℃时，无法达到完成最低工作指标的平均工作效率，而在此温度线之下，气温越低，平均工作效率越高，只要不低于22℃。

②冬季，当气温低于5℃时，无法达到完成最低工作指标的平均工作效率，而在此温度线之上，气温越高，平均工作效率越高，只要不高于15℃。

③调查测试显示，车间中蓝领工人的平均工作效率和车间中的气温没有直接关系，只要气温不低于5℃、不高于30℃。

此题的提问方式是"从上述断定，推出以下哪项结论最为恰当"，故此题是<u>推论题</u>。此题有点像英语阅读理解中的细节题，将选项代入题干信息进行比对即可。

A项，不恰当，由③知，车间中，当气温低于5℃、高于30℃时，对蓝领工人的工作效率存在影响，因此安装空调还是有作用的。

B项，无关选项，题干没有说明气温低于5℃时，气温与工作效率的关系。

C项，无关选项，题干只涉及了夏、冬两季，没有涉及春、秋两季。

D项，无关选项，题干没有说明气温高于30℃时，气温与工作效率的关系。

E项，正确的推论，由②知，冬季"气温越高，平均工作效率越高，只要不高于15℃"，说明室内温度为15℃时，办公室白领人员的平均工作效率最高。

6. E

①第二次世界大战末期，生育期的妇女数目创纪录得低，然而几乎20年后，她们的孩子的数目创纪录得高。

②在 1957 年，平均每个家庭有 3.72 个孩子。

③在 1983 年，平均每个家庭有 1.79 个孩子。

 此题的提问方式是"从上面的叙述中可以推导出什么"，故此题是推论题。

 A 项，与题干信息①矛盾。

B 项，无关选项，题干中的"第二次世界大战末期"仅仅表达时间，并没有讨论出生率与战争的关系。

C 项，无关选项，题干不涉及"极其特殊的环境"。

D 项，不一定为真，在出生率低的时候，有可能是因为相对少的妇女在她们的生育期，也有可能是因为生育意愿低等其他原因。

E 项，1957 年出生的孩子，在 1983 年时，正好处于生育期，因此，这个时候的生育期妇女应远大于第二次世界大战末期，但是平均每个家庭拥有的孩子更少，即在生育期妇女数量大大增加的情况下，出生率反而大大下降了。因此，E 项正确。

7. B

 题干：把一种从 W_1 中提取的基因，植入易受感染的谷物基因中，可以使该谷物产生对 W_1 的抗体，这样处理的谷物同时产生对 W_2 和 W_3 病毒其中一种的抗体，严重减弱对另一种病毒的抵抗力，但科学家认为，此方法可减少谷物因病毒危害造成的损失。

 A 项，不必然为真。因为如果 W_1 的危害性比其余两种病毒的危害性加在一起还大，则题干的陈述仍然成立。

B 项，必然为真。否则，假如 W_2 的危害大于 $W_1 + W_3$。那么，当抗体能抵抗 $W_1 + W_3$，但减弱了对 W_2 的抵抗力时，反而会加大损失。

C 项，不必然为真。题干比较的是 W_1 加上 W_2 和 W_3 中的一种病毒，与余下的一种病毒的关系，而不是比较 W_1 与 W_2、W_3。

D、E 项，不必然为真。因为题干没有进行 W_2 和 W_3 的比较。

8. D

 ①德育：均分为上、中、下三个等级，候选人必须为上等。

②成绩：均分为优、良、中、差四个等级，候选人必须为优。

③身体：均分为好与差两个等级，候选人必须为好。

④共有 36 名学生。

 题干的问题是"除了以下哪项外，其余都可能是这次选拔的结果？"即有四项符合题干，一项不符合题干，故此题是推论题。

 候选人必须同时满足①、②、③的要求，那么，由②知，候选人最多占到总人数的 1/4，即小于等于 9 人。故 D 项为假，其余各项都可能为真。

9. A

 锁定"研究人员发现"，可知第一句话是论点，后面的调查是论据。

题干：每天至少食用五份蔬菜的人患胰腺癌的概率是每天食用两份以下蔬菜的人的一半——→ 证明

每天食用五份蔬菜可以降低患胰腺癌的风险。

题干的问题是"以下哪一项办法最有助于 判断上述研究结论的可靠性？"这就是说，我们要找的选项会影响题干论证的成立性，即：判断关键问题。

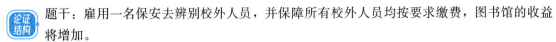A项，在以肉食为主、很少食用以上蔬菜的群体中胰腺癌患者的比例若高，则支持题干，反之则削弱题干，故此项是关键问题，正确。

B、C、D、E项，均不涉及食用蔬菜和患胰腺癌的关系，故均为无关选项。

10. E

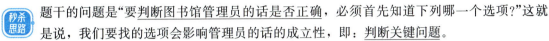题干：雇用一名保安去辨别校外人员，并保障所有校外人员均按要求缴费，图书馆的收益将增加。

题干的问题是"要<u>判断</u>图书馆管理员的话<u>是否正确</u>，必须首先知道下列哪一个选项?"这就是说，我们要找的选项会影响管理员的话的成立性，即：判断关键问题。

E项，要判断收益是否增加，首先要判断新增收益与新增支出的关系，所以，需要知道的是雇用保安的开支，故此项正确。

其余各项均与雇用保安无关，是无关选项。

11. D

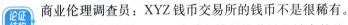商业伦理调查员：XYZ钱币交易所的钱币不是很稀有。

XYZ钱币交易所：XYZ钱币交易所是世界上最大的几个钱币交易所之一，我们销售的钱币是经过一家国际认证的公司鉴定的，并且有钱币经销的执照。因此，商业伦理调查员的指责是可笑的。

A项，XYZ钱币交易所并没有夸大商业伦理调查员的论述，排除。

B项，XYZ钱币交易所并没有指责商业伦理调查员"有偏见"，排除。

C项，两人均不涉及XYZ钱币交易所是否具有钱币鉴定能力，排除。

D项，XYZ钱币交易所对商业伦理调查员的反驳，并没有涉及"钱币是否稀有"的问题，与商业伦理调查员的论证无关，正确。

E项，"非常稀少"这个词并不是含混的概念，排除。

12. E

锁定"有两个明显的原因"，可知此题是现象分析型的题目。

题干中的现象(结果)：近十年吸烟者中肺癌患者的比例下降10%。

题干中的原因：

①近十年中高档品牌的香烟都带有过滤嘴，这有效地阻止了香烟中有害物质的吸入。

②和上一个十年相比，近十年吸烟人数大约下降了10%。

题干的问题是"以下哪项对上述分析的评价最为恰当?"故此题是一道评价逻辑漏洞题。

题干中涉及比例：

$$吸烟者中肺癌患者的比例 = \frac{吸烟者中肺癌患者的人数}{吸烟者总人数} \times 100\%。$$

由此可见，吸烟者的总人数下降，不足以推出吸烟者中肺癌患者的比例上升或下降，忽略了分子的影响。

A、B、C项，显然不恰当。

D项，$京都大学西部新生的比例 = \frac{该校录取的西部新生数}{该校新生总数} \times 100\%$。所以，此项中的两个原因都会使得该式子的分子"该校录取的西部新生数"增大，从而使得这个比例增大。故此项没有逻辑漏洞。

E 项的评价准确，因为：

$$机动车事故死亡率=\frac{机动车事故死亡数}{机动车总数}\times100\%。$$

但是，机动车总数变化会导致机动车事故死亡率下降的前提是"机动车事故死亡数"不变，但这一前提未必成立。因此，机动车总数的变化不足以推出机动车事故死亡率的上升或下降，从而也不足以推出航空将变得更为安全。

13. A

 正方采用类比论证：

①汽车：有风险，但不应该将汽车时速限制为不超过自行车以排除汽车交通死亡事故风险；

②安乐死：有风险；

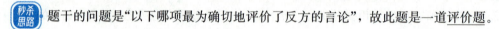

所以，不应该反对安乐死以排除安乐死的风险。

反方：如果汽车行驶得和自行车一样慢，那么汽车就毫无意义。

 题干的问题是"以下哪项最为确切地评价了反方的言论"，故此题是一道评价题。

 反方的观点说明，确实不应该限制汽车的时速，支持了正方的论据①，故 A 项正确。
其余各项均不恰当。

14. D

 题干的问题是"正方的论证预设了以下哪项"，故此题是一道假设题。

 Ⅰ项，必须假设，正方认为实施安乐死虽然有风险，但是不能禁止安乐死，说明他认为实施安乐死利大于弊。

Ⅱ项，必须假设，否则，如果医疗事业的绝对宗旨是尽可能地延长病人的生命，那么安乐死就不应该被允许。

Ⅲ项，不必假设，正方讨论的正是在"不能准确把握实施安乐死的标准"的情况下，是否应该执行安乐死，所以此项不必假设。

15. B

 萨沙：笔迹分析家习惯性地夸大分析结果的可靠性，因此，不应将笔迹分析作为评价一个人性格的证据。

格瑞高里：结果不可靠仅因为无专业标准，因此，可通过制定专业标准来解决该问题。

 题干的问题是"格瑞高里在应答萨沙的论述时，用了下面哪一项"，故此题是一道评论论证方法题。

 格瑞高里承认对方指出的问题，但认为这一问题，是可以通过成立机构、限制不合理的行为来解决（限定使用范畴），因此，笔迹分析结果还是可以作为证据使用的。因此，B 项正确。
A 项，忽略论据，与格瑞高里的论证方法不符。
C 项，归纳论证，与格瑞高里的论证方法不符。
D 项，指出萨沙的论述自相矛盾，与格瑞高里的论证方法不符。
E 项，指出萨沙的论述正是自己所批评的，也是自相矛盾，与格瑞高里的论证方法不符。

16. E

论证结构

小李：复制品和真品在视觉上无差异→有相同的品质→价格应该相等。

小王：复制品和真品在视觉上无差异的艺术品，由于产生于不同的年代，也不能算有相同的品质。

题干的问题是"以下哪项是小李和小王的分歧之所在"，故此题是<u>争论焦点题</u>。

A项，二人都认为有可能有复制品和真品在视觉上难以区分，不符合双方差异原则。

B项，小李认为复制品和真品的价格应该相同，小王不认同此观点，可见二者均不认为复制品的价格应该比真品"价值高"，此项不符合二人的观点。

C项，二人讨论的显然不是把复制品误认为真品的问题。

D项，小王认为真品和复制品的年代不同，而小李对此没有发表看法，不符合双方表态原则。

E项，小李认为复制品和真品具有相同的品质，而小王认为，复制品和真品不具有相同的品质。故此项是两人的争论焦点。

17. B

题干的问题是"小王用下列哪项方法<u>驳斥</u>小李的论证"，故此题是<u>评论反驳方法题</u>。

小李得出复制品和真品的价值应该相同的理由，其论据是二者的品质相同，而小王认为二者的品质不同，反驳了小李的论据（论据即得出结论的基础），故B项正确。

其余各项均不准确。

18. C

论证结构

史密斯：《条例》的保护对象中，应当包括杂种动物。其根据是：《条例》的保护对象中，包括赤狼。赤狼是杂种动物。既然赤狼明显需要被保护，所以，杂种动物需要被保护。

张大中：您的观点（杂种动物需要被保护）不能成立。其根据是：如果赤狼是山狗与灰狼杂交种的话，那么，即使现有的赤狼灭绝了，仍然可以通过杂交来重新获得它。

题干的问题是"以下哪项最为确切地概括了张大中与史密斯争论的焦点"，故此题是<u>争论焦点题</u>。

A项，史密斯认为"赤狼是杂种动物"，而张大中表示"如果赤狼是杂交种的话"，可见在这一点上两人并不分歧，违反双方差异原则。

B项，两人的争论中，赤狼仅仅是作为例证出现，而不是二人争论的观点，违反论点优先原则。

C项，史密斯认为《条例》的保护对象中应当包括杂种动物，张大中认为此观点不能成立，故二人的争论焦点是：《条例》的保护对象中，是否应当包括杂种动物，此项正确。

D项，二人均没有讨论山狗与灰狼是否都是纯种物种，违反双方表态原则。

E项，两人在赤狼是否有灭绝的危险上没有争议，违反双方差异原则。

19. B

题干的问题是"以下哪项最可能是张大中的反驳所<u>假设</u>的"，故此题是<u>假设题</u>。

A项，不必假设，因为张大中的论证不涉及杂种动物的鉴别，只是说"假如"是杂种动物的话应该怎样。

B 项，必须假设，否则，如果有的杂种动物不是现存纯种动物杂交的后代，那么，此种杂种动物一旦灭绝，就不能通过杂交来重新获得它，张大中反驳的根据就不能成立。

C 项，无关选项，张大中没有讨论山狗与灰狼是不是纯种动物。

D 项，无关选项，张大中没有讨论《条例》的执行效果。

E 项，与张大中的"如果赤狼是山狗与灰狼杂交种的话"这句话矛盾，显然不是其假设。

20. C

 题干先做了一个断定，然后给出统计数字作为证据。

题干：仅 1995 年，全世界死于地面交通事故的人数超出 80 万，而在自 1990 年至 1999 年的 10 年间，全世界平均每年死于空难的还不到 500 人，我国平均每年死于空难的还不到 25 人 ——证明——→ 人们对于搭乘航班的恐惧其实是毫无道理的（搭乘航班是安全的）。

 题干的问题是"为了评价上述论证的正确性，回答以下哪个问题最为重要"，故此题是**判断关键问题**。此题用死亡人数的比较，来进行安全性的比较，故也是**数量比率模型**。

 要判断地面交通和航班哪个更安全，衡量标准应该是死亡率，而不是死亡人数。

根据公式：

$$死亡率＝\frac{死亡人数}{交通参与人数}\times100\%。$$

所以，回答 C 项的问题对于评价题干论证的正确性最为重要。

B 项仅仅是我国的情况，未必在全世界范围内有代表性，因此，B 项的重要性不如 C 项。

其余各项显然不正确。

21. A

 题干的问题是"以下哪项最为恰当地评价了上述推理"，是一道**评论逻辑漏洞题**。要注意，此类题中，题干的论证有可能是有漏洞的，也有可能是成立的。

 一批产品，只有两类：不合格产品、合格产品。

由题干知，甲、乙产品检验系统，均能检测出所有不合格产品，故不合格产品不存在误检。

合格产品，对于甲、乙产品检验系统来说，都有 3％ 的误检率，但由题干知，不存在一个产品，会被两个系统都误检，所以，被甲系统误检为不合格的产品，若再经乙系统检验，则被测定为合格。同理，被乙系统误检为不合格的产品，若再经甲系统检验，则被测定为合格。

又由题干，被甲乙组合系统测定为不合格的产品，包括且只包括两个系统分别工作时都测定的不合格产品，所以合格产品不会被误检。

综上，不合格产品和合格产品均不会被误检，该系统误检率为零，故题干中的推理为真。

22. E

 锁定"因此"，可知此前是论据，此后是论点。

题干中的论据：

①吃胶质奶糖和巧克力都可能导致蛀牙。

②胶质奶糖或巧克力粘在牙齿上的时间越长，则引起蛀牙的风险越大。

③巧克力粘在牙齿上的时间比胶质奶糖短。

题干中结论：对于引起蛀牙来说，吃胶质奶糖比吃巧克力的风险更大。

 题干的问题是"以下哪项对上述论证的评价最为恰当"，故此题是**评价逻辑漏洞题**。

题干的漏洞在于其论证的前提是对吃胶质奶糖这一事件进行内部比较或者对吃巧克力这一

事件进行内部比较，而结论是对吃巧克力和吃胶质奶糖之间进行比较。

A项，显然评价不恰当。

B项，评价不恰当，题干没有涉及胶质奶糖和巧克力的类型。

C项，评价不恰当，题干并未假设只有吃含糖食品才会导致蛀牙。

D项，评价不恰当，此项论证的是海拔高度与空气稀薄程度的比较，不存在漏洞。

E项，评价恰当，此项论证的前提是对火灾或者地震的内部比较，结论是对地震和火灾之间的比较，漏洞与题干相同。

23. C

 李工程师：一项权威性的调查数据显示，在医疗技术和设施最先进的美国，婴儿最低死亡率在世界上只占第 17 位（现象）——证明——>先进的医疗技术和设施，对于人类生命和健康所起的保护作用，对成人要比对婴儿显著得多（原因）。

张研究员：我不能同意您的论证。一个国家所具有的先进的医疗技术和设施，并不是每个人都能均等地享受的。较高的婴儿死亡率更可能是低收入的结果（原因）。

 题干的问题是"以下哪项最为恰当地概括了张研究员反驳李工程师所使用的方法"，故此题是评价反驳方法题。

李工程师认为原因是"先进的医疗技术和设施对婴儿的作用不显著"，张研究员认为原因是"低收入的结果"，故张研究员的反驳方法是另有他因。

 A项，质疑论据，排除。

B项，质疑论点，排除。

C项，另一种解释即另有他因，正确。

D项，说明李工程师的论据会导致相反的结论，排除。

E项，偷换概念，排除。

24. D

 题干的问题是"张研究员的反驳基于以下哪项假设"，故此题是一道假设题。

 张研究员的论证中存在一组递进式的因果关系，即①低收入——导致——>②不能享受先进的医疗技术和设施——导致——>③较高的婴儿死亡率。故：

Ⅰ项，必须假设，指出"①——导致——>②"这组因果关系确实具备相关性。

Ⅱ项，必须假设，指出确实存在低收入者，即前提①成立。

Ⅲ项，不必假设。因为只有李工程师提及"成人"而张研究员并没有提及，故此项是无关选项。

25. B

 锁定"是由……造成的"，可知此题是现象分析型的题目。

T 国政府：本国受到全球范围的股市暴跌的冲击，这是因为，国内一些企业过快的非国有化。

 题干的问题是"以下哪项最有利于评价 T 国政府的上述宣称"，故此题是判断关键问题。

 A项，题干仅涉及过快的非国有化是否会导致"股市暴跌的冲击"，而此项对比的是"正面影响"和"负面影响"，无关选项。

B项，建立对照组，通过求异法可知，若没有实行企业非国有化的国家也受到了同样的冲击，则削弱题干；若没有实行企业非国有化的国家没有受到冲击，则支持题干的结论。因此，B项对于正确评价 T 国政府的宣称最为有利。

C项，无关选项。此项中的对照组选择的是"那些经济情况和 T 国有很大差异"的国家，那么真正的影响因素可能是这些差异，无法衡量"非国有化"的影响。

D、E项，均不涉及"非国有化"，无关选项。

26. A

论证结构：题干：杀虫剂可以区分鸟类和昆虫，所以不会杀死鸟类，但不能区分益虫与害虫，因此，会误杀益虫。

秒杀思路：题干的问题是"以下哪项产品的特点，和题干中的杀虫剂最为类似"，故此题是一道论证结构相似题。

选项详解：A项，一种新型战斗机所装有的特殊电子仪器可以区分客机（对应鸟类）和战斗机（对应昆虫），所以不会误伤客机，但不能区分友机与敌机（对应益虫和害虫），因此，会误伤友机（对应益虫）。可见此项与题干类似。

其余各项均与题干不同。

27. B

论证结构：题干：每一个政治不稳定事件都有某个人作为幕后策划者。所以，所有政治不稳定事件都是由同一个人策划的。

显然，由"某个"人不能推出"同一个"人，题干犯了偷换概念的逻辑错误。

秒杀思路：题干的问题是"下面哪一个推理中的错误与上述推理的错误完全相同"，故此题是一道论证结构相似题。

选项详解：B项，任一自然数都小于"某个"自然数，无法推出所有自然数都小于"同一个"自然数，与题干相同，正确。

其余各项显然均与题干不同。

28. B

论证结构：题干中，顾客询问的是游泳池的工作人员是否有资格罚款，而工作人员回答的是罚款的目的，犯了转移论题的逻辑错误。

秒杀思路：题干的问题是"上述对话中工作人员所犯的逻辑错误，与以下哪项中出现的最为类似"，故此题是一道论证结构相似题。

选项详解：A项，管理员要求每个进入泳池的同志必须戴上泳帽，又允许工作人员不戴泳帽，犯了自相矛盾的逻辑错误。

B项，市民建议精简文明公约，专家说的是市民公约是如何制定的，犯了转移论题的逻辑错误，与题干相似。

C项，用"战争"定义"和平"，又用"和平"定义"战争"，犯了循环定义的逻辑错误。

D项，因为是发达国家，所以私人都有汽车，而不是私人都有汽车就是发达国家，犯了因果倒置的逻辑错误。

E项，失去尾巴的隐含假设是原本有尾巴，如果"我"本来就没有尾巴的话，这个提问就是错的，因此，犯了不当假设的逻辑错误。

29. D

张珊：宁泽涛今晚只是运气好而已，他今天游了 47 秒 84，但这只是一个很一般的成绩，他去年曾经游出过 46 秒 9 的成绩。

李思：我不同意。这就像一个人以 718 分拿了高考状元，但你却说他考得不好，因为他在一次模考中曾经考过 725 分。

题干的问题是"以下哪项最为确切地概括了李思的反驳所运用的方法"，故此题是一道评论反驳方法题。

A项，提出更有力的论据，与李思的反驳方法不同，排除。

B项，举反例来质疑对方的论据，高考可以近似地看成一个反例，但是，李思是为了反驳张珊的观点，而不是反驳张珊的论据，排除。

C项，举反例来质疑"一般性结论"，不恰当。因为张珊的结论仅针对宁泽涛一个人，而不是一般性结论。

D项，李思构造了和对方类似的论证（高考），但其结论显然是不可接受的，即荒谬的，所以他的反驳方法是：类比＋归谬，故此项正确。

E项，李思没有反驳张珊的数据分析，排除。

30. E

题干的问题是"以下哪项最为恰当地概括了张珊和李思争论的焦点"，故此题是一道争论焦点题。

A项，仅仅是李思的观点，违反双方表态原则。

B项，两人均未提及"最优秀的运动员"，违反双方表态原则。

C项，李思没有对张珊所引用的数据进行质疑，违反双方表态原则。

D项，干扰项，题干的论证仅涉及"宁泽涛"，而 D 项的论证对象是"运动员"，扩大了论证范围。

E项，张珊对宁泽涛的评价是"这只是一个很一般的成绩"，李思不同意这个观点，并构造了一个类比论证来反驳这一观点，故两个人的争论焦点是张珊认为宁泽涛"这只是一个很一般的成绩"的这一评价是否合理，故此项正确。

第3部分
仿真模考

199 管理类联考逻辑模拟卷 1

1. A

 题干均为假言判断，选项也几乎全是假言判断，故使用三步解题法。

 第 1 步：画箭头。

题干：

①生命有机体不需要新陈代谢→生命停止。

②文明长期自我封闭→文明衰落。

③保持生命活力→同其他文明交流互鉴、取长补短。

第 2 步：逆否。

题干的逆否命题为：

④¬ 生命停止→¬ 生命有机体不需要新陈代谢。

⑤¬ 文明衰落→¬ 文明长期自我封闭。

⑥¬ 同其他文明交流互鉴、取长补短→¬ 保持生命活力。

第 3 步：找答案。

A 项，¬ 同其他文明交流互鉴→¬ 保持生命活力，等价于⑥，可以推出。

B 项，¬ 文明长期自我封闭→¬ 文明衰落，由箭头指向原则、⑤可知，"¬ 文明长期自我封闭"后无箭头指向，故此项可真可假。

C 项，同其他文明交流互鉴、取长补短→保持生命活力，由箭头指向原则、③可知，"同其他文明交流互鉴、取长补短"后无箭头指向，故此项可真可假。

D 项，¬ 保持生命活力→¬ 同其他文明取长补短，由箭头指向原则、⑥可知，"¬ 保持生命活力"后无箭头指向，故此项可真可假。

E 项，不能推出，"一切生命终将停止"是一个事实判断，题干信息①为假言判断，由假言判断无法直接推出事实判断。

2. D

 题干先是摆出现象（大汶口文化、龙山文化变迁）；再锁定关键句"距今 4 400 年左右的极端气候变化，可能是导致这次文化变迁的主要原因"，可知该句是在分析文化变迁的原因。故此题是现象分析型结构。

现象：大汶口文化向南迁移，而龙山文化由北迁到此地。

原因：距今 4 400 年左右的极端气候变化。

 现象分析型题目的常见支持方法有：(1)因果相关；(2)排除他因；(3)无因无果；(4)并非因果倒置。

 A 项，另有他因，说明大汶口文化向南迁移是由于有这样的传统，削弱题干。

B 项，无关选项，龙山文化迁来后的状况与其迁移的原因无关。

C 项，说明气候变化使得藻类、水生植物基本绝迹，会减少大汶口文化族群的食物来源，进而导致其向南迁移，但是无法说明为什么龙山文化会由北迁到此地，所以支持力度较弱。

D项，说明气候和环境的变化(因)会影响族群生存，进而可能导致其变迁(果)，因果相关，可以支持题干的论证。

E项，另有他因，说明龙山文化的迁移是因为其他原因，削弱题干。

3. D

 题干涉及澳洲丛冢雉和其他动物在蛋感染率方面的对比，故此题考查的是<u>求异法</u>。

澳洲<u>丛冢雉</u>：蛋壳中含有溶酶酵素，其蛋发生感染的概率仅为 9％；

其他动物：其蛋发生感染的概率高于 20％；

因此，溶酶酵素很可能就是抵御细菌侵扰的关键因素。

<u>差因差果模型</u>的题目常用<u>另有其他差异因素(可简称另有差因)</u>来削弱。此外，求异法归根结底还是找原因的方法，故因果无关、因果倒置、有因无果、无因有果等削弱因果的方法也适用。

A项，有因无果，其他动物的蛋壳中也含有溶酶酵素(有因)，但是感染概率却更高(无果)，可以削弱。

B项，另有他因，说明丛冢雉的蛋壳是因为被一层纳米级的碳酸钙层包裹才抵御了细菌侵扰，可以削弱。

C项，另有他因，说明是丛冢雉散发的特殊气味导致了细菌数减少，可以削弱。

D项，排除他因，说明不是因为蛋壳厚导致了丛冢雉的蛋壳可以抵御细菌入侵，支持题干。

E项，另有他因，说明是因为丛冢雉的蛋壳更厚，所以抵御了细菌的入侵，可以削弱。

4. B

 题干均为假言，选项均为事实，故此题为<u>假言事实模型</u>，常用找矛盾法或二难推理法解题。又由于本题的提问方式为<u>"可以得出下列哪项"</u>，并且其选项看起来像排列组合一样列出了各种可能，故本题还可以使用<u>选项排除法</u>。

根据父亲的愿望，可排除 E 项。

根据母亲的愿望，可排除 A 项。

根据儿子的愿望，可排除 C、D 项。

故 B 项正确。

5. D

 题干为假言，问题是"说明航空公司的承诺没有兑现"，故此题考查的是<u>假言判断的负判断</u>(即矛盾命题)。

 航空公司承诺：晚点 24 小时以上→(全额退票∧原票价 20％的补偿)∨三星级以上的宾馆休息。

航空公司的承诺没有兑现，即：晚点 24 小时以上∧¬[(全额退票∧原票价 20％的补偿)∨三星级以上的宾馆休息]。

等价于：晚点 24 小时以上∧(¬全额退票∨¬原票价 20％的补偿)∧¬三星级以上的宾馆休息。

所以，航空公司没有兑现承诺的情况有：

①晚点 24 小时以上∧¬全额退票∧¬三星级以上的宾馆休息。

②晚点 24 小时以上∧¬原票价 20％的补偿∧¬三星级以上的宾馆休息。

③晚点 24 小时以上 ∧ ¬ 全额退票 ∧ ¬ 原票价 20% 的补偿 ∧ ¬ 三星级以上的宾馆休息。

Ⅰ项，¬ 晚点 24 小时，不能说明航空公司的承诺没有兑现。

Ⅱ项，晚点 24 小时以上 ∧ ¬ 全额退票 ∧ 三星级以上的宾馆休息，不能说明航空公司的承诺没有兑现。

Ⅲ项，晚点 24 小时以上 ∧ ¬ 原票价 20% 的补偿 ∧ ¬ 三星级以上的宾馆休息，说明航空公司的承诺没有兑现。

故 D 项正确。

6. A

 锁定关键词"剥夺了"，可知题干第一句话是对结果的断定，故为论点。第二句话是描述现实，故为论据。

题干：父母对孩子的教育控制权被转移到了专职教育人员手中(原因)，因此，公共教育正在遭受社会管理过度这种疾病的侵袭，这种疾病剥夺了许多家长对孩子接受教育类型的控制权(结果)。

 A项，提出反面论据，说明家长仍然可以通过影响学校来获得对孩子教育的控制权，从而指出题干断定的结果并没有发生，削弱题干。

B项，说明专职教育人员增多了，有助于说明对孩子的管理权掌握在专职教育人员手中。

C项，说明家长无法影响学校的课程设置，从而降低了对孩子教育的控制权，支持题干。

D项，题干不涉及"学校理事会的成员"的选拔方式，无关选项。

E项，"统一使用"的课程方案增加，说明学校教育更加集权化了，支持题干。

7. A

 题干中实验一、二为选言(可看作假言)，实验三为假言，而选项均为事实，故此题为假言事实模型。常用两种解题思路：找矛盾法、二难推理法。

 ①X ∨ Y。

②¬ Y ∨ ¬ Z。

③¬ Z → ¬ Y。

方法一：找矛盾法。

②和③判断对象完全相同，故优先考虑这两句话。

②¬ Y ∨ ¬ Z，等价于：Y → ¬ Z，与③串联可得：Y → ¬ Z → ¬ Y。

可见，由"Y"出发推出了矛盾，故"Y"为假，即"¬ Y"为真。

①X ∨ Y，等价于：¬ Y → X。故由"¬ Y"为真，可知"X"为真。故该粒子为 X 粒子。

方法二：二难推理法。

②¬ Y ∨ ¬ Z，等价于：Z → ¬ Y。

③¬ Z → ¬ Y。

根据二难推理公式(3)，可得：¬ Y。

再由①可得：¬ Y → X。故该粒子为 X 粒子。

8. B

 题干是 3 位男生与 4 位女生之间的匹配，两组元素的数量不一致，故此题为两组元素的多一匹配模型。

题干中无事实，故找重复元素，发现"张""王""李"均为重复信息，且重复次数均为 2 次，难以断定哪一个是突破口。

观察条件(1)，发现可以分情况进行讨论：

情况 1：张选甲。

故张不选丙，由条件(3)可知，李选丙。

故李不选乙，由条件(2)可知，王和赵选乙。

情况 2：王选甲。

故王不选乙，由条件(2)可知，李和赵选乙。

由二难推理可知：

$$张选甲 \lor 王选甲。$$
$$张选甲 \to 赵选乙。$$
$$王选甲 \to 赵选乙。$$
$$\overline{\qquad\qquad\qquad\qquad}$$
$$故，"赵选乙"为真。$$

由于题干是"互选"，且"彼此都选到了心仪的合作伙伴"，故乙也必选赵。

故 B 项正确。

9. C

 题干出现"如果……就……"，是一个假言判断，选项为假言判断和选言判断。故使用三步解题法。

 第 1 步：画箭头。

题干：

①不想总是受他人摆布→用批判性思维来武装头脑。

②不想混混沌沌地度过一生→用批判性思维来武装头脑。

③想学会独立思考、理性决策→用批判性思维来武装头脑。

第 2 步：逆否。

题干的逆否命题为：

④¬ 用批判性思维来武装头脑→想总是受他人摆布。

⑤¬ 用批判性思维来武装头脑→想混混沌沌地度过一生。

⑥¬ 用批判性思维来武装头脑→不想学会独立思考、理性决策。

第 3 步：找答案。

A 项，¬ 用批判性思维来武装头脑→不想学会独立思考、理性决策，等价于⑥，必然为真。

B 项，用批判性思维来武装头脑∨想混混沌沌地度过一生，等价于：¬ 用批判性思维来武装头脑→想混混沌沌地度过一生，等价于⑤，必然为真。

C 项，不想学会独立思考、理性决策→¬ 用批判性思维来武装头脑，根据箭头指向原则、⑥可知，"不想学会独立思考、理性决策"后无箭头指向，故此项可真可假。

D 项，不想总受他人摆布→用批判性思维来武装头脑，等价于①，必然为真。

E 项，用批判性思维来武装头脑∨想总受他人摆布，等价于：¬ 用批判性思维来武装头脑→想总受他人摆布，等价于④，必然为真。

10. C

锁定关键词"解释说"可知，其后为论据，其前为论点。

题干：发烧会增加热休克蛋白 90(Hsp90)在 T 淋巴细胞中的表达，这种蛋白质与整合素结合，促进 T 淋巴细胞黏附到血管上，最终加快迁移到感染的位置———→发烧可以促进淋巴证明

细胞向感染部位转移。

A 项，提出新论据，说明整合素在发烧时可以控制 T 淋巴细胞的转运，可以支持上述结论。

B 项，指出发烧能够诱导 Hsp90 与整合素的尾部结合，并可激活整合素，支持论据。

C 项，无关选项，此项说明"压力"可以诱导 Hsp90 在 T 淋巴细胞中的表达，但不涉及"发烧"是否促进淋巴细胞向感染部位转移。

D 项，可以支持，此项指出了 Hsp90 与整合素结合后是如何促进 T 淋巴细胞迁移的。

E 项，可以支持，此项指出了 Hsp90 与整合素结合后是如何促进 T 淋巴细胞迁移的。

11. C

题干中"使用棉纤维而不是尼龙"是措施，"会减少对环境的污染"是目的，故此题是措施目的模型。

题干：尼龙制品的生产过程会产生大量有害气体，而棉纤维的处理不会，因此，在一些有广泛用途的产品(措施)，例如绳和线的制造中使用棉纤维而不是尼龙，会减少对环境的污染(目的)。

对于措施目的模型的削弱题，优先考虑措施不可行、措施达不到目的和措施弊大于利。

A 项，指出措施有副作用(提高成本)，但是并不能削弱此措施可以减少环境污染。

B 项，无关选项，尼龙线的强度明显高于棉线，无法说明棉线不能满足使用要求。

C 项，措施达不到目的，绳线制品不用尼龙会导致尼龙更多地用于其他产品，所以，达不到减少尼龙使用量的目的，因此也不会减少对环境的污染。

D 项，不能削弱，不能完全解决环境污染问题，不代表无法减少对环境的污染。

E 项，题干并未涉及化纤产品和棉织品之间的比较。(干扰项·无关新比较)

12. C

题干已知条件均为选言(可看作假言)和假言，选项均为事实，故此题为假言事实模型。常用两种解题思路：找矛盾法、二难推理法。

①¬阅读《论语》→阅读《史记》。

②¬阅读《奥德赛》→阅读《资本论》。

③阅读《论语》→阅读《资本论》。

④阅读《史记》∨阅读《奥德赛》。

由④可得：⑤阅读《史记》→¬阅读《奥德赛》。

由①、⑤、②串联可得：¬阅读《论语》→阅读《史记》→¬阅读《奥德赛》→阅读《资本论》，即：⑥¬阅读《论语》→阅读《资本论》。

根据二难推理公式(3)，结合③、⑥可得：

$$阅读《论语》\rightarrow 阅读《资本论》;$$

$$\neg 阅读《论语》\rightarrow 阅读《资本论》;$$

$$因此,一定阅读《资本论》。$$

故 C 项正确。

13. C

 锁定关键词"因此",可知其前面是论据,后面是论点。

题干的论据:

①根据传统理论,此类史前石壁画大都画有作画者当时吃的食物。

②这个小岛上的作画者吃的应该是鱼或其他海洋生物。

③所发现的画中看不到鱼或其他海洋生物。

题干的论点:

传统理论的结论有问题。

 A 项,直接质疑论据②,能削弱题干。

B 项,由于石壁画保存不全,因此不能根据画中现有的内容得出结论,能削弱题干。

C 项,不能质疑题干,石壁画中"有的画有陆地动物"不能反驳题干中"所发现的画中看不到鱼或其他海洋生物"。

D 项,由于石壁画有的部分模糊不清,因此不能根据画中现有的内容得出结论,能削弱题干。

E 项,由于题干中的石壁画仅仅是壁画中的一部分,因此不能根据画中现有的内容得出结论,能削弱题干。

14. E

 题干是 3 个人与 6 个外号之间的匹配,两组元素的数量不一致,故此题为两组元素的多一匹配模型。题干中无假言,故使用口诀"事实/问题优先看,重复信息是关键。两组匹配用表格,三组匹配就连线"秒杀。

 题干均为两两互斥条件,即若 A 与 m 一起做某件事,说明 A 不是 m。

由于题干中只有三个人,对任意外号来说,排除两个人,就能确定第三个人拥有这个外号。

条件⑥中出现"小画家"与"聪聪""贝贝"两两互斥,故可直接断定聪聪和贝贝均不是小画家,故宝宝是小画家。

此时,出现确定事实,从事实出发,找"宝宝"或者"小画家"。

由②可知,宝宝不是大作家、不是跳高冠军。由③可知,宝宝不是短跑健将。由④可知,宝宝不是数学博士。故宝宝是歌唱家。

由⑤可知,贝贝也不是大作家,故聪聪是大作家。

由②可知,聪聪也不是跳高冠军,故贝贝是跳高冠军。

由①可知,贝贝也不是数学博士,故聪聪是数学博士。

因此,贝贝还是短跑健将。故 E 项正确。

综上所述,三人的外号情况见表1。

表1

人名＼外号	数学博士	短跑健将	跳高冠军	小画家	大作家	歌唱家
宝宝	×	×	×	√	×	√
贝贝	×	√	√	×	×	×
聪聪	√	×	×	×	√	×

15. D

 锁定关键词"因此"，可知此前为论据，此后为论点。

题干的论据：①北美青少年的平均身高增长幅度＞中国同龄人。

②北美中小学生的每周课外活动时间＞中国的中小学生。

题干的论点：中国青少年要想长得更高，就必须在读中小学时增加课外活动时间。

 题干暗含了一个因果关系：每周课外活动时间和平均身高增长幅度存在共变关系，故这二者之间应该有因果关系（共变法），因此才提出建议，必须在读中小学时增加课外活动时间。故 D 项正确。

 A项，不需要假设增加课外活动时间一定能使中小学生长得更高，只要能使部分学生长高就可使题干成立。（干扰项·假设过度）

B项，不必假设，题干的观点是"长高"而不是"长得一样高"。

C项，无关选项，题干没有涉及学生的体质与身高的关系。（干扰项·转移论题）

E项，无关选项，历史上北美人的身高情况与现在的身高情况无关。（干扰项·偷换论证对象）

16. B

 题干由事实和假言构成，故此题为事实假言模型，使用口诀"题干事实加假言，事实出发做串联；肯前否后别犹豫，重复信息直接连"秒杀。

 ①允许上内网→通过身份认证，等价于：不能通过身份认证→不允许上内网。

②没有良好的业绩→不能通过身份认证。

③张辉有良好的业绩。

④王维没有良好的业绩。

从事实出发，由④、②、①串联可得：王维→没有良好的业绩→不能通过身份认证→不允许上内网。

故王维不允许上内网，即 B 项正确。

17. D

 锁定关键词"将"，可知此题为预测结果模型。

题干：新型半导体材料能够稳定传输家电使用过程中所需的 10 安培电流。如果用在空调等电器上的话，可以节省近 10％ 的耗电量 ——预测——→ 利用这种新型半导体材料生产的家用电器，将比传统家用电器更具有市场竞争力。

 预测结果模型常用补充结果会发生的理由来支持。

A项，无关选项，题干讨论的是将新型半导体材料应用于家用电器，而非电动汽车。（干扰项·偷换论证对象）

B项，无关选项，此项讨论的是"目前市场上的"节能型家用电器，而非计划使用"新型半导体材料"的家用电器。（干扰项·偷换论证对象）

C项，不能支持，此项只能说明新型半导体材料有望应用于家电中，但不能说明利用这种新型半导体材料生产的家用电器比传统家用电器更具有市场竞争力。

D项，家用电器的使用总成本＝购买成本＋日常使用成本。此项说明，这种新材料制作的家用电器的生产成本并不更高，从而有助于说明它的购买成本与传统家用电器相当。而题干指出，这种新材料制作的家用电器更省电，即日常使用成本低。因此，这种新材料制作的家用电器的使用总成本会更低，从而支持题干。

E项，无关选项，新型半导体材料的研发引起关注与新型家用电器是否更具有市场竞争力无关。

18. D

 题干中"该玩家不拥有 B 地"为事实，条件①、②、③为假言，故此题为<u>事实假言模型</u>，从事实出发即可秒杀。

 由"该玩家不拥有 B 地"出发，可知条件①的后件为假，故其前件也为假，可得：该玩家在 A 地不拥有一家旅馆。故 D 项正确。

19. E

 题干是三位选手和七位导师之间的匹配，两组元素的数量不一致，故此题为<u>两组元素的多一匹配模型</u>。两组元素的匹配推荐使用表格法。

 将题干信息整理成表 2。

表 2

参赛选手 ＼ 导师	甲	乙	丙、丁	戊	己、庚
王一斤	×	×			
赵广东	×				×
西林	×				×

由题干信息(2)，结合表 2 可知，己和庚赞成王一斤晋级。

故 E 项正确。

20. B

 本题的提问方式为"哪一项<u>不可能为真</u>"，优先考虑使用选项排除法。

 A项，由题干信息无法得知丙赞成或者反对哪位选手晋级，故此项可真可假。

B项，根据题干信息(2)、(3)、(4)可知，庚反对赵广东和西林晋级、赞成王一斤晋级，而乙反对王一斤晋级，故乙和庚不可能赞成同一选手晋级，所以此项不可能为真。

C项，题干信息(3)指出乙反对王一斤晋级，但由题干信息无法得知乙对剩余的赵广东和西林两位参赛选手的晋级是赞成还是反对，故此项可真可假。

D项，由题干信息无法得知丙赞成或者反对哪位选手晋级，故此项可真可假。

E项，己与庚持同样态度，由上题分析可知，己赞成王一斤晋级、反对赵广东和西林晋级，即一票赞成，两票反对，故此项一定为真。

综上，B项正确。

21. D

 如果戊的表决跟庚一样，结合上题分析，可得表3。

表3

导师 参赛选手	甲	乙	丙、丁	戊、己、庚
王一斤	×	×		√
赵广东	×			×
西林	×			×

由表3可知，已有四位导师（甲、戊、己、庚）反对赵广东和西林晋级，故最多有三位导师赞成赵广东和西林晋级，根据题干信息"有四位或者四位以上导师投赞成票时，该选手才可以晋级"可知，赵广东和西林一定被淘汰。

要注意，题干并没有说三位参赛选手中一定有人晋级，故无法判断王一斤是否晋级。

故D项正确。

22. A

 题干为5人的成绩由高到低依次排序，故此题为<u>一字方位模型</u>。重复信息常作为突破口。

 观察已知条件，可知"王伍"出现的次数最多，故优先考虑"王伍"。

由①可知，王伍不挨着张珊；由②可知，王伍不挨着赵柳；由③可知，王伍不挨着孙琪。

故王伍只挨着李思这一个人，可得：王伍是第一名或者第五名。

假设王伍排在第一名，那么李思排在第二名。

由①、③可知，李思的名次只能挨着王伍和赵柳，故赵柳排在第三名。

由②可知，赵柳的名次不挨着孙琪，故赵柳的名次挨着张珊，因此张珊排在第四名，孙琪排在第五名。

由④、⑤可知，张珊不能排在第四名，故该假设与题干矛盾。

故王伍排在第五名，同理可知，李思排在第四名，赵柳排在第三名，张珊排在第二名，孙琪排在第一名。

故A项正确。

23. B

 要评价的观点是：①有犯罪前科并在三年内"二进宫"的人数逐年上升，可能是由于我们的教育、改造体制存在缺陷，所以应当改革。

②我们需要一种既能帮助刑满释放人员融入社会又能监督他们的措施。

 根据本题的提问方式，可确定此题为<u>判断关键问题</u>。此类试题的秒杀方法为：对选项的问题做肯定回答，看削弱还是支持题干；再对选项的问题做否定回答，看削弱还是支持题干。肯定回答和否定回答恰好一个削弱题干一个支持题干的项，就是正确选项。

注意：本题找的是"不相关"的选项。

A项，如果回答为"是"，说明确实需要帮助刑满释放人员就业，则支持专家的观点，否则，削弱专家的观点。

B项，无关选项，题干说的是刑满释放人员，此项说的是在监狱服刑人员和刑满释放人员的孩子的情况。

C项，如果回答为"是"，说明确实需要帮助刑满释放人员获得投票权，则支持专家的观点，否则，削弱专家的观点。

D项，如果回答为"否"，说明刑满释放人员确实需要在重返社会中获得帮助，则支持专家的观点，否则，削弱专家的观点。

E项，如果回答为"是"，说明确实需要一种措施来帮助刑满释放人员，则支持专家的观点，否则，削弱专家的观点。

24. D

题干中有3个对职业的陈述，已知这3个陈述"都只对了一半"，故此题为<u>一个人多个判断的真假话问题</u>。可用假设法、找对当关系法来解题。

方法一：找对当关系法。

已知①、②、③的前半句均为对张珊职业的陈述，故①、②、③的前半句为"一真两假"。因此，三人的后半句为"两真一假"。

又知"李思当上了医生"和"李思当上了教师"为反对关系，至少一假，因此，"王伍当上了教师"一定为真。

结合③可知，"张珊当上了空姐"为真；再结合①可知，"李思当上了医生"为真。

综上，D项正确。

方法二：假设法。

假设张珊的前半句话为真，即"张珊当上了教师"为真，那么李思的前半句话"张珊当上了医生"为假，根据"三人的陈述都只对了一半"可知，李思的后半句话"王伍当上了教师"为真，则有两个人当上了教师，与题干矛盾，故假设不当，即张珊的前半句话"张珊当上了教师"为假。

故张珊的后半句话"李思当上了医生"为真，则王伍的后半句话"李思当上了教师"为假、前半句话"张珊当上了空姐"为真。

继续推理，可知李思的前半句话"张珊当上了医生"为假、后半句话"王伍当上了教师"为真。

故 D 项正确。

25. D

根据提问方式中的"成绩从高到低"，可知此题是<u>排序问题</u>，可利用不等式解题。另外，此题还涉及人与班级的匹配问题，可考虑重复元素分析法。

找重复元素"3班"，故由②、③可知，小红和小勇都不是3班的同学，故小雪是3班的同学。

再由①、②可知，小红的成绩＞3班小雪的成绩＞2班所有人的成绩，故小红是1班的同学，小勇是2班的同学。

综上，三人的成绩从高到低依次为：小红＞小雪＞小勇，即 D 项正确。

26. B

锁定关键词"因此"，可知"因此"前为论据，"因此"后为论点。题干的论据为已知的现象，而论点为造成该现象的原因，故此题是<u>现象分析型</u>的题目，即摆现象、析原因。

现象：上一个冰川形成并从极地扩散时期的一种珊瑚化石在比它现在生长的地方深得多的海底被发现了。

原因：它们之间在重要的方面有很大的不同。

<u>现象分析型</u>的假设题，最常用三种方法：(1)因果相关；(2)排除他因；(3)并非因果倒置。

A 项，无关选项，题干的论证并未涉及在冰川未从极地扩散之前的这种珊瑚的化石。

B 项，必须假设，排除他因，说明不是地理变动导致了珊瑚化石深度的改变。

C 项，支持题干，但不是题干的隐含假设，因为题干只涉及"海水深度"，不涉及是否在"相同地理区域"。

D 项，无关选项，题干的论证并未涉及是否发现了各个时期的珊瑚化石。

E 项，无关选项，题干的论证并未涉及珊瑚"个头"。

27. C

此题要求找出一个选项替换文中的证据，替换后一样支持题干的结论，故此题实际上是要求找出一个新的论据支持题干的结论。因此，题干中的论据不重要，重点看题干的观点。

原来的观点：费狒狒将军墓前的雕塑建于出自和费将军同一世纪的某个艺术家之手。

题干的观点：费狒狒将军墓前的雕塑作品极有可能出自更晚些时候的艺术家之手。

只要有证据证明雕塑的年代晚于 16 世纪，即可证明题干的观点。

A 项，"遗孀"是指丈夫死后留下的妻子，因此，如果此项为真，则雕塑作品是费将军同时代艺术家制作的，削弱题干。

B 项，无关选项，此项中的作品未必包括费将军墓前的雕塑作品。（干扰项·偷换论证对象）

C 项，雕塑中靴子的材料是 1875 年以后才被用于制作靴子，说明该雕塑的制作时间远晚于费狒狒将军所处的年代，支持题干。

D 项，无关选项，"其他艺术品"的制作年代与费将军墓前的"雕塑作品"的制作年代无关。（干扰项·偷换论证对象）

E 项，说明费将军墓前的雕塑作品可能出自费将军同时代的艺术家之手，削弱题干。

28. E

题干全部由性质判断组成，选项中有全称也有特称，故此题为<u>有的串联模型</u>。

题干中有如下信息：

(1)北美洲人→美洲人。

(2)美洲人→白人。

(3)亚洲人→¬美洲人，等价于：美洲人→¬亚洲人。

(4)印尼人→亚洲人，等价于：¬亚洲人→¬印尼人。

由(1)、(2)串联可得：北美洲人→美洲人→白人。

结合对当关系中的"所有→有的"，故有：(5)有的北美洲人→白人＝有的白人→北美洲人。

再由(5)、(1)、(3)、(4)串联可得：(6)有的白人→北美洲人→美洲人→¬亚洲人→¬印尼人。

故由(6)可知，C、D项均为真。

由(1)、(3)、(4)串联可得：(7)北美洲人→美洲人→¬亚洲人→¬印尼人，逆否可得：印尼人→亚洲人→¬美洲人→¬北美洲人。

故由(7)可知，A、B项均为真。

E项，有些印尼人→¬白人，根据(6)可知，此项无法断定真假。

29. D

(1)P→¬V，等价于：V→¬P。

(2)Q→T，T在Q之后。

(3)R→V，V在R之后。

(4)S5∨U5。

题干是先从8个运动项目中选出5个，再进行运动项目的排序，故此题为选人问题和一字方位模型的结合。

题干中无事实，条件(4)是"半事实"，故优先分析条件(4)，即：第5位是S或U。

观察其他条件，发现"V"重复次数最多，故分析"V"，由(4)可得：(5)V不是第5位，即，V若入选则一定在前四位。

根据(3)可知，若R入选，则一定在V之前。再结合(5)可知，R若入选，则一定在前三位。

综上，D项正确。

30. D

本题的提问方式为"下列哪一项可以是其他三个练习"，故优先考虑使用选项排除法。

A项，根据题干信息(1)、(3)可得：R→V→¬P，此项没有V且有P，故与题干矛盾。

B项，根据题干信息(2)可得：Q→T，此项没有T，故与题干矛盾。

C项，与题干信息(4)矛盾。

D项，与题干不矛盾，可以为真。

E项，与题干信息(4)矛盾。

199 管理类联考逻辑模拟卷 2

1. C

 假言①：合理→权利∧公平，等价于：¬权利∨¬公平→¬合理。

A项，¬每个人都能上大学→¬合理，由①可知，此项可真可假。

B项，权利→合理，根据箭头指向原则、①可知，"权利"后无箭头指向，故此项可真可假。

C项，¬权利→¬合理，等价于①，符合题干。

D项，无关选项，题干并未涉及合理的教育制度是否需要其他更多的要求。

E项，公平→合理，根据箭头指向原则、①可知，"公平"后无箭头指向，故此项可真可假。

2. A

 锁定关键词"因此"，可知"因此"前面是论据，"因此"后面是论点。

锁定论点中"将"一词，可知，该结论是对未来的一个预测，故此题是预测结果模型。

题干：3 亿年前，男性特有的 Y 染色体在产生之际含有 1 438 个基因，但现在只剩下 45 个。按照这种速度，Y 染色体将在大约 1 000 万年内消失殆尽————预测———→随着 Y 染色体的消亡，人类也将走向消亡。

 对于预测结果模型的削弱题，只需找个理由，说明结果预测不当即可。注意此题选的是"不能质疑上述论证"的选项。

A项，无关选项，题干讨论的是"人类"，与"恒河猴"无关（偷换论证对象）。故 A 项正确。

B项，提出反面论据，说明即使 Y 染色体消亡了，人类还可以继续生存下去，削弱题干的论证。

C项，说明人类实现繁殖不一定需要 Y 染色体，因此，即使 Y 染色体消亡，人类也未必会走向消亡，削弱题干的论证。

D项，说明 Y 染色体最终不会消失，削弱论据。

E项，直接反驳题干的论据，削弱题干的论证。

3. B

 锁定关键词"方案"可知此为措施，锁定关键词"将有效防止"可知此为目的，故此题为措施目的模型。

题干：实施"网络游戏防沉迷系统"后，未成年人玩网络游戏超过 5 小时，游戏内经验值和收益将计为 0（措施）————以求———→防止未成年人沉迷网络游戏（目的）。

 对于措施目的模型的削弱题，优先考虑措施不可行、措施达不到目的和措施弊大于利。若没有上述选项，则退而求其次，找措施有副作用的选项。

 A项，无关选项，题干中的"网络游戏防沉迷系统"针对的是"沉迷游戏者"，而不是"偶尔玩游戏者"。

B项，可以削弱，说明该措施不能有效地防止未成年人沉迷网络游戏，即措施达不到目的。

C项，无关选项，未成年人玩网络游戏是否走向公开化，与"网络游戏防沉迷系统"是否有效无关。

D项，无关选项，题干的措施只针对防止未成年人沉迷网络游戏，与其他游戏无关。

E项，不能削弱，此项是在认可防沉迷系统有效的基础上，要求采用更加严格的防沉迷系统。

4. D

①王珏对自己的孩子说："真有趣，你们这三个孩子，也是一个姓王，一个姓柳，一个姓江，但是你们都不和自己的母亲同姓。"

②另一个姓江的孩子说："一点儿都没错。"

题干是三位母亲和三个孩子之间一一匹配，故此题为**两组元素的一一匹配模型**。

由于王珏是对自己的孩子说话，而另外一个姓江的孩子回了话，故王珏的孩子不姓江。

由于每个孩子都和自己的母亲不同姓，故王珏的孩子不姓王。因此，王珏的孩子姓柳。

江倩的孩子不姓江，而"柳"已被占用，故江倩的孩子姓王。

综上，柳枚的孩子姓江。故 D 项正确。

5. D

赵亮：个性内向的父母所生的孩子，被个性外向的继父母领养后，这些孩子的个性更易于外向——证明→一个人的外向个性，并不是由生物学因素决定的。

王宜：有的孩子被个性外向的继父母领养后，其个性仍然保持内向。

Ⅰ项，外向个性不是由生物学因素决定的，但外向个性可受生物学因素的影响。说明王宜的反例即使成立，也无法反驳赵亮，故此项可以成为赵亮的合理辩护。

Ⅱ项，赵亮论证的是"一些孩子这样"，而王宜的反例只能说明"一些孩子不这样"，二者是下反对关系，一真另不定，故王宜的反例无法反驳赵亮的结论。故此项可以成为赵亮的合理辩护。

Ⅲ项，无关选项，由继父母领养的孩子在所有孩子中占多大比例，与题干的论证无关。在继父母领养的孩子中，有多少比例的孩子的性格受到了继父母性格的影响，才是与题干相关的比例。（干扰项·无关新比例）

故 D 项正确。

6. B

题干由事实和假言构成，故此题为**事实假言模型**，使用口诀"**事实出发做串联**"即可秒杀。

题干中有如下信息：

①1 号安插红旗→2 号安插黄旗，等价于：¬2 号安插黄旗→¬1 号安插红旗。

②2 号安插绿旗→1 号安插绿旗。

③3 号安插红旗∨3 号安插黄旗→2 号安插红旗，等价于：¬2 号安插红旗→¬3 号安插红旗∧¬3 号安插黄旗。

④不选用绿旗。

由④、③串联可得：3 号不选用绿旗→3 号安插红旗∨3 号安插黄旗→2 号安插红旗，即：

⑤2 号安插红旗。

由⑤、①串联可得：2 号安插红旗→¬2 号安插黄旗→¬1 号安插红旗，再结合④可得：

⑥1 号安插黄旗。

综上，1 号安插黄旗、2 号安插红旗。

由于 3 号有安插黄旗和安插红旗两种可能，所以可行的方案仅有两种，故 B 项正确。

7. B

 此题的提问方式为"以下哪项陈述<u>可能</u>为真"，故优先考虑使用选项排除法。

 A 项，1 号安插绿旗并且 2 号安插黄旗，那么 3 号安插红旗，与条件③矛盾，排除。

B 项，1 号安插绿旗并且 2 号安插红旗，那么 3 号安插黄旗，与题干条件无矛盾，可能为真。

C 项，1 号安插红旗并且 3 号安插黄旗，那么 2 号安插绿旗，与条件①、②、③均矛盾，排除。

D 项，1 号安插黄旗并且 3 号安插红旗，那么 2 号安插绿旗，与条件②、③矛盾，排除。

E 项，1 号安插绿旗并且 3 号安插红旗，那么 2 号安插黄旗，与条件③矛盾，排除。

综上，B 项正确。

8. D

 锁定关键词"因此"，可知"因此"前面是论据，"因此"后面是李思的论点。

李思：体育比赛与数学竞赛不同，优胜者只是少数人 ——证明——→ 参加体育比赛，对于失败者来说就是挫伤自信，这对他们今后的成长不利。

 A 项，提出反面论据，指出体育比赛中的优胜者虽然只是少数人，但是失败者也可以是很优秀的，因此不会挫伤孩子的自信，削弱题干。

B 项，削弱题干，指出要想获胜不可能不经历失败，即失败是成功之母，失败对孩子的成长有利。

C 项，削弱题干，指出体育比赛中的优胜者虽然只是少数人，但是孩子们可能在不同的项目中成为优胜者。

D 项，诉诸众人，大多数家长支持的不一定就是有利的，故此项不能削弱题干。

E 项，削弱论点，说明失败不一定会挫伤自信。

9. D

 篮球队、排球队、乒乓球队在暑假期间训练学生的数量分别为 75、75、100 人次，这些人次相加为 250 人次，但参加训练的学生只有 150 人。这说明，有的同学参加了两项或三项训练。

250－150＝100，即参加两项或三项训练的同学最多有 100 人。如果没有人参加三项训练，则参加两项训练的同学恰有 100 人；如果有人参加三项训练，则参加两项训练的同学少于 100 人。故 D 项不可能为真。

其余各项均有可能为真。

10. D

 ①20 世纪初，德国科学家魏格纳的"大陆漂移说"因假设了未经验明的足以使大陆漂移的动力，所以遭到强烈反对。

②目前，魏格纳的理论被接受，不是因为我们确认了足以使大陆漂移的动力，而是因为这种移动能够被观察到。

 A 项，无关选项，题干并未讨论科学的目标与自然界的多样性之间的关联。

B 项，无关选项，题干未涉及对自然界进行数学描述是科学的作用。

C 项，无关选项，题干未涉及统计方法和概率论对科学的作用。

D 项，由题干可知，魏格纳的理论被接受是因为大陆漂移的现象能够被观察到，并不是由

于找到了导致该现象的原因，正确。

E项，无关选项，题干未涉及理论与实践之间的关联。

11. E

 题干出现两组比较，可知此题是**求异法模型**。

经常跑步的人：有器质性毛病；

刚开始跑步的人：很少有这些器质性毛病；

————————————————————————

因此，跑步 ——导致→ 器质性毛病。

 求异法模型的假设题，常见的假设方法有：排除其他差异因素(可简称**排除差因**)、因果相关、并非因果倒置。

 A项，无关选项，跑步的人"是否知道(主观观点)"跑步有害于身体，与"人体是否扛不住经常性跑步产生的压力(客观事实)"无关。

B项，不经常跑步的人(无因)，也会出现器质性毛病(有果)，故此项削弱题干而不是题干的隐含假设。

C项，无关选项，题干的论证不涉及"宣传"。

D项，无关选项，题干不涉及人体和其他动物对外部压力的抵抗能力的比较。(干扰项·无关新比较)

E项，此项说明题干的原因(跑步)和题干的结果(器质性毛病)有关，因果相关，必须假设。

12. C

 待解释的现象：1—7月份，居民收入持续增加，但是，居民储蓄存款增幅持续下滑，7月外流存款高达1 000亿元左右。

 A、B项，无关选项，题干要求解释的是"7月外流存款高达1 000亿元左右"的原因，而这两项指出活期存款增加了，解释的是"定期存款在全部存款中的比重不断下降"的原因。

C项，因为借贷利息已远远高于银行存款利率，民营企业由于追求利润会使得1 000亿元储蓄资金外流用于民间借贷，可以解释题十。

D项，不能解释，"考虑"是否买股票或是基金不代表已经购买了股票或是基金。

E项，指出居民仍然把钱存在银行，那么银行的居民储蓄存款应该会增加，而题干却是外流，故此项加剧了题干中的矛盾。

13. D

 题干出现人与技能的匹配，每人均会两项技能，故此题为两组元素的**多一匹配模型**。可使用口诀"数量关系优先算，数量矛盾出答案"秒杀。

 从事实出发，即条件(1)"乙不会插花"，找"乙"或者"插花"。

由条件(4)可知，丁会插花。

由于"每人只会四种技能中的两种"，说明丁不可能同时会绘画和编程，故D项正确。

14. D

 题干出现座位号、女士、现在的颜色和想染的颜色四组元素之间的**一一匹配**，优先看事实或题干中的问题。

题干问的是"1号位置上的女士是谁"，由(3)可知，1号位置——红色头发。

找与"位置"有关的信息：

由(1)可知，J左边有人，故J不在1号位置；

由(2)可知，N在两人之间，故N不在1号位置；

由(4)可知，H坐在偶数位置上，故H不在1号位置。

综上，1号位置上的女士是K，即D项正确。

15. A

由上题分析可知：1号位置——K——红色头发。

找"K"，由于K是1号位置，她在2号位置旁边，故由(4)可知，2号位置——想染黑色。

此时，涉及1号位置和2号位置的信息我们已经用完，再看3号位置。

再由(5)可知，灰色头发的女士不在3号位置，故她在4号位置，且她想把头发染成赤褐色。

故有：4号位置——灰色头发——想染赤褐色。

综上，可得表1。

表1

位置	1号	2号	3号	4号
女士	K			
现在的头发颜色	红色			灰色
想染的头发颜色		黑色		赤褐色

由(2)可知，N坐在两个人中间，故N在2号位置或3号位置。

但3号位置左右两边的人分别想把头发染成黑色和赤褐色，故排除3号位置。

可知，N在2号位置。又由(4)可知，H坐在偶数位置，故H只能在4号位置。

N身边的人有一位现在的头发是金黄色，而1号位置的人的头发是红色，故3号位置的人的头发是金黄色。

从而可得：1号位置的人想把头发染成白色。

综上，可得表2。

表2

位置	1号	2号	3号	4号
女士	K	N		H
现在的头发颜色	红色		金黄色	灰色
想染的头发颜色	白色	黑色		赤褐色

可见，N现在的头发颜色为棕色，即A项正确。

16. D

将上题中的表2补充完整，可得表3。

表3

位置	1号	2号	3号	4号
女士	K	N	J	H
现在的头发颜色	红色	棕色	金黄色	灰色
想染的头发颜色	白色	黑色	红色	赤褐色

易知，D项正确。

17. E

 锁定"之所以""是因为"等关键词，可知此题是现象分析型结构，即摆现象、析原因。

现象：女性的数学才能没有被充分发挥出来。

原因：社会期望她们在其他更多的方面表现出自己的能力。

 A、B项，无关选项，题干不涉及数学能力与其他方面能力的比较。（干扰项·无关新比较）

C、D项，无关选项，题干中仅涉及女性与男性在数学方面的才能比较，没有涉及总体上才能的比较。（干扰项·无关新比较）

E项，说明社会期望的确会对女性产生影响，因果相关，必须假设。

18. D

 题干由特称(有的)和全称判断组成，故此题为有的串联模型。从带"有的"开头串联即可秒杀。

 题干中有以下信息：

①有的抑制中枢神经的药品→东莨菪碱。

②东莨菪碱→有散瞳作用。

③有散瞳作用的东莨菪碱→有害。

从"有的"开始串联，由①、②、③串联可得：④有的抑制中枢神经的药品→东莨菪碱→有散瞳作用∧有害。

逆否得：⑤无害∨￢有散瞳作用→￢东莨菪碱。

A项，有的抑制中枢神经的药品→有害，由④可知，为真。

B项，无害→￢东莨菪碱，由⑤可知，为真。

C项，有的有散瞳作用的药品→抑制中枢神经的药品，等价于：有的抑制中枢神经的药品→有散瞳作用，由④可知，为真。

D项，由③可知，有散瞳作用的"东莨菪碱"是有害的，但无法确定有散瞳作用的"药品"都是有害的，故此项不能推出。

E项，￢有散瞳作用→￢东莨菪碱，由⑤可知，为真。

19. C

 第1步：画箭头。

题干：

①行为得体→心理健康。

②与人和谐相处→行为得体。

③与人和谐相处→心理质量足够好。

第2步：串联。

由②、①串联可得：④与人和谐相处→行为得体→心理健康。

第3步：逆否。

逆否得：⑤¬心理健康→¬行为得体→¬与人和谐相处。

第4步：分析选项，找答案。

A项，¬心理健康→¬与人和谐相处，由⑤可知，此项为真。

B项，¬行为得体→¬与人和谐相处，由⑤可知，此项为真。

C项，心理健康→与人和谐相处，根据箭头指向原则、④可知，"心理健康"后无箭头指向，故此项可真可假。

D项，与人和谐相处→行为得体，由④可知，此项为真。

E项，¬心理质量足够好→¬与人和谐相处，等价于：与人和谐相处→心理质量足够好，等价于③，故此项为真。

20. B

 此题由事实、数量和假言组成，故优先看事实和数量关系。

 从事实出发：

由"选择橙色颜料"，可知①的后件为假，故其前件为假，即：未选择红色颜料。

条件②也涉及"橙色颜料"，符号化得：不选绿色颜料→不选橙色颜料。

由"选择橙色颜料"，可知②的后件为假，故其前件为假，即：选择绿色颜料。

由"选择绿色颜料"，可知④的前件为真，故其后件为真，即：选择平头画笔。

综上，B项正确。

21. D

 题干：富含营养的水体沉积物会释放更多甲烷，因此，应限制化肥的滥用（措施），以求降低水体温室气体排放（目的）。

 本题考查的是措施目的模型，与此同时，题干的论证过程中又存在论证对象以及核心概念的偷换，因此，要使得题干的论证成立，有两处需要搭桥：①"富含营养的水体沉积物"和"滥用化肥"；②"甲烷"和"温室气体"。

 A项，无关选项，题干并未涉及水体沉积物排出的甲烷量和工业废气排放量之间的比较。（干扰项·无关新比较）

B项，只需要假设甲烷是温室气体成分之一即可，无须假设其为"最主要"成分。（干扰项·假设过度）

C项，无关选项，题干并未讨论化肥造成污染的方式。

D项，必须假设，建立起"滥用化肥"和"富含营养的水体沉积物"之间的联系，搭桥法。

E项，无关选项，题干并未涉及化肥的实际用途。

22. B

 锁定关键词"因此"，可知"因此"前面是论据，"因此"后面是论点。

题干：人的日常思维和行动都包含着有意识的主动行为和某种创造性，而计算机的一切行为都是由预先编制的程序控制的————→计算机不可能拥有人所具有的主动性和创造性。

题干论据的核心概念为"预先编制的程序控制"，论点的核心概念为"不可能拥有人所具有的主动性和创造性"，本题使用搭桥法即可秒杀。故 B 项，程序不能模拟人的主动性和创造性，支持题干。

 A 项，无关选项，题干并未讨论计算机的学习功能。

C 项，无关选项，题干不涉及"人控制计算机"和"计算机控制人"的探讨，而且，"是很难说的一件事"诉诸无知。

D 项，说明存在具有主动性和创造性的计算机程序，削弱题干。

E 项，题干未涉及"计算机"和"人"计算能力之间的比较。（干扰项·无关新比较）

23. E

 锁定关键词"原因不是""是因为"，可知此题是现象分析型结构，即摆现象、析原因。

现象：去年，美国竞选州和联邦政府官员的女性和男性一样可能获得成功，但是这些官员的候选人中仅有约 15% 是女性。

原因：竞选这些职位获得成功的妇女人数如此少的原因并不是妇女难以竞选成功，而是因为想竞选的妇女太少了。

 现象分析型的削弱题，常用的方法有：(1)因果倒置；(2)因果无关；(3)另有他因；(4)有因无果；(5)无因有果；(6)否因削弱。

 A 项，无关选项，题干不涉及妇女和男性之间再次竞选成功的比例的比较。（干扰项·无关新比较）

B 项，无关选项，题干涉及的是男性与女性的比较，而非女性之间的比较。（干扰项·无关新比较）

C 项，支持题干，说明想竞选州和联邦政府官员的妇女少。

D 项，无关选项，题干并未涉及"地方官员妇女比例"和"州和联邦政府官员妇女比例"之间的比较。（干扰项·无关新比较）

E 项，另有他因，说明是因为资金问题导致妇女没能参选，而不是想竞选的妇女少，削弱题干。

24. A

 题干由事实和假言构成，故此题为事实假言模型，使用口诀"事实出发做串联"即可秒杀。

 ①打开销路→转亏为盈 = ¬ 转亏为盈→¬ 打开销路。

②打开销路→引进新生产线 ∨ 改造现有设备。

③¬ 转亏为盈。

③为事实，由③、①串联可得：④新产品没能打开销路，故 Ⅰ 项为真。

由事实③和④出发，推不出任何结论，故 Ⅱ 项和 Ⅲ 项可真可假。

25. E

 题干由事实和假言构成，故此题为事实假言模型，使用口诀"事实出发做串联"即可秒杀。

 题干已知常去喝下午茶的人：①红茶 ∨ 花茶 ∨ 绿茶。

从事实出发，由"李丽喜欢绿茶"推不出任何结论。

由"王佳不喜欢花茶"，结合①可知，红茶 ∨ 花茶 ∨ 绿茶 = ¬ 花茶→红茶 ∨ 绿茶，故有：

②王佳喜欢红茶或绿茶。

Ⅰ项，由②可知，王佳喜欢红茶，也可能喜欢绿茶，故此项可真可假。

Ⅱ项，由②可知，王佳不喜欢绿茶，就一定喜欢红茶，为真。

Ⅲ项，常去喝下午茶的人：¬ 红茶→花茶∨绿茶，由①可知，此项为真。

Ⅳ项，常去喝下午茶的人：¬ 绿茶→红茶∧花茶，由①可知，红茶∨花茶∨绿茶＝¬ 绿茶→红茶∨花茶，"或者"不能推"并且"，即不能得到"红茶∧花茶"，故此项可真可假。

综上，Ⅱ项和Ⅲ项为真，故 E 项正确。

26. E

 锁定关键词"由此或得出结论"，可知此前是论据，此后是论点。

题干：在对一批挑选出来进行比较的国家所做的一项调查中，美国以每 100 人中有 11 人养长尾鹦鹉而排名第二——证明→美国人比大多数其他国家的人更喜欢养长尾鹦鹉。

 此题的问题是"知道以下哪项<u>最有助于判断上述</u>结论的可靠性"，这就是说，我们要找的选项会影响题干论证的成立性，即：判断关键问题。

 A项，无关选项，此项讨论的是美国长尾鹦鹉的总数量，与题干的结论不相关。

B项，无关选项，此项讨论的是美国饲养长尾鹦鹉人群的数量，与题干的结论不相关。

C项，无关选项，比较美国和排名第一的国家之间的数值大小，与美国是否超过大多数国家无关。

D项，无关选项，此项是美国内部的一个比较，与题干的结论不相关。

E项，如果在该调查未包括的国家中，大多数国家每 100 人中养长尾鹦鹉的人的数量比美国多，则能削弱题干，反之，则加强题干。故 E 项对于判断题干结论的可靠性最为重要。

27. A

 题干出现几个人到达的前后顺序，故此题是排序问题。

 方法一：表格法。

由①可知，牛牛是第三个到达汉街。

由③可知，赫赫是第五个到达汉街。

根据上述信息，可得表 4。

表 4

名次	5	4	3	2	1
人员	赫赫		牛牛		

由②"蓝蓝比超超先到、比 baby 后到"可知，超超比蓝蓝慢，<u>蓝蓝比 baby 慢</u>。

再将此信息补入表 4，可得表 5。

表 5

名次	5	4	3	2	1
人员	赫赫	超超	牛牛	蓝蓝	baby

方法二：选项排除法。

根据①"牛牛到汉街后，已有 2 人先到"，可排除 D、E 项。

根据②"蓝蓝比超超先到、比 baby 后到"，可排除 B、C 项。

故 A 项正确。

28. D

 本题的提问方式为"以下哪项<u>可能</u>为真"，故可使用选项排除法。

 由确定事实出发：

由条件(6)"城市 3 有 1 所大学"，再由条件(5)"有大学的 2 座城市没有共同的边界"，可知城市 1、4、5 中无大学(排除 A 项)，故另外一所大学在城市 2 或者城市 6。

由条件(6)"城市 6 有 1 座监狱"，再由条件(3)"没有一座城市中既有监狱又有大学"，可知城市 6 不可能有大学(排除 B 项)，因此，城市 2 有大学。

再由条件(3)可得：城市 2 不可能有监狱，排除 C 项。

由条件(6)"城市 6 有 1 座监狱"，再由条件(4)"每座监狱位于至少有 1 所医院的城市"，可知城市 6 有医院，排除 E 项。

故 D 项可能为真。

29. D

 题干出现城市与设施之间的匹配，但设施比城市的数量多，故此题为<u>两组元素的多一匹配</u><u>模型</u>。故可使用口诀"数量关系优先算，数量矛盾出答案"秒杀。

 此题补充条件(7)：每座城市都至少拥有上述 8 个单位中的一个单位。

数量关系优先算，故结合条件(4)和(7)可知，题干的数量关系为：2、2、1、1、1、1，其中"2"指的是"医院＋监狱"，"1"指的是单独的设施，即 8 处设施分配为："医院＋监狱""医院＋监狱""医院""医院""大学""大学"；再与 6 座城市进行一一匹配。

再从事实出发，由条件(6)结合条件(3)、(5)可知：(8)城市 1、城市 5、城市 4、城市 6 均无大学。

再结合条件(7)可知，城市 2 必有大学。

故：城市 3、城市 2 均只有一所大学。

因此，城市 1、城市 4、城市 5、城市 6 均有医院。

故 D 项正确。

30. B

 已知条件(9)：有 4 所医院、2 座监狱和 2 所大学。

由条件(6)"城市 6 有 1 座监狱"和条件(4)"每座监狱位于至少有 1 所医院的城市"，可知城市 6 中有 1 所医院。

又因为共有 2 座监狱，结合条件(2)"没有一座城市有 2 座监狱"，故另一座监狱至少还需搭配一所医院，故：最多还剩下 2 所医院可分配。

由第 28 题的分析可知，城市 2 有大学，由再条件(3)"没有一座城市中既有监狱又有大学"，故城市 2 中没有监狱。因此，最多可把剩下的两所医院分配给城市 2。

因此，城市 2 至多只能有 2 所医院，少于 3 所，即 B 项正确。

199 管理类联考逻辑模拟卷 3

1. A

详细解析 题干：¬（成绩优秀∧品德良好）→¬获得奖学金，即：¬成绩优秀∨¬品德良好→¬获得奖学金。

逆否可得：获得奖学金→成绩优秀∧品德良好。

A项，成绩优秀∧品德良好→获得奖学金，故不符合该学校的规定。

B项，获得奖学金→成绩优秀∧品德良好，故符合该学校的规定。

C项，¬成绩优秀→¬获得奖学金，故符合该学校的规定。

D项，¬品德良好→¬获得奖学金，故符合该学校的规定。

E项，获得奖学金→成绩优秀∧品德良好，故符合该学校的规定。

2. C

论证结构 锁定关键词"与……有关"，结合题干可知此前是现象，"与……有关"是现象的原因。

现象：美洲热带雨林虽然更频繁地受到闪电雷击，却没有引发更多的森林大火。

原因：这可能与近年来雨林中藤蔓植物大量增加有关。

秒杀思路 此题是现象分析型的题目，常用四种方法支持：(1)因果相关；(2)排除他因；(3)无因无果；(4)并非因果倒置。

选项详解 A项，另有他因，说明是因为热带雨林的湿度较大导致没有产生较大火灾，削弱题干。

B项，无关选项，此项只能说明热带雨林中藤蔓植物的覆盖率提高了，但是并没有说明其能否阻止火灾的发生。

C项，因果相关，说明藤蔓茎干因电阻更小导致不会因闪电雷击引发火灾，支持题干。

D项，不能支持，此项说明藤蔓植物在雷击时可以保护中间的树木，但是，其是否会阻止火灾的发生不得而知。

E项，无关选项，"保持水土"与"阻止火灾"无关。

3. D

论证结构 本题题干第一句话是事实描述，故为论据，第二句话做出了断定，故为论点。

题干：<u>中国人和美国人</u>缺少运动 ——证明→ 缺少运动已经成为一个<u>全球性</u>的问题。

秒杀思路 论据的论证对象是"<u>中国人和美国人</u>"，论点却说这是"<u>全球性问题</u>"，即论证对象是全世界的人；前者是后者的子集，故此题是<u>归纳论证模型</u>。归纳论证常见的支持方法为：指出样本有代表性。

选项详解 A项，此项只能说明"缺少运动"这一问题在亚洲和美洲具有代表性，并不能说明全世界都是这样，支持力度弱。

B项，无关选项，题干仅涉及"运动"，不涉及"保持健康的方式"。

C项，无关选项，题干不涉及中国人和美国人关于运动量的比较。（干扰项·无关新比较）

D项，表明中国和美国的运动情况在全世界范围内都是具有代表性的，有力地支持了题干。

E项，说明题干以中国和美国做样本，没有普遍的代表性，削弱题干。

4. A

题干是职位和人做一一匹配，故此题为<u>两组元素的一一匹配模型</u>。题干都是两两互斥式条件，即同一句话里涉及的两个元素没有匹配关系。

题干两个已知条件均涉及"挣钱"，故本题可以此为突破口。

由"王武钱挣得比车间主任多"可知，王武不是车间主任。

由"车间副主任钱挣得最少"可知，王武不是车间副主任。

故王伍是采购经理。

再由"车间副主任是个独生子"和"李思的姐姐"可知，李思不是车间副主任，故李思是车间主任，张珊是车间副主任。

所以 A 项正确。

5. D

此题是在刑警队员中选人充实缉毒组，由于选的人数不止一个，所以是<u>选人问题中的选多模型</u>。选项中完整地列举了参加情况，故可优先考虑使用选项排除法。

由条件(1)可知，有甲必有乙，故排除 A、C、E 项。

由条件(3)可知，没有甲且有丙，则必有戊，故排除 B 项。

综上，只有 D 项符合题干条件要求。

6. C

题干将某三甲医院的医生按照"毕业院校"和"性别"两个标准进行了两次划分，故可断定该题属于<u>二次划分模型</u>，采用九宫格法进行解题。

设专科医院毕业的男医生人数为 a，专科医院毕业的女医生人数为 b，非专科医院毕业的男医生人数为 c，非专科医院毕业的女医生人数为 d。

根据题干信息，可得表1。

表 1

医生	男医生	女医生
专科医院毕业	a	b
非专科医院毕业	c	d

已知专科医院毕业的医生人数大于非专科医院毕业的医生人数，即：① $a+b>c+d$。

已知女医生的人数大于男医生的人数，即：② $b+d>a+c$。

①+②得，$2b+a+d>2c+a+d$，进而可得，$b>c$，即专科医院毕业的女医生人数大于非专科医院毕业的男医生人数，故断定(3)为真。

断定(1)和断定(2)，由题干信息无法推出，故可真可假。

故 C 项正确。

7. B

①湟鱼→味道鲜美的鱼。

②湟鱼→珍稀动物。

③珍稀动物→需要保护。

①和②中出现共同元素"湟鱼"，符合<u>双所有串联公式</u>，即：

故，由①可得：有的味道鲜美的鱼→湟鱼，再与②、③串联可得：④有的味道鲜美的鱼→湟鱼→珍稀动物→需要保护。

由②可得：有的珍稀动物→湟鱼，再与①串联可得：⑤有的珍稀动物→湟鱼→味道鲜美的鱼。

由④逆否可得：⑥¬需要保护→¬珍稀动物→¬湟鱼。

A 项，有的珍稀动物→味道鲜美的鱼，由⑤可知，为真。

B 项，由④可得：有的湟鱼→需要保护，等价于：有的需要保护→湟鱼，与此项中"有些需要保护的动物不是湟鱼"是下反对关系，一真另不定，故此项可真可假。

C 项，有的味道鲜美的鱼→需要保护，由④可知，为真。

D 项，¬需要保护→¬湟鱼，由⑥可知，为真。

E 项，有的需要保护→味道鲜美的鱼，等价于：有的味道鲜美的鱼→需要保护，由④可知，为真。

8. A

秒杀思路　已知"甲、乙、丙三人每人仅猜对了一半"，故此题为一个人多个判断的真假话问题。可用选项排除法、假设法、找对当关系法来进行解题。

详细解析　观察题干可发现，"第三种药"出现了 3 次，出现次数最多。不妨就假设第三种药无毒。

再由"每人仅猜对了一半"可知，甲的猜测"第一种药有毒"、乙的猜测"第二种药无毒"、丙的猜测"第一种药有毒"均为假，故有：第一种药无毒、第二种药有毒。

此时，与题干并不矛盾，故假设正确。

因此，第一种药无毒、第二种药有毒、第三种药无毒。故 A 项正确。

9. E

论证结构　锁定关键词"因此"，可知此前是论据，此后是论点。

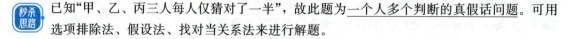

题干：房地产开发商只能通过向银行直接贷款或者通过预售商品房来筹集更多的开发资金 ——证明→ 如果政府不允许银行增加对房地产业的直接贷款，该市的房地产开发商将无法筹集到更多的开发资金。

详细解析　题干形式化可得：筹集更多的开发资金→银行贷款∨预售商品房＝¬银行贷款∧¬预售商品房→无法筹集更多的开发资金。

题干说，政府不允许银行贷款，所以只需要补充"不能预售商品房"，即可得到题干中"无法筹集到更多的开发资金"的结论，故 E 项正确。

其余各项均不正确。

10. A

秒杀思路　题干出现人、背包、相机的一一匹配，故此题为多组元素的一一匹配模型。

由"每个人拿的是一个同学的相机，背的是另一个同学的包"和"背着丙的包的人拿的是乙的相机"可知：背着丙的包、拿乙的相机的人是甲。

丙不能拿自己的相机，故有：丙拿的是甲的相机，乙拿的是丙的相机。

乙不能背自己的包，故有：乙背的是甲的包，丙背的是乙的包。

即：

甲：背丙的包、拿乙的相机。

乙：背甲的包、拿丙的相机。

丙：背乙的包、拿甲的相机。

故 A 项正确。

11. D

 题干由一个性质判断构成的前提和一个性质判断构成的结论构成，要求找到"最能**反驳**上述论证"的项，故此题考查的是**反驳三段论**。

 第 1 步：将题干中的前提符号化。

前提①：有些妨碍执行公务的行为是犯罪行为，即：有的妨碍执行公务的行为→犯罪行为。

第 2 步：写题干结论的矛盾命题。

题干的结论为：所有妨碍执行公务的行为都能免受处罚。

结论的矛盾命题为：有的妨碍执行公务的行为不能免受处罚。

即：②有的妨碍执行公务的行为→¬ 免受处罚。

第 3 步：补充从前提到结论的矛盾命题的箭头，从而反驳题干的结论。

根据"成对出现"的原理，观察①和②，可知答案一定涉及"犯罪行为"和"¬ 免受处罚"。

易知，补充前提：犯罪行为→¬ 免受处罚。

即可得：有的妨碍执行公务的行为→犯罪行为→¬ 免受处罚。

从而得到：有的妨碍执行公务的行为→¬ 免受处罚。

故补充的条件"犯罪行为→¬ 免受处罚"就是答案，即：犯罪行为都不能免受处罚，因此 D 项正确。

12. D

 题干出现人、职业、村的一一匹配，故此题为**多组元素的一一匹配模型**。

 观察题干条件，发现"西岛村"出现的次数最多，可以作为突破口考虑。

根据②可知，西岛村的不是警察。

根据③可知，西岛村的不是医生。

因此，西岛村的是律师。

根据⑤可知，王刚、张波均不是西岛村人，故西岛村的是李明。

即：李明——律师——西岛村。

根据①可知，医生不是南山村的，故警察是南山村的。

根据④可知，王刚不是东湖村的，故王刚是南山村的。

即：王刚——警察——南山村。

所以，张波是医生，是东湖村的。

即：张波——医生——东湖村。

故 D 项正确。

13. E

 题目的问题是"以下哪项对考古学家的假设给予了最强有力的支持"，故可知题干中"考古学家假设"后面的内容是考古学家的论点，前面是其论据。

即：海洋考古学家最近在一个古地中海港口的水下发现了几百件陶器，大概是 4 000 年前留下的——证明→他们发现了一艘 4 000 年前的沉船残骸。

A项，无关选项，题干的论证对象是"一个古地中海港口的船只残骸"，此项的论证对象是"另一个古地中海港口的船只残骸"。（干扰项·偷换论证对象）

B项，无关选项，题干的论证是由"陶器"来推测沉船时间，并未涉及"木头在水中的腐烂速度"。

C项，不能支持，由另外两艘分别具有3 500年和3 000年历史的沉船残骸无法得知题干中所描述的沉船残骸有4 000年历史。

D项，不能支持，因为在其他古地中海发现的陶器的年代未知。

E项，提出新论据，通过大约有4 000年历史的船零件推测此沉船大约有4 000年的历史，支持题干。

14. C

 题干中"利用这种真菌的特性"为一种方法；"消除塑料垃圾所带来的威胁"为目的，故本题为措施目的模型。

题干：利用一种名为内生菌的真菌能降解普通的聚氨酯塑料的特性（措施）$\xrightarrow[\text{以求}]{}$帮助人类消除塑料垃圾所带来的威胁（目的）。

 措施目的模型的假设题，常用的假设方法为：（1）措施可行；（2）措施可以达到目的（措施有效）；（3）措施利大于弊；（4）措施有必要。注意，此类假设题一般不选"措施无副作用"。

 A项，无关选项，题干的论证未涉及塑料垃圾的来源问题。

B项，内生菌只需要有降解塑料的特性即可，不必假设发挥这种特性的条件。

C项，必须假设，如果绝大多数塑料垃圾不属于普通的聚氨酯塑料，那么内生菌就无法帮助人类消除塑料垃圾造成的威胁。

D项，无须假设，内生菌的生长区域与其发挥降解塑料的特性无关。

E项，指出措施有恶果，削弱题干。

15. C

 锁定关键词"显然"，可知"显然"前面是论据，"显然"后面是论点。

题干：在旅行前服用晕船药的旅客比没有服用晕船药的旅客有更多的人表现出了晕船的症状$\xrightarrow[\text{证明}]{}$不服用晕船药会更好。

 A项，无关选项，此项并未说明服用晕船药是否会对晕船症状产生作用。

B项，支持题干，此项说明样本具有代表性。

C项，提出反面论据，说明对于服用晕船药的乘客来说，服药有效，削弱题干。

D项，如果此项为真，则说明服用晕船药的旅客中实际晕船者的数量比调查结果更多，更加说明服用晕船药不好，支持题干。

E项，"不少乘客在旅行前服用了晕船药后没有晕船"，并不能反驳"服用晕船药的旅客比没有服用晕船药的旅客有更多的人表现出了晕船的症状"。

16. A

 "不可能不"＝"必然"；"不必然不"＝"可能"。

故可将题干信息整理如下：

①明年小妍必然升职∧今年小磊可能升职。

②今年小磊可能升职∧今年大明可能升职。

由以上信息可知，今年大明可能升职、今年小磊可能升职、明年小妍必然升职。

故 A 项与三位朋友的断定最为接近。

17. C

 题干中出现选言（可看作假言）和假言，选项均为事实，故此题为**假言事实模型**。常用两种解题思路：找矛盾法、二难推理法。

 方法一：通过串联，找矛盾法。

第 1 步：将题干符号化。

①建花园∨修池塘。

②修池塘→架桥。

③架桥→¬建花园。

④建花园→植树。

⑤植树→架桥。

第 2 步：串联。

由④、⑤、③串联可得：建花园→植树→架桥→¬建花园。

故由"建花园"出发推出了矛盾，因此"建花园"为假，即"¬建花园"为真。

第 3 步：推出答案。

由①可得：¬建花园→修池塘。

故不建花园，但修池塘。因此 C 项不可能为真。

方法二：通过重复元素，找二难推理法。

第 1 步：找重复元素。

题干中"架桥"出现了三次，其他元素最多出现两次，故优先分析"架桥"。

第 2 步：找二难推理。

③的前件为"架桥"，②和⑤的后件均为"架桥"，故将②和⑤逆否，看是否能出现二难推理。（口诀：前件后件一个样，后件逆否出二难）

由②逆否，与①串联可得：¬架桥→¬修池塘→建花园。

由⑤逆否，与④串联可得：¬架桥→¬植树→¬建花园。

由③可知：架桥→¬建花园。

可见，根据二难推理公式可得：¬建花园。

第 3 步：推出答案。

由①可得：¬建花园→修池塘。

故不建花园，但修池塘。因此 C 项不可能为真。

18. C

 题干是四位留学生和三个专业做一一匹配，故此题为**两组元素的多一匹配模型**。优先计算数量关系。

 数量关系优先算：4 个人在 3 个系就读，由 4＝2＋1＋1 可知，有一个系有 2 人就读，另外两个系各有 1 人就读。

重复信息是关键：题干中"美国留学生"出现 2 次，出现的次数最多，故可以其为突破口。

故由③、④可知，美国留学生和韩国留学生或日本留学生中的一位在同一个系就读。

再由①"日本留学生<u>单独</u>在国际金融系"可知，美国留学生不和日本留学生在同一个系，故美国留学生和韩国留学生在同一个系，且不在国际金融系。

又由②"韩国留学生不在中文系"可知，美国留学生、韩国留学生均在法律系。

故 C 项正确。

19. D

🔖 论证结构

锁定关键词"通过""将有效阻止"等词，可知此题是<u>措施目的</u>的模型。

题干的论证结构：向空中喷洒海水水滴——以求→增加台风形成区域上空云层对日光的反射

——以求→台风将不能聚集足够的能量——以求→有效阻止台风的前进，从而避免更大程度的破坏。

🔖 秒杀思路

<u>措施目的</u>模型的假设题的常用方法为：（1）措施可行；（2）措施可以达到目的；（3）措施利大于弊；（4）措施有必要。注意，此类假设题一般不选"措施无副作用"。

🔖 选项详解

A项，无关选项，题干仅涉及"向空中喷洒海水水滴"，不涉及"水滴能够重新聚集"。

B项，此项说明题干中的措施有副作用，可以削弱题干，但不是题干的假设。

C项，无关选项，题干的论证不涉及"大风和暴雨等强对流天气"。

D项，必须假设，此项建立起了"台风前进的动力"和"海水表面日光照射所产生的热量"的联系，说明题干中的措施能够达到阻止台风前进的目的，搭桥法。

用取非法检验：若此项不成立，即：台风前进的动力不是来源于海水表面日光照射所产生的热量，那么，向空中喷洒海水这一措施就无法阻止台风的前进。

E项，无关选项，题干的论证不涉及"酸雨"。

20. E

🔖 题干信息

①狗比人类能听到频率更高的声音。

②猫比正常人在微弱光线中视力更好。

③鸭嘴兽能感受到人类通常感觉不到的微弱电信号。

🔖 选项详解

A项，题干中只涉及三种动物，所以无法体现"大多数"，推论过度。

B项，题干信息②中比较的是"猫"与"正常人"，而不是"猫"与"任何人"，故此项不能被推出。

C项，无关选项，题干并未涉及鸭嘴兽的"所有感觉能力"，也不涉及研究者对此发现是否应该"感到吃惊"。

D项，无关选项，题干并未涉及人类进化过程中"眼睛和耳朵发生改变与感觉能力的敏锐度之间的关系"。

E项，题干指出狗、猫、鸭嘴兽分别在听力、视力和感觉方面与人不同，故此项可以被推出。

21. B

🔖 题干信息

①中国消费者对奢侈品品牌的忠诚度远远低于西方消费者。

对许多中国消费者而言：②高价格仍然很重要。③物有所值仍然比品牌重要，而且在现阶段甚至比质量还重要。

🔖 选项详解

A项，与②矛盾，故此项不能被推出。

B项，由②可知，许多中国消费者喜欢价格高的奢侈品；由③可知，许多中国消费者喜欢物有所值的奢侈品。故可以推出中国消费者喜欢购买价格高且物有所值的奢侈品，即 B 项正确。

C项，题干没有对"价格"和"知名度"进行比较，故此项不能被推出。

D项，由②可知，中国消费者关注价格；由③可知，物有所值比质量还重要，但这并不代表中国消费者不关注质量，故此项不能被推出。

E项，由①可知，整体而言，中国消费者对奢侈品品牌的忠诚度远远低于西方消费者，但是否高于"部分"西方消费者则无法确定，故此项不能被推出。

22. C

 锁定关键词"假以时日"，可知此题是对未来结果进行预测。

题干：一种经过基因改造的蚊子具备了不再感染疟疾的能力，并且能妨碍野生蚊子繁衍，从而有效切断人与蚊子的疟疾传播途径————假以时日，就能根绝疟疾这个顽症（预测结果）。

 预测结果模型的支持题，常见的支持方法有：（1）补充结果会发生的理由；（2）直接指出因果相关。

 A项，说明转基因蚊子在野外不易存活，难以妨碍野生蚊子繁衍，削弱题干。

B项，指出转基因蚊子在有疟疾时才有生存优势，说明转基因蚊子的优势需要一定的条件，有削弱作用。

C项，说明转基因蚊子可能导致野生蚊子种群的灭亡，支持题干。

D项，指出转基因蚊子的后代不都具有抗疟疾基因，说明根绝疟疾有难度，有削弱作用。

E项，掌握转基因蚊子技术的科学家数量的多少，与这种技术是否有效无关，不能支持题干。

23. D

 锁定关键词"意味着"，该词后一般会阐述结论，即论点；前面为论据。

题干：研究人员在观察开普勒太空望远镜发现的数千颗太阳系外行星后，发现银河系内拥有大量的行星，几乎每一颗恒星周围都存在行星。许多恒星系内存在2～6颗行星，其中约1/3的行星处于宜居带上，行星表面的温度适合液态水存在————证明————这可能意味着银河系内几乎处处有宜居的星球。

 A项，无关选项，题干不涉及"进化"。注意：此项不是搭桥法，因为题干的论据中已经提到"宜居"问题，无须再搭论据中的"水"与论点中"宜居"的桥。

B项，说明许多处于宜居带上的行星可能并不适合居住，削弱题干。

C项，说明题干的论据"非实测结果"，论据存在缺陷，削弱题干。

D项，题干中仅由"望远镜发现的数千颗太阳系外行星"的情况，就推断银河系内"几乎处处有"宜居的星球，存在样本数量不够的问题，此项提出新论据，说明银河系中确实存在大量宜居的星球，支持题干。

E项，无关选项，题干的论证并未涉及人类找到另一个宜居星球所需的时间。

24. B

 题干：如果禁止人们在一切公共场所和工作地点吸烟（未禁止人们在其家中吸烟）的法律得到严格执行，就能彻底保护上班人员免受二手烟的伤害。

即：禁止人们在一切公共场所和工作地点吸烟（未禁止人们在其家中吸烟）的法律得到严格执行→彻底保护上班人员免疫二手烟伤害。

 题干的结论是个假言命题，可根据"A→B"与"A∧¬B"矛盾来进行削弱。

A项，无关选项，题干涉及的对象是"二手烟"，与"汽车尾气"无关。

B项，由于该法律不禁止人们在家中吸烟，故即使该法律得到严格执行(A)，在雇主家里上班的人员仍有可能会受到二手烟的伤害(¬B)，可削弱题干。

C项，无关选项，题干不涉及立法者的意图。

D项，无关选项，题干不涉及对二手烟危害程度的讨论。

E项，此项说明该法律没能得到严格执行(¬A)，由"¬A"无法削弱"A→B"。

25. A

要注意，本题要求"列举"李明完成的工作的可能性，故需要分析李明可能完成的工作的所有情况。

数量关系优先算：3 个人完成 5 项工作，每人均完成一至两项工作，由 5＝2＋2＋1 可知，恰有 1 个人(由题干可知是李明)只完成一项工作，另外两人分别完成两项工作。

条件②是事实，优先考虑。题干中"人事"出现 2 次，可以此作为突破口。

由条件②可知，人事不是由王莉来完成的。

故人事有可能是由李明来完成的，也有可能是由丁勇来完成的。

情况 1：人事由李明完成。

由于李明只完成了一项工作，故由条件②可知，管理不是由王莉完成，故管理由丁勇完成。与题干中的条件没有矛盾，可能成立。

情况 2：人事由丁勇完成。

由条件③可知，财务由李明完成。

由于李明只完成了一项工作，故由条件②可知，人事、管理不是由王莉完成的，故人事和管理由丁勇完成，网络和教育由王莉完成。与题干中的条件没有矛盾，可能成立。

综上，可排除 C、D、E 项。

A项和 B项的差异是管理，假设管理由李明完成。由条件②可知，人事不是由王莉来完成的，又知"李明只完成 5 项工作中的一项"，故人事由丁勇完成。再根据条件③可知，财务由李明完成。此时，李明要完成两项工作，与"李明只完成 5 项工作中的一项"矛盾。故李明不能完成管理工作，即排除 B项，A项正确。

26. B

题干由事实和假言构成，故此题为<u>事实假言模型</u>，使用口诀"事实出发做串联"即可秒杀。

从事实出发，即"失业保险制度不健全"。

可知"要裁减员工，国家必须有相应的失业保险制度"的后件为假，故其前件为假，即：不裁减员工。

可知"要对公司进行改革，就必须裁减公司富余的员工"的后件为假，故其前件为假，即：不进行改革。

"除非从内部对公司进行改革，否则公司将面临困境"，即：不进行改革→将面临困境。故可得：将面临困境。

综上，Ⅰ项必然为假、Ⅱ项和Ⅲ项一定为真，即 B项正确。

27. E

题干：每当在撒哈拉沙漠以南的地区有大量的降雨之后，美国大陆就会受到特别频繁的飓风袭击。所以，大量的降雨一定是提升气流压力而造成飓风的原因。

题干把发生在前的事情当作发生在后的事情的原因，即犯了"以先后为因果"的逻辑错误。

A项，只是描述事例，并未得出因果关系，与题干不同。

B、C、D项，均为对结果的推断，而不是找原因，与题干不同。

E项，试图找到一些人成为企业家的原因，而且也是把发生在前的事情当作发生在后的事情的原因，即犯了"以先后为因果"的逻辑错误，与题干相同。

28. E

本题要将9个人分成三组，而这9个人又分成三类，故此题是**分类匹配问题**。优先考虑事实、数量关系和重复信息。

因为张是某组唯一的中学生，所以与张一组的是四个小学生小明、小强、小红、小刚中的两个。

由条件(2)"小明不能在张那一组"可知，张所在组的其他两个成员中无小明。

由条件(3)"小强的组里至少有王或赵中的一个"可知，若小强在张所在的组时，则这一组里还有别的中学生(王或赵)，与"张是某组唯一的中学生"矛盾，故小强不在张所在的组。

综上，与张一组的其他两个成员是小红和小刚，故E项正确。

29. D

本题要求找出第二组和第三组的成员，且选项已将分布情况完整呈现，故本题优先考虑使用选项排除法。

A项，由条件(1)"年级相同的中学生不能在同一组"可知，王和李不能在同一组，排除。

B项，由条件(3)"小强的组里至少有王或赵中的一个"可知，"李、郑、小强"这三人不能作为一组，排除。

C项，由此项可知，郑和赵都在第一组，由条件(1)"年级相同的中学生不能在同一组"可知，同为初一学生的郑和赵不能在同一组，排除。

D项，满足题干所有要求，正确。

E项，由条件(3)"小强的组里至少有王或赵中的一个"可知，"小明、小强、小红"这三人不能作为一组，排除。

30. A

由条件(1)"年级相同的中学生不能在同一组"可知，三个高中生均不同组，两个初中生也不同组。因此，一定存在一个组有高中生，但是没有初中生，即得表2。

表2

组1	高中生、初中生、(?)
组2	高中生、初中生、(?)
组3	高中生、(?)、(?)

又由于每组是由3个人组成，且还只剩下4名小学生未分配，因此，组1、组2还分别有一个小学生，组3将有两名小学生。因此，A项正确。

199 管理类联考逻辑模拟卷 4

1. B

 第 1 步：画箭头。

题干：

①高层不参与→薪酬政策不成功。

②有更多的管理人员参与∧告诉公司他们认为重要的薪酬政策→薪酬政策将更加有效。

第 2 步：逆否。

题干的逆否命题为：

③薪酬政策成功→高层参与。

④¬薪酬政策将更加有效→¬有更多的管理人员参与∨¬告诉公司他们认为重要的薪酬政策。

第 3 步：找答案。

A 项，¬有更多的管理人员参与→薪酬政策不成功，根据箭头指向原则，由④可知，"¬有更多的管理人员参与"后无箭头指向，故此项可真可假。

B 项，高层参与∨薪酬政策不成功＝高层不参与→薪酬政策不成功，等价于①，必然为真。

C 项，高层参与→薪酬政策成功，根据箭头指向原则，由③可知，"高层参与"后无箭头指向，故此项可真可假。

D 项，有更多的管理人员参与→薪酬政策将更加有效，由②可知，此项可真可假。

E 项，高层参与∧薪酬政策不成功，由①可得：高层参与∨薪酬政策不成功，"或者"无法推"并且"，故此项可真可假。

2. B

 题干出现人、书、话题数量之间的匹配，但人数比书数多且背诵的话题数量不完全一致，故此题为**多一匹配模型**。此类题优先算出数量关系。

 数量关系优先算：由(3)可知，小李选择了 3 个话题。

故由(2)可知，小张、小王、小赵中有 1 个人选择了 1 个话题，有 2 个人选择了 2 个话题。

再由(1)"小张和小赵选择背诵的话题数不同"可知，小张和小赵中有一人选择了 1 个话题背诵，另一人选择了 2 个话题背诵。

故小王一定选择了 2 个话题进行背诵，即 B 项正确。

3. A

 题干中出现关于两类人的对比实验，可知此题考查的是**求异法**：

焦虑程度高的女性：更容易出错；

其他焦虑程度的女性：更不易出错；

————————————————————

故：女性的焦虑程度影响完成任务的质量。

 对比实验型的削弱题，常用另有差因来削弱，有时也可用不当归纳（可能出现样本没有代表性，调查者/被调查者不中立等问题）。此外，求异法归根结底还是找原因的方法，故因果倒置、因果无关等削弱因果的方法也适用。

A项，说明"对任务熟悉程度的差异"影响了完成任务的质量，另有差因，削弱题干

B项，支持题干，说明焦虑会影响思考，进而导致其完成任务时更容易出错。

C项，无关选项，焦虑"引发的心理问题"与其是否"影响完成任务的质量"无关。

D项，说明焦虑程度越高，错误率越高，是焦虑程度影响了完成任务的质量，支持题干。

E项，无关选项，题干不涉及男性与女性的比较。

4. A

锁定关键词"因为"，可知"因为"前面的"这个观点（荷尔蒙睾丸激素的高含量分泌是造成男性患心脏病的重要原因）是站不住脚的"是论点，"因为"后面是论据。

题干的论证结构为：测试显示，男性心脏病患者体内的荷尔蒙睾丸激素的含量，通常都要低于无心脏病的男性，因此，荷尔蒙睾丸激素的高含量分泌不是造成男性患心脏病的重要原因。

A项，排除因果倒置的可能，说明确实可以通过荷尔蒙睾丸激素含量的对比来分析其对心脏病的影响，而不是因为得了心脏病影响了这种激素的含量，必须假设。

B项，无关选项，题干所讨论的范围是患有心脏病的男性和无心脏病的男性总体的特征，其中个别成员的特征不能说明问题。

C项，不必假设，传统观点往往不正确并不能说明所有的传统观点都是不正确的。

D项，指出另有其他共同原因导致题干中的现象，说明确实不是"荷尔蒙睾丸激素的高含量分泌"这一原因，故此项可以支持题干。但是，题干并不涉及是否有其他共同原因，故此项虽然支持题干但并不是题干的假设。

E项，无关选项，题干仅仅讨论荷尔蒙睾丸激素和男性心脏病之间的关系，与其他疾病无关。

5. D

题干全部由假言构成，选项也全部可写为假言，故此题为串联推理的基本模型，使用四步解题法。

第1步：画箭头。

①热爱工作→有一技之长∨有使命感。

②不计较工作时间→热爱工作。

③永无止境的快乐→热爱工作。

第2步：串联。

由②、①串联可得：④不计较工作时间→热爱工作→有一技之长∨有使命感。

由③、①串联可得：⑤永无止境的快乐→热爱工作→有一技之长∨有使命感。

第3步：逆否。

④逆否可得：¬有一技之长∧¬有使命感→¬热爱工作→¬不计较工作时间。

⑤逆否可得：¬有一技之长∧¬有使命感→¬热爱工作→¬永无止境的快乐。

第4步：分析选项，找答案。

Ⅰ项，由⑤可知，由"永无止境的快乐"可以推出"有一技之长∨有使命感"，但无法确定"有使命感"，故此项可真可假。

Ⅱ项，不计较工作时间→热爱工作，等价于②，故此项必然为真。

Ⅲ项，热爱工作→不计较工作时间，根据箭头指向原则，由④、⑤可知，"热爱工作"后无

箭头指向"不计较工作时间"，故此项可真可假。

故 D 项正确。

6. B

论证
结构｜锁定关键词"表明"，可知"表明"后面的内容是论点，"表明"前面的内容是论据。

题干：在商代晚期的妇好墓中出土了一件俏色玉龟 ——证明→ 俏色工艺最早始于商代晚期。

秒杀
思路｜题干论据中的"商代晚期"指的是"妇好墓"的年代，而不是"俏色玉龟"的年代，因此，必须假设"俏色玉龟"的年代与"妇好墓"的年代相同，也是商代晚期。因此，B项必须假设，否则，如果妇好墓中的俏色玉龟是更古老的朝代留传下来的，则俏色工艺就早于商代晚期，题干的论证就不成立了(取非法)。

选项
详解｜A项，无关选项，题干不涉及"俏色工艺"和"镂空工艺"的比较。（干扰项·无关新比较）

C项，无关选项，题干不涉及"俏色"和"根雕"这两种工艺的共同特征。

D项，无关选项，题干并未涉及"周武王"所做的事情。

E项，无关选项，题干的论证并未涉及青铜器。

7. C

论证
结构｜锁定关键词"所以"，可知"所以"前面的内容为论据，"所以"后面的内容为论点。

题干等价于：任何宗教命题都不能够通过观察或实验而被验证为真 ——证明→ 任何宗教命题的真实性无法被知道。

秒杀
思路｜题干的论据的核心概念是"不能被验证为真"，论点的核心概念是"真实性无法被知道"。故需要搭"不能被验证为真"和"真实性无法被知道"的桥。即：

不能被验证为真 ——————→ 真实性无法被知道

搭桥法：不能被验证为真→无法知道其真实性，等价于：知道其真实性→能够被验证为真，故 C 项正确。

此题找到 C 项后拿分走人即可，不必分析干扰项。另外，此题也可以从隐含三段论的角度来解题。

8. E

秒杀
思路｜题干全部由假言构成，问"以下哪项必然为假"，故此题考查的是串联推理的矛盾命题。

详细
解析｜第1步：画箭头。

①欲明明德于天下→治其国。

②治其国→齐其家。

③齐其家→修其身。

④修其身→正其心。

⑤正其心→诚其意。

⑥诚其意→致其知。

第2步：串联。

由①、②、③、④、⑤、⑥串联可得：⑦欲明明德于天下→治其国→齐其家→修其身→正其心→诚其意→致其知。

故有：⑧欲明明德于天下→致其知。

第3步：找矛盾命题。

A项，欲明明德于天下→诚其意，由⑦可知，此项为真。

B项，治其国→正其心，由⑦可知，此项为真。

C项，致其知→治其国，根据箭头指向原则，由⑦可知，"致其知"后面没有箭头指向，故此项可真可假。

D项，¬齐其家∨诚其意，等价于：齐其家→诚其意，由⑦可知，此项为真。

E项，"欲明明德于天下∧¬致其知"，与⑧矛盾，故此项一定为假。

9. E

 题干中4个判断"只有一真"，故此题为<u>真假话问题</u>。优先找矛盾关系，如果题干中没有矛盾，则根据"只有一真"，可以找下反对关系或推理关系。

 第1步：找矛盾。

甲与丁的话矛盾，必有一真一假。

第2步：判断其他已知条件的真假。

根据"只有一真"可知，乙和丙的话都为假。

第3步：推出结论。

由丙的话为假可知，丙是篮球运动员，根据"某个→有的"可知，有的人是篮球运动员，故E项正确。

10. D

 本题的提问方式为"以下哪项<u>可以</u>为真"，故使用选项排除法。

 本题补充新事实：(6)M和W都参加跳高项目。

根据条件(2)并结合事实(6)，可排除A、E项。

根据条件(4)，可排除B项。

根据事实(6)并结合题干信息"每人恰好只参加一个项目"，可排除C项。

11. C

 题干是七位学生与两个体育项目之间的匹配，两组元素的数量不一致，故此题为<u>两组元素的多一匹配模型</u>。

 多一匹配问题，一般优先计算数量关系，7=6+1=5+2=4+3=3+4=2+5=1+6，情况太多这样的计算没有意义。故需要分析其他条件。

因为只有跳高和铅球两个项目，故：

由(1)可知，G跳高→H铅球=G不跳高∨H铅球=G铅球∨H铅球，即：G与H至少有一位参加铅球项目。

由(2)可知，L跳高→M铅球∧U铅球=L不跳高∨(M铅球∧U铅球)=L铅球∨(M铅球∧U铅球)，即：L参加铅球项目或者M、U都参加铅球项目。

由(3)可知，W与Z恰有一位参加铅球项目。

由(4)可知，G与U恰有一位参加铅球项目。

若使参加跳高项目的人数最多，那么参加铅数的人数应该最少。

故：G参加铅球项目，H、U参加跳高项目。

L参加铅球项目，M、U参加跳高项目(注意U与上面重合)。

W 和 Z 任选一人参加铅球，另外一人参加跳高项目。

综上，最多有 4 个学生参加跳高项目，即 C 项正确。

12. D

 题干要补充条件得出结论"美国男篮没有进入半决赛"，故此题考查的是隐含三段论（补充条件）。

 第1步：将题干中的前提符号化。

①美国男篮进入半决赛∧韩国男篮小组赛失利→￢中国男篮夺冠，等价于：中国男篮夺冠→￢美国男篮进入半决赛∨￢韩国男篮小组赛失利。

②法国小组第一出线→中国男篮夺冠。

第2步：如果有多个前提，将前提串联。

串联前提②和①可得：法国小组第一出线→中国男篮夺冠→￢美国男篮进入半决赛∨￢韩国男篮小组赛失利。

第3步：将题干中的结论符号化。

结论：美国男篮没有进入半决赛。

第4步：补充从前提到结论的箭头，从而得到结论。

根据口诀"肯前必肯后"，易知，补充"法国小组第一出线"即可得"￢美国男篮进入半决赛∨￢韩国男篮小组赛失利"。

又知：￢美国男篮进入半决赛∨￢韩国男篮小组赛失利＝韩国男篮小组赛失利→￢美国男篮进入半决赛。

易知，再补充"韩国男篮小组赛失利"即可得"美国男篮没有进入半决赛"。

故，需补充的前提为：法国小组第一出线∧韩国男篮小组赛失利。

故 D 项正确。

13. D

 题干出现两组对象的对比实验，可知此题考查的是求异法：

试管婴儿：出生缺陷率高；

自然受孕婴儿：出生缺陷率低；

故：试管婴儿技术导致试管婴儿比自然受孕婴儿的出生缺陷率高。

 对比实验型的削弱题，常用另有差因来削弱，有时也可用不当归纳（可能出现样本没有代表性、调查者/被调查者不中立等问题）。此外，求异法归根结底还是找原因的方法，故因果倒置、因果无关等削弱因果的方法也适用。

 A项，说明试管婴儿技术会加大受精卵受损的风险，支持题干的结论。

B项，无关选项，题干论证的是"试管婴儿的出生缺陷率"，此项论证的是"试管婴儿技术的失败率"。

C项，此项中的"最优质"指的是试管婴儿技术产生的受精卵中选取的最优质的，但与自然受孕相比，它是否更加优质则无法判断，故不能质疑题干。

D项，说明是父母的年龄差异导致试管婴儿比自然受孕缺陷率高，另有差因，削弱题干。

E项，无关选项，此项比较了试管婴儿技术的发展前后对婴儿出生缺陷率的影响，但与题干的论证无关。（干扰项·无关新比较）

14. A

题干由事实、选言(可看作假言)和假言构成，故此题为<u>事实假言模型</u>，使用口诀"事实出发做串联"即可秒杀。

题干补充新事实：(6)X 为 L 和 H 伴奏。

由事实出发，根据(6)"X 为 L 和 H 伴奏"和"每一位钢琴伴奏师恰好分别为其中的 2 位歌手伴奏"可知，X 不为 G 伴奏。

由"X 不为 G 伴奏"可知，条件(2)的前件为真，故其后件也为真，得：Y 为 M 伴奏。

可得表 1：

表 1

钢琴伴奏师＼歌手	F	G	L	K	H	M
X	×	×	√	×	√	×
Y			×		×	√
W			×		×	×

由条件(4)"F 与 G 不共用钢琴伴奏师"可知，W 只能为 F 和 G 中的其中一位伴奏，由于"每一位钢琴伴奏师恰好分别为其中的 2 位歌手伴奏"可知，W 一定为 K 伴奏。

故 A 项正确。

15. C

由题干信息可知，每一位歌手有且仅有一位伴奏师为其伴奏。

由条件(3)"X 或 Y 为 H 伴奏"可知，W 不为 H 伴奏，故 C 项必然为假。

16. D

锁定关键词"导致"，可知"导致"前面为原因，"导致"后面为结果，故本题属于<u>前因后果型</u>结构。

原因：弓形虫感染。

结果：包括"路怒症"在内的 IED 心理疾病。

<u>前因后果型</u>的削弱题，常见削弱方法为：(1)否因削弱；(2)因果倒置；(3)因果无关；(4)另有他因；(5)有因无果；(6)无因有果。

A 项，说明弓形虫感染让老鼠变得大胆，构建类比实验，支持题干中研究者的观点。

B 项，说明弓形虫易引发攻击行为，支持题干中研究者的观点。

C 项，无因无果，说明在实施了抗虫感染治疗之后，冲动行为减少，支持题干中研究者的观点。

D 项，猫身上有弓形虫(有因)，但却比较温顺(无果)，削弱题干中研究者的观点。

E 项，补充论据，说明弓形虫感染与人的冲动行为有关，可以支持题干中研究者的观点。

17. E

锁定关键词"因此"，可知"因此"前面为论据，"因此"后面为论点。

题干：H 国的河虾生产者正在以低于"M 国河虾生产成本"的价格，在 M 国销售河虾 ——→ 证明

H 国的河虾生产者正在 M 国倾销河虾。

此题的问题是"以下哪一项对评估上文提到的倾销行为是必要的"，故此题为评价关键问题，即找一个正面回答能支持，反面回答能削弱的项。

E项是必要的，因为，如果倾销定义中的"商品生产成本"指的是"销售地同类商品的生产成本"，则上述 H 国的河虾生产者的行为确实是倾销。但如果倾销定义中的"商品生产成本"指的是"商品原产地的生产成本"，则上述 H 国的河虾生产者所售的河虾的价格未必低于商品生产成本的价格，故他们的行为未必是倾销。

其余各项均为无关选项。

18. C

题干出现 3 位老师与 6 门科目之间的匹配，故此题为**两组元素的多一匹配模型**。此题的条件以两两互斥条件为主，可使用重复信息分析法或表格法。

由(1)可知，物理老师和政治老师不是同一个人。

由(2)"蔡老师在 3 人中年龄最小"，并结合(4)可知，蔡老师不是生物老师。

由(3)可知，孙老师不是生物老师和政治老师，且生物老师和政治老师也不是同一个人。

综上，蔡老师、孙老师不是生物老师，故朱老师是生物老师，可排除 B、D、E 项。

由(4)可知，生物老师和数学老师不是同一人，故朱老师不是数学老师。

由(5)可知，蔡老师既不是英语老师也不是数学老师。

综上，朱老师、蔡老师都不是数学老师，故孙老师是数学老师。

由(5)可知，英语老师和数学老师不是同一个人，故孙老师不是英语老师。

综上，蔡老师、孙老师不是英语老师，故朱老师是英语老师。

故有：朱老师是生物老师和英语老师，即 C 项正确。

19. A

此题为 7 人中选 4 人，故此题是选人问题中的**选多模型**。可用找矛盾法，尤其是数量关系之处的矛盾进行解题。

由题干可知，7 人中 4 人入选，另外 3 人未入选。

由条件(1)可知，张珊、钱起 1 人入选，1 人未入选。

由条件(2)可知，王武、孙巴 1 人入选，1 人未入选。

故余下的 3 人李思、赵柳、刘久中有 2 人入选，1 人未入选。

故李思和赵柳 2 人中至少要入选 1 人，否则如果 2 人都未入选，就与题干中的 4 人入选矛盾。

所以 A 项一定为真。

20. A

题干中出现选言(可看作假言)和假言，选项均为事实，故此题为**假言事实模型**。常用两种解题思路：找矛盾法、二难推理法。

①100% 的检测→经常出现违规。

②经常出现违规→提醒采取相应措施。

③提醒采取相应措施→民众反应强烈。

④民众反应强烈→100% 的检测。

⑤100% 的检测→¬ 民众反应强烈。

④的后件和⑤的前件完全相同，此时，逆否④容易出现二难推理。

将题干信息④逆否得：¬100％的检测→¬民众反应强烈。

根据二难推理公式，结合⑤可得：

$$¬100％的检测→¬民众反应强烈；$$
$$100％的检测→¬民众反应强烈；$$

$$\text{因此，}¬民众反应强烈。$$

故③的后件为假，其前件也为假，即：A项"联盟不会提醒各成员国采取相应的措施"为真。

继续推理可知：②的后件也为假，故其前件为假，得：不经常出现违规。

故①的后件为假，其前件也为假，得：没有100％的检测。

21. D

 此题是五人择一问题，为选一模型，选一模型也可称为择偶问题。数量关系往往是突破口。

 由①可知，五人中有三位小于30岁，有两位大于30岁。

再由④"李和周不属于相同年龄档"知，李、周两人中一人大于30岁，一人小于30岁。

根据③"赵和孙属于相同年龄档"，若两人均大于30岁，则共有3人大于30岁，与"有两位大于30岁"矛盾，因此，赵、孙均小于30岁。

由②可知，五人中有两位是教师，有三位是秘书。

再由⑥"孙和李的职业不相同"可知，孙、李一人是教师，一人是秘书。

再由⑤"钱和周的职业相同"，若两人均是教师，则共有3人是教师，与"有两位是教师"矛盾，因此，钱、周都是秘书。

由⑦"徐先生的妻子是一位年龄大于30岁的教师"可知，赵、孙、钱、周均不是徐先生的妻子。

综上，徐先生的妻子是李，即D项正确。

22. D

 题干中"在邮件中插入GIF"可看作是措施，"吸引用户的目光、增加用户的点击率"可看作是目的，故本题是措施目的模型。

题干：GIF(动态图片、动画)制作简单、兼容性强，在邮件中可以增加视觉冲击力——证明→在邮件中插入GIF，更能吸引用户的目光、增加用户的点击率。

 措施目的模型的支持题，常用四种方法：(1)措施可行；(2)措施有交；(3)措施利大于弊；(4)措施有必要。

 A项，无关选项，题干讨论的是"在邮件中插入GIF"，而此项讨论的是"个性化营销邮件"。(干扰项·偷换论证对象)

B项，无关选项，由"过去"没有插入GIF的个性化营销邮件也取得过成功，无法判断插入GIF后会不会有更大的成功。

C项，削弱题干，说明在邮件中插入GIF不会吸引70年代出生的人的目光。

D项，提供对比实验，说明在邮件中插入GIF确实能给企业带来更多的收入(措施有效)，支持题干的结论。

E项，在邮件中插入GIF在技术上较难实现，略削弱题干但力度不大，因为也可能可以实现。

23. A

 此题的提问方式为"下面哪一个选项列出了经费可能同被削减的 2 个学科领域"，故优先考虑选项排除法。

 题干新补充事实：⑤L 和 S 同被削减。

A 项，与题干已知条件均不矛盾，可能为真。

B 项，与③矛盾，排除。

C 项，与②矛盾，排除。

D 项，与③矛盾，排除。

E 项，与④矛盾，排除。

24. C

 此题新补充信息为确定事实，题干中有假言和数量关系；故可从事实出发结合假言及数量关系进行直接推理。

 题干新补充事实：⑥R 未被削减。

由④得：¬ R 被削减→L 被削减∧M 被削减。

由③得：L 被削减→¬ P 被削减。

由于 8 个学科领域中有 5 个被削减，则有 3 个学科领域未被削减，现知 R、P 未被削减，故还有一个学科领域未被削减。

假设 N 未被削减，则被削减的为：G、W、S、L 和 M，与题干条件不冲突，可能为真。

假设 G 未被削减，则被削减的为：W、S、N、L 和 M，与②冲突，故 G 被削减，即 C 项一定为真。

假设 S 未被削减，则被削减的为：G、W、N、L 和 M，与题干条件不冲突，可能为真。

故 C 项正确。

25. B

 题干由两个前提和一个结论构成，要求找到"使上述论证成立"的项，故此题考查的是隐含三段论。

 第 1 步：将题干中的前提符号化。

前提①：所有美洲人都不是亚洲人，即：美洲人→¬ 亚洲人。

前提②：所有美洲人都不是欧洲人，即：美洲人→¬ 欧洲人。

第 2 步：如果有多个前提，将前提串联。

前提①和②满足双所有串联公式，得：有的¬ 亚洲人→美洲人→¬ 欧洲人。

第 3 步：将题干中的结论符号化。

结论：有的不是亚洲人的人不是白人，即：有的¬ 亚洲人→¬ 白人。

第 4 步：补充从前提到结论的箭头，从而得到结论。

根据"成对出现"的原理，可知答案涉及"¬ 欧洲人"和"¬ 白人"。

易知，补充前提③：¬ 欧洲人→¬ 白人。

可与③串联成：有的¬ 亚洲人→美洲人→¬ 欧洲人→¬ 白人。

从而有：有的¬ 亚洲人→¬ 白人，故可以得出结论。

补充的前提③等价于：白人→欧洲人，即所有白人都是欧洲人，故 B 项正确。

26. D

题干的问题是"最能削弱反对者的观点"，故锁定反对者的观点：迷走神经兴奋性的提高和交感神经反应性的降低才是引发哮喘病的原因，与患者的情绪问题无关。

锁定"原因"二字，易知此题要求削弱因果关系。常见的削弱方式有：(1)否因削弱；(2)因果无关；(3)因果倒置；(4)另有他因；(5)有因无果；(6)无因有果。

A项，"身体疾病"与"哮喘病"不是同一概念，转移论题。（干扰项·转移论题）

B项，题干讨论的是引发哮喘病的原因，而此项讨论的是哮喘病发作的结果，无关选项。

C项，无关选项，"消极情绪是普遍存在的问题"不代表"消极情绪是引发哮喘病的原因"。

D项，说明消极情绪会提高患者迷走神经的兴奋性并降低交感神经的反应性，从而引发哮喘病，削弱题干中反对者的观点"哮喘病与患者的情绪问题无关"；否因削弱。

E项，无关选项，题干的论证并未涉及现代人心理免疫力下降。

27. C

待解释的现象：业内人士预测，汽车"三包法"实施后会对汽车厂家造成很大冲击，但是，对多家4S店的调查显示，我国汽车"三包法"实施一年以来，依据"三包法"退换车的案例为零。

A项，不能解释，只有7%的消费者在购车前了解"三包法"，只能作为依据解释"三包法"退换车的数量少，无法解释退换车的案例为零。

B项，不能解释，"多数"汽车经销商没有向消费者介绍"三包权益"，不代表消费者无法通过其他渠道了解这些权益，也无法排除有些汽车经销商很好地向消费者介绍了"三包权益"。

C项，直接解释了题干中依据"三包法"退换车的案例为零是由于"三包法"本身缺乏可操作性。

D项，不能解释，提高了维修方面的服务质量不代表消费者不会退换车。

E项，不能解释，只要有的问题符合"三包法"，消费者就可以退换车。

28. B

此题的提问方式为"下面哪项列出了能够在第一年成为该委员会成员的名单"，并且选项完整地列出了4人，故可优先考虑选项排除法。

A项，不满足条件(1)"G和V不能在同一年成为该委员会的成员"，排除。

B项，可与题干已知条件均不矛盾，正确。

C项，不满足条件(2)"H和Y不能在同一年成为该委员会的成员"，排除。

D项，有3名委员G、H、I是法官，只有1名委员Z来是自科学家，不满足题干"2名成员来自4位法官，另外2名成员来自科学家"，排除。

E项，不满足条件(1)"G和V不能在同一年成为该委员会的成员"，排除。

29. E

本题新补充事实：V在第一年做该委员会主席。

由事实出发，根据"第一年做主席的成员在第二年必须退出该委员会"可得，第二年没有V。

找与"V"有关的信息：

由"2名成员来自3位科学家"可知，Y和Z在第二年是该委员会的成员。

由(3)"每一年，I和V中有且只有1位做该委员会的成员"，既然第二年没有V，则必有I。

综上：I、Y、Z均是该委员会第二年的成员。

故E项正确。

30. A

本题新补充事实：H在第一年做该委员会主席。

由事实出发，找"H"，故由条件(2)"H和Y不能在同一年成为该委员会的成员"可知，第一年没有Y。

再由"2名成员来自3位科学家"可知，第一年有V和Z。

找"V"，由条件(1)"G和V不能在同一年成为该委员会的成员"可知，既然第一年有V，故第一年没有G。

由条件(3)"每一年，I和V中有且只有1位做该委员会的成员"可知，既然第一年有V，故第一年没有I。

综上，第一年没有G、Y、I。根据"在第二年做主席的人在第一年必须是该委员会的成员"，故第二年的主席不是G、Y、I，故可排除B、C、D、E项，此题选A。

如果想继续推理可得：

根据"2名成员来自下面4位法官：F、G、H、I"可知，既然第一年没有G和I，则第一年有F、H。

因此，第一年该委员会的成员为F、H、V和Z。

根据题干"第一年做主席的成员在第二年必须退出该委员会"，故第二年主席不是H，又由"在第二年做主席的人在第一年必须是该委员会的成员"可知，第二年主席必须是F、V和Z中的一位。故F有可能在第二年做主席。

396 经济类联考逻辑模拟卷 1

1. A

 题干均为假言判断,要求我们找出一定为假的选项,故此题考查的是<u>假言判断的负判断</u>(即矛盾命题)。

 题干中有以下信息:

①发展进步→开放包容。

②先进和有用的东西进来→开放。

③使自己充实和强大起来→包容。

A 项,¬ 开放包容∧发展进步,与①矛盾,故此项必然为假。

B 项,¬ 不开放包容→¬ 发展进步,等价于:发展进步→开放包容;由①可知,此项必然为真。

C 项,发展进步→开放包容,等价于①,此项必然为真。

D 项,由题干可知,"开放包容"后面无箭头,故"可能不会发展进步"为真。

E 项,由题干可知,"开放包容"后面无箭头,故此项"开放包容→使自己充实和强大起来"可真可假。

2. C

 此题要求"支持有关方面的观点",故直接定位到有关方面的观点:如果存在无穷多个相差小于 7 000 万的素数对,那么这一研究结果将是数论发展的一项重大突破。

 A 项,此项用这位华人讲师自身的情况作为论据来证明其观点的正确性,犯了诉诸人身的逻辑谬误,故不能很好地支持有关方面的观点。

B 项,无关选项,证明孪生素数猜想的过程是否漫长与其是否成立无关。

C 项,指出这是"第一次"有人正式证明存在无穷多组间距小于定值的素数对,所以它是一项"重大突破",可以支持题干中有关方面的观点。

D 项,削弱题干,指出 7 000 万这个数字太大,以至于即使题干中这一研究结果成立,也可能与证明孪生素数猜想之间存在很大距离。

E 项,无关选项,欧几里得提出的很多数学猜想是否得到了证明,与题干中的发现是否有助于证明孪生素数猜想无关。

3. D

 题干中出现两组试验对象的对比,可知此题考查的是<u>求异法</u>。

题干:

第一组:被告知这种膏剂是在试用过程中,其中 30% 的人得到治愈;

第二组:被告知这种膏剂已经过广泛的临床试验,被证明是有效的,结果有 85% 的人得到治愈;

结论:人对从疾病中能够有复原机会的信念能够影响人从病中的康复。

 <u>求异法模型</u>的题目常用的削弱方法是指出<u>另有其他差异因素</u>(另有差因)。

A 项，此项指出，在"心理紊乱治疗的历史"方面，两组人员没有区别，排除他因，支持题干。

B 项，与题干形成前后对比：被告知膏剂有效前，第一组仅有 30% 的人得到治愈，被告知膏剂有效后，第一组 85% 的人得到治愈，根据求异法，可知此项支持题干的观点。

C 项，说明样本是随机挑选的具有代表性，支持题干。

D 项，另有差因，说明第一组成员在患病时间和病情上与第二组不同，削弱题干。

E 项，无关选项，题干的论证并未涉及"容易上当受骗与疾病"之间的关系。

4. C

题干条件②和⑤是事实，其余条件是假言，故此题为<u>事实假言模型</u>，使用口诀"事实出发做串联"即可秒杀。

①张珊是罪犯∧李思是罪犯∧王伍是罪犯→破获 003 号案件。

②¬破获 003 号案件。

③¬张珊是罪犯→¬李思是罪犯＝李思是罪犯→张珊是罪犯。

④¬李思是罪犯→李思与王伍是好朋友＝¬李思与王伍是好朋友→李思是罪犯。

⑤¬李思与王伍是好朋友。

（注意：等你做此类题做地特别熟练时，以上对题干信息的符号化这一步骤可以省略。）

②、⑤均为确定事实；故本题可从②、⑤出发秒杀。

由事实②出发，可知①的后件为假，故其前件为假，得：¬（张珊是罪犯∧李思是罪犯∧王伍是罪犯），等价于：⑥张珊不是罪犯∨李思不是罪犯∨王伍不是罪犯。

由事实⑤出发，李思的供词为假，可知④的后件为假，故其前件为假，得：李思是罪犯。

由"李思是罪犯"可知，张珊的供词为假。故③后件为假，故其前件为假，得：张珊是罪犯。

由⑥知：张珊是罪犯∧李思是罪犯→王伍三人不是罪犯。

故：张珊、李思是罪犯，王伍不是罪犯。故 C 项正确。

5. D

题干由特称（有的）和全称判断组成，故此题为<u>有的串联模型</u>。从带"有的"的判断直接进行串联即可秒杀。

①有些 30 岁以下的员工→参加外语培训班。

②部门经理→同意野外拓展＝¬同意野外拓展→¬部门经理。

③参加外语培训班→¬同意野外拓展。

①中有"有的"，从①开始串联。

故串联①、③、②可得：有些 30 岁以下的员工→参加外语培训班→¬同意野外拓展→¬部门经理。

故有：有些 30 岁以下的年轻员工不是部门经理，D 项正确。

6. C

题干中 5 个人对盒子里球的颜色进行了预测，已知每人的预测都只猜对了一种，并且每盒都有一个人猜对，故此题为<u>一个人多个判断问题</u>。常用选项排除法、假设法、找对当关系

法来进行解题。

题干中只有丙的猜测涉及第1个盒子，由"每盒都有一个人猜对"可知，丙的猜测"第1个盒子里的皮球是红色的"为真。

又由"每人都只猜对了一种"可知，丙所说的"第5个盒子里的皮球是白色的"为假。

由"第1个盒子里的皮球是红色的"，得出乙所说的"第4个盒子里的皮球是红色的"为假，故"第2个盒子里的皮球是蓝色的"为真。

故戊说的"第2个盒子里的皮球是黄色的"为假，则"第5个盒子里的皮球是紫色的"为真。

故甲说的"第2个盒子里的皮球是紫色的"为假，则"第3个盒子里的皮球是黄色的"为真。

即：第1个盒子里的皮球是红色的，第2个盒子里的皮球是蓝色的，第3个盒子里的皮球是黄色的，第5个盒子里的皮球是紫色的，故第4个盒子里的皮球只能是白色的。

故C项正确。

7. D

题干的问题是"不能支持上述漂流理论"，故直接定位"漂流理论"。

漂流理论：距今约5 000万年前，生活在马达加斯加岛上的环尾狐猴、狐蝠以及其他哺乳动物的祖先当年乘坐天然的"木筏"，来到了马达加斯加这座位于印度洋的岛屿上。

A项，提出新论据，说明在洋流的带动下这些动物会漂向马达加斯加，支持漂流理论。

B项，提出新论据，说明这些小型哺乳动物即使在漂流数周后依然可以存活，支持漂流理论。

C项，如果有超重、超大的哺乳动物，那么它们不能乘坐"木筏"漂流到马达加斯加，支持漂流理论。

D项，此项指出5 000万年前，非洲大陆和马达加斯加之间的距离与今天"距离不同"。如果这种"不同"是指过去更近，则更有利于上述小动物的"漂流"（支持漂流理论）；如果这种"不同"是指过去更远，则更不利于上述小动物的"漂流(削弱漂流理论)"。（两可选项）

E项，说明海上存在天然"木筏"，可以支持题干中的漂流理论。

8. A

题干"不难成活或生长"是选言(可看作假言)，其余已知条件是假言，选项均为事实。故此题为假言事实模型。常用两种解题思路：找矛盾法、二难推理法。

①潮湿→仙人掌难成活。

②寒冷→柑橘难生长。

③某省大部分地区：￢仙人掌难成活∨￢柑橘难生长。

方法一：串联法。

①潮湿→仙人掌难成活。

③等价于：仙人掌难成活→￢柑橘难生长。

②得：￢柑橘难生长→￢寒冷。

显然可串联为：潮湿→仙人掌难成活→￢柑橘难生长→￢寒冷。

故有：潮湿→￢寒冷，与"潮湿∧寒冷"矛盾。故A项必然为假。

方法二：二难推理法。

①潮湿→仙人掌难成活，等价于：￢仙人掌难成活→￢潮湿。

②寒冷→柑橘难生长，等价于：¬ 柑橘难生长→¬ 寒冷。

利用二难推理的公式(2)，得：

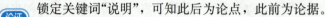

¬ 仙人掌难成活 ∨ ¬ 柑橘难生长

¬ 潮湿　　　　¬ 寒冷

可知：某省大部分地区：¬ 潮湿 ∨ ¬ 寒冷。

以上结论与"潮湿 ∧ 寒冷"矛盾，故 A 项必然为假。

9. C

〔论证结构〕 锁定关键词"说明"，可知此后为论点，此前为论据。

题干：新石器时代的"东胡林人"遗骸身上佩戴项链和骨镯 ——证明——→ 在新石器时代早期，人类的审美意识已开始萌动。

〔秒杀思路〕 思路一：通过核心概念进行解题。

论据的核心概念是"佩戴项链和骨镯"，论点的核心概念是"审美意识"，故此题属于**偷换概念型**的题目。此类题通过"拆桥"即可秒杀。即：割断"佩戴项链和骨镯"和"审美意识"的联系。C 项说明，佩戴饰品并不是为了审美，而是为了表明社会地位，割断了两者之间的联系，故可削弱题干。

思路二：通过现象分析进行解题。

题干论据出现一个现象："东胡林人遗骸身上佩戴项链和骨镯"，那么，他们为什么要佩戴项链和骨镯呢？题干认为的原因是他们爱美，有了审美意识。C 项指出，佩戴饰品并不是为了审美，而是为了表明社会地位，即另有他因，可以削弱题干。

〔选项详解〕 A 项，无关选项，题干论证并未涉及新时期时代饰品的原材料。

B 项，无关选项，题干的论证并未讨论出土项链和骨镯的做工精细程度。

D 项，无关选项，题干的论证并未涉及男性。

E 项，说明少女遗骸佩戴饰品是因为爱美，支持题干的判断。

10. E

〔秒杀思路〕 此题的问题是"以下哪项推理的结构和上述推理最为类似"，故为**推理结构相似题**。先将题干符号化，再将选项与题干一一对应即可解题。

〔详细解析〕 题干：如果你喝的饮料中含有酒精(A)，心率就会加快(B)。如果你的心率加快(B)，就会觉得兴奋(C)。因此，如果你喝的饮料中含有酒精(A)，就会觉得兴奋(C)。

符号化：A→B。B→C。因此，A→C。是正确的推理。

A 项，A→B。A→C。因此，B→C。与题干的推理结构不同。

B 项，A→B。C→D。因此，A→D。与题干的推理结构不同。

C 项，A→B。A→C。因此，B→C。与题干的推理结构不同。

D 项，A→B。B→C。因此，A→D。与题干的推理结构不同。

E 项，A→B。B→C。因此，A→C。与题干的推理结构相同。

11. E

〔论证结构〕 题干：如果这一论文(阿司匹林具有防止心脏病突发的功能)一收到就被发表，那么，这 3 个月中死于心脏病突发的患者很可能挽回生命。

题干的结论是一个假言判断，根据假言判断"A→B"与A∧﹁B矛盾，故，只需要有：论文一收到就发表∧这3个月中死于心脏病突发的患者也不可能挽回生命，即可反驳题干。

 A项，说明"医学杂志加班加点，以尽快发表该论文"，但与快速发表论文"能否挽回心脏病突发的患者的生命"无关。故此项为无关选项。

B项，用另外一个学者的观点来削弱题干学者的观点，没有力度。（干扰项·诉诸权威）

C项，说明经常服用阿司匹林有副作用，但"能否挽回心脏病突发的患者的生命"无关。

D项，不能削弱题干。因为题干讨论的是假如"一收到就发表"为真的话，会产生怎么样的结果。

E项，等价于，如果不连续8个月服用阿司匹林，不能产生防止心脏病突发的效果。题干中的"3个月"显然是不足8个月的，故无法防止心脏病突发，削弱题干。

12. E

 题干均为性质判断，推断选项性质判断的真假，故此题为对当关系模型。可使用对当关系图或对当关系口诀来解题。

 ①鹤鸵→世界上最危险的鸟。

②鹤鸵→对不速之客果断出击。

③对不速之客果断出击→为人所畏惧。

观察①和②，符合双所有串联公式，即：

①可推出：有的鹤鸵→世界上最危险的鸟，等价于：有的世界上最危险的鸟→鹤鸵。

与②、③串联可得：④有的世界上最危险的鸟→鹤鸵→对不速之客果断出击→为人所畏惧。

由②可推出：有的鹤鸵→对不速之客果断出击，等价于：有的对不速之客果断出击→鹤鸵。

与①串联可得：⑤有的对不速之客果断出击→鹤鸵→世界上最危险的鸟。

A项，由④知：鹤鸵为人所畏惧，由对当关系中的"所有→有的"，此项"有些鹤鸵为人所畏惧"为真。

B项，﹁为人所畏惧→﹁鹤鸵，等价于：鹤鸵→为人所畏惧，由④可知，此项为真。

C项，由④知：有些世界上最危险的鸟→人所畏惧，此项为真。

D项，由⑤知，有些对不速之客果断出击的鸟→世界上最危险的鸟，此项为真。

E项，由④知，鹤鸵为人所畏惧，故可得"有些鹤鸵为人所畏惧"为真。此项"有些为人所畏惧的鸟不是鹤鸵"与"有些鹤鸵为人所畏惧"为下反对关系，可真可假。

13. D

 题干出现由左、中、右三个位置，实际上就是一字形排列，故此题为一字方位模型。

 由条件(1)知：最左边的鞋是篮球鞋，右边2双至少有1双是足球鞋。

由条件(2)知：最右边的鞋是足球鞋，左边2双至少有1双是足球鞋。

故3双鞋从左到右依次为：篮球鞋、足球鞋、足球鞋。

由条件(3)知，最右边的鞋是红色鞋，左边2双至少有1双是黑色鞋。

由条件(4)知，最左边的鞋是黑色鞋，右边2双至少有1双是白色鞋。

故 3 双鞋从左到右依次为：黑色鞋、白色鞋、红色鞋。

综上所述，从左到右排列为：黑色篮球鞋、白色足球鞋、红色足球鞋，故 D 项正确。

14. B

 锁定"一些儿科医生声称"，可知此句是他们的断定，即论点。锁定"论据"一词，易知后面为论据。

观察论据，发现这是对现象的描述，而儿科医生则对这种现象进行了原因分析，故此题是现象分析型的题目。

现象：被狗咬伤而前来就医的大多是 13 岁以下的儿童。

原因：狗最倾向于咬 13 岁以下的儿童。

 现象分析型的削弱题常用方法有：(1)因果倒置；(2)另有他因；(3)因果无关；(4)有因无果；(5)无因有果；(6)否因削弱。

 A 项，无关选项，题干讨论的是"被狗咬伤"，此项讨论的"被狗咬伤致死"。（干扰项·偷换论证对象）

B 项，另有他因，说明被狗咬伤后去医院就医的多数是 13 岁以下的儿童，是由于 13 岁以上的人大多数不去医院就医，削弱儿科医生的结论。

C 项，无关选项，题干讨论的是"被狗咬伤"，此项讨论的"被狗严重咬伤"。（干扰项·偷换论证对象）

D 项，无关选项，题干不涉及病情是否已经恶化。

E 项，无关选项，题干不涉及女童和男童的比较。（干扰项·无关比较）

15. C

 待解释的现象：某电视机生产厂家提高了电视机产品的质量、降低了产品的价格，但是调整之后的头三个月，其电视机产品的市场份额不但没有提高，反而有所下降。

 A 项，此项指出消费者会考虑"不同产品的价格差异"，那么该电视机厂的降价会使他们厂的产品具有价格优势，从而使更多的消费者选择他们的产品，故不能解释。

B 项，如果此项为真，消费者在二次购买都选择原来的品牌，那么品牌的市场占有率应该是保持不变，故不能解释。

C 项，说明消费者认为"价格低"意味着"质量差"，可以解释市场份额为何下降。

D 项，指出其他厂家也调整了产品的价格，但从此项无法看出调整后的价格和质量谁占优势，故不能很好地解释上述现象。

E 项，不能解释，题干中该电视机生产厂家并没有调整产品的外观，若是因为产品的外观问题，那么其市场份额可能不变。

16. E

 题干由一个前提和一个结论构成，要求找到"使上述论证成立"的项，故此题考查的是隐含三段论。

 第 1 步：将题干中的前提符号化。

前提①：参加 4×100 米→参加 100 米。

等价于：未参加 100 米→未参加 4×100 米。

第2步：将题干中的结论符号化。

结论：有些参加200米→未参加4×100米。

第3步：补充从前提到结论的箭头，从而得到结论。

根据"成对出现"的原理，可知答案一定涉及"有些未参加200米"和"未参加100米"。

易知，补充前提②：有些参加200米→￢参加100米。

可与前提①串联得：有些参加200米→￢参加100米→￢参加4×100米；从而推出题干的结论。

故答案为前提②，即，有些参加200米比赛的田径运动员没有参加100米比赛。

等价于：有些没有参加100米比赛的田径运动员参加200米比赛，故 E 项正确。

17. D

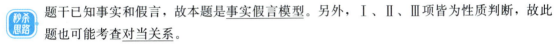
题干已知事实和假言，故本题是**事实假言模型**。另外，Ⅰ、Ⅱ、Ⅲ项皆为性质判断，故此题也可能考查**对当关系**。

①有的汉武大学男同学参加了反对贸易战示威。

②￢汉武大学有同学参加了反对贸易战示威→任何同学都能申请奖学金。

③汉武大学的女同学不能申请奖学金。

由事实"汉武大学的女同学不能申请奖学金"可知，②的后件为假，根据口诀"否后必否前"，可知其前件为假，故有：④汉武大学有同学参加了反对贸易战示威。

Ⅰ项，与①矛盾，必然为假。

Ⅱ项，题干推不出男同学是否能申请奖学金，此项可真可假。

Ⅲ项，由④知，"有同学"参加了反对贸易战示威，但无法确定是否"有女同学"，此项可真可假。

18. B

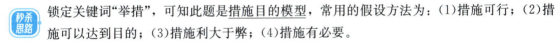
锁定关键词"举措"，可知此题是**措施目的模型**，常用的假设方法为：(1)措施可行；(2)措施可以达到目的；(3)措施利大于弊；(4)措施有必要。

题干：北京市长期以来水价格一直偏低，因此，北京市政府调高水价(措施)——以求→节约用水(目的)。

Ⅰ项，措施有必要，必须假设，否则，如果用水浪费与水价低无关，调高水价就达不到节约用水的目的。

Ⅱ项，措施可达目的，必须假设，否则，调高水价不能使浪费用水的用户节约用水。

Ⅲ项，措施无恶果，不必假设，调高水价是否引起用户不满与是否能节约用水没有必然联系。

19. D

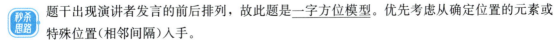
题干出现演讲者发言的前后排列，故此题是**一字方位模型**。优先考虑从确定位置的元素或特殊位置(相邻间隔)入手。

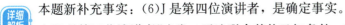
本题新补充事实：(6)J是第四位演讲者，是确定事实。

由"J是第四位演讲者"出发，无法联合其他已知条件。而条件(4)中涉及特殊的位置关系间隔，故可以此为突破口。

由条件(4)可知，M 和 N 的位置有以下 4 种可能：第一和第三、第二和第四、第三和第五、第四和第六。

因为 J 是第四位演讲者，故排除第二和第四、第四和第六这两种可能。

由条件(5)知，F 在第一位或第三位，故排第一和第三这种可能。

故 M 和 N 只能是第三和第五。因此，第三位可能是 M 或 N，D 项正确。

20. C

本题新补充事实：(7)L 在午餐前发言并且 M 不是第六位发言者。

补充的信息涉及"午餐前"，而题干的已知条件(3)、(5)也涉及午餐前的情况，故优先考虑。

由条件(3)、(5)、(7)易知，F、G、L 三人在午餐前发言。因此，J、M、N 在午餐后发言。

由条件(4)"仅有一位发言者处在 M 和 N 之间"可知，J 处在 M、N 中间，即：J 是第五个发言。

又由条件(7)中的"M 不是第六位发言者"可知，M 是第四位发言者。

故紧随 M 之后的发言者是 J。

396 经济类联考逻辑模拟卷 2

1. A

 题干涉及不同学生之前的高矮关系，需补充前提得出 Y、J 两位同学的高矮关系，故此题是排序问题，选项中不同学生之间的高矮顺序已明确，此题优先考虑选项代入法。

 题干前提：

①L＜X。

②Y＜L。

③M＜Y。

由③、②、①串联可得：M＜Y＜L＜X，即 X＞L＞Y＞M。

题干结论：Y＜J，即 J＞Y。

A项，J＞L，再结合题干条件 L＞Y，可得 J＞Y，成立。

B项，X＞J，由题干知 X＞Y，据此无法判断 Y 和 J 的关系。

C项，L＞J，由题干知 L＞Y，据此无法判断 Y 和 J 的关系。

D项，J＞M，由题干知 Y＞M，据此无法判断 Y 和 J 的关系。

E项，J＝M，由题干知 Y＞M，可得 Y＞J，与结论相反。

2. C

 锁定关键词"因此"，可知此前是论据，此后是论点。

题干：①地球冰川之下的火山开始喷发后，会产生出沸石、硫化物和黏土等物质；②在火星表面的一些圆形平顶山丘上广泛而大量地存在这些矿物质 $\xrightarrow{证明}$ 火星早期是覆盖着冰原的，那里曾有过较多的火山活动。

 论据中的核心概念是"产生出沸石、硫化物和黏土等物质"，论点中的核心概念是"火山活动"，两者并非同一概念，故此题属于偷换概念型的假设题。使用搭桥法即可迅速秒杀。

 A项，无关选项，题干推测的是火星"早期"的情况，此项说明的是火星"近日"的情况，时间节点不一致。

B项，无关选项，题干讨论的是火星地表地貌的形成"原因"，而此项讨论的是火星地表地貌的形成"时期"。

C项，此项等价于：只有在冰川下的火山活动后，才会产生沸石、硫化物和黏土等物质，即：沸石、硫化物和黏土→冰川下的火山活动，搭桥法，支持题干。

D项，无关选项，题干的论证并未讨论"某种远古细菌"和"水源"之间的联系。

E项，既然推测尚未证实，那就无法揭示矿物质和火山活动之间的联系，既不能支持题干也不能削弱题干。（干扰项·诉诸无知）

3. E

 题干中出现选言和假言，选项均为事实。故此题为假言事实模型。常用两种解题思路：找矛盾法、二难推理法。

 题干有以下信息：

①¬ 三角进攻战术 ∨ 跑轰战术，等价于：三角进攻战术→跑轰战术。

②普林斯顿战术→¬ 三角进攻战术。

③跑轰战术→普林斯顿战术。

方法一：通过串联，找矛盾法。

由①、③、②串联可得：三角进攻战术→跑轰战术→普林斯顿战术→¬ 三角进攻战术。

由"三角进攻战术"推出了"¬ 使用三角进攻战术"，出现矛盾，故"三角进攻战术"为假，所以不使用三角进攻战术。

方法二：根据重复信息，找二难推理法。

由于②的前件与③的后件均为"普林斯顿战术"，故将③逆否易出二难推理（口诀：前件后件一个样，后件逆否出二难）。

由③逆否得：¬ 普林斯顿战术→¬ 跑轰战术。

由①得：¬ 跑轰战术→¬ 三角进攻战术。

故有：¬ 普林斯顿战术→¬ 跑轰战术→¬ 三角进攻战术。

由②：普林斯顿战术→¬ 三角进攻战术。

故由二难推理公式(3)可知：¬ 三角进攻战术。

因此，不使用三角进攻战术，即 E 项正确。

4. D

 此题要求支持反对者的看法，故直接找到反对者的看法即可。

反对者：数学能力没有天赋，只是文化的产物。

反对者的观点中暗含一个因果关系，即：文化（原因）导致数学能力的产生（结果）。

A 项，说明婴儿就已经具备一定的数学能力，即，数学能力是有天赋的，削弱反对者的看法。

B 项，此项直接说明数学能力由基因"预设"，即，数学能力是有天赋的，削弱反对者的看法。

C 项，此项说明动物有数学能力，支持心理学家"就连动物也有这种能力"的观点。但此项中动物的数学能力是人为训练形成的，也支持了反对者"数学是文化的产物的观点"。

D 项，绝大多数的原始部落的居民（即缺少文化训练，无因），只能表示 5 以下甚至更少的数量（即没有数学能力，无果），无因无果，支持反对者观点。

E 项，此项说明要想"学好"数学，需要"努力"这一条件。但是，努力与天赋并不矛盾，并不能说明数学能力不受天赋的影响。

5. B

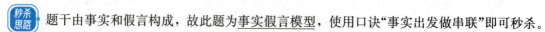 题干由事实和假言构成，故此题为事实假言模型，使用口诀"事实出发做串联"即可秒杀。

本题补充新事实(5)：药物专家选 H。

从事实(5)出发，由条件(2)可知：¬ K→¬ H，等价于：H→K。

故串联条件(5)、(2)、(4)可得：H→K→X。

6. B

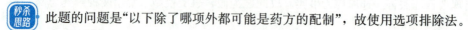 此题的问题是"以下除了哪项外都可能是药方的配制"，故使用选项排除法。

找重复信息"K"，结合上一题的分析，可知条件(2)、(4)可串联为：H→K→X。

逆否得：¬ X→¬ K→¬ H。故假设不选 X，则不选 K、H。

由于要从 G、H、J、K、L 这 5 种不同的化学药物中选择 3 种。故选 G、J、L。

由条件(1)知，选G，则不选Y。即若不选X，则X、Y都不选。

由于要从W、X、Y、Z这4种不同的草药药物中选择2种，故选W、Z。

综上，在不选X的情况下，草药只能选择W、Z。B项与之矛盾，不可能为真。

7. B

 题干由特称(有的)和全称判断组成，故此题为<u>有的串联模型</u>。故直接使用有的开头法。

 ①许多温和宽厚的教师是好教师；"许多"可以推出"有的"，即：有的温和宽厚的教师→好教师。

②有的严肃并且不讲情面的教师→好教师。

③好教师→学识渊博。

从"有的"开始串联，故有：

由①、③串联可得：④有的温和宽厚的教师→好教师→学识渊博。

由②、③串联可得：⑤有的严肃且不讲情面的教师→好教师→学识渊博。

A项，由④可知，有的温和宽厚的教师→学识渊博。可以互换得：有的学识渊博的教师→温和宽厚。但从"有的"无法推出"许多"，故此项可真可假。

B项，由⑤可知，有的严肃且不讲情面的教师→学识渊博。可以互换得：有的学识渊博的老师→严肃且不讲情面，故此项为真。

C项，由④、⑤可知"学识渊博"后面无箭头，故不能推出"所有学识渊博的教师都是好教师"。此项可真可假。

D项，由③可知，"有的学识渊博的教师是好教师"为真，与"有些学识渊博的教师不是好教师"是下反对关系，一真另不定，故此项可真可假。

E项，由②可知"有的严肃且不讲情面的教师是好教师"为真，由"有的"无法推出"所有"，故此项可真可假。

8. E

 此题既涉及男女的匹配，也涉及年龄的排序，故此题为<u>排序问题＋一一匹配模型</u>。

 由"周的未婚夫是钱的好友"可知，周的未婚夫不是钱。

再由"孙的年龄比郑的未婚夫大"可知，孙不是三人中年龄最小的。

再结合"周的未婚夫是钱的好友，并在3个男子中最年轻"可知，周的未婚夫不是孙。

故周的未婚夫是赵。

此时，可将年龄排序为：周的未婚夫(赵)＜郑的未婚夫＜孙。

故郑的未婚夫不是孙，是钱。故有：吴的未婚夫是孙。

综上可得：周的未婚夫(赵)＜郑的未婚夫(钱)＜吴的未婚夫(孙)。

故E项正确。

9. C

 "利用该材料可以制成人工肌肉"是措施，"为……带来福音"是目的，故此题为<u>措施目的模型</u>。

题干：利用该材料可以制成人工肌肉，替代人体肌肉——以求→为那些肌肉损伤后无法恢复功能的患者带来福音。

措施目的模型的题目常见的支持方式有：（1）措施能达到目的；（2）措施可行；（3）措施有必要；（4）措施利大于弊；（5）措施无副作用。

注意：此题的提问方式为"不能支持研究者的观点"。

A项，说明该材料制成的人工肌肉能在肌肉损伤后快速康复，措施能达到目的，可以支持题干中研究者的观点。

B项，说明该材料的柔韧性与正常肌肉接近，即能够替代正常肌肉，措施能达到目的，可以支持题干中研究者的观点。

C项，说明用该材料制成的人工肌肉无法正常运动，措施不可行，削弱题干中研究者的观点。

D项，说明该材料在被破坏后自行恢复上的优势，措施可行，可以支持题干中研究者的观点。

E项，此项指出该材料可制成肌肉，措施可行，可以支持题干中研究者的观点。

10. C

研究人员：生长于蛇纹岩土中的拟南芥属植物是从生长于附近的亲缘属群中"'借'了一些有利的基因"，以帮助它们应对极端环境的。

反对者：这种拟南芥属植物是通过"原有基因变异的方式"获得遗传变异来适应环境的。

注意此题要求削弱反对者的观点。

A项，无关选项，题干的论证对象是"蛇纹岩土中拟南芥属植物"，此项的论证对象是"蛇纹岩土中其他植物"。（干扰项·偷换论证对象）

B项，无关选项，题干的论证对象是"蛇纹岩土中拟南芥属植物"，此项的论证对象是"非蛇纹岩土中拟南芥属植物"。（干扰项·偷换论证对象）

C项，提出论据，说明生长于蛇纹岩土中的拟南芥属植物中能够增强对重金属耐受力的基因片段来自附近亲缘属植物，支持研究人员的结论，削弱反对者的观点。

D项，无关选项，题干的论证对象是"蛇纹岩土中拟南芥属植物"，此项的论证对象是"非蛇纹岩土中的植物"。（干扰项·偷换论证对象）

E项，既然不能确定拟南芥属植物中基因的来源，那就无法判断是"借"还是"基因变异"，既不能削弱也不能支持题干。（干扰项·诉诸无知）

11. C

题干中出现围桌而坐，故此题为围桌而坐模型。此题简单分析之后，可确定甲的位置只能有3种情况，情况少的元素可进行分类讨论。

题干新补充信息：（5）"丙"坐在"1号"座椅上。

找"丙"，由（3）知，丙坐在3号座椅左边第1张座椅上。即丙的右手边是3号座椅。

找"1号"，由（1）知，甲坐在1号座椅右边第2张座椅上。

故可得图1（注意：在围桌而坐模型中，面向圆心来区分左右）。

图1

根据图1可知,甲的座椅号有三种可能:2号座椅、4号座椅、5号座椅。

情况1:甲坐2号座椅。

由条件(4)"丁坐在2号座椅左边第1张座椅上"可知,丁坐3号座椅。可得图2。

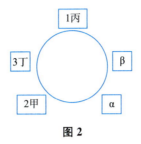

图2

此时,5号座椅是图中"α"处或"β"处,则5号座椅的左手第2个位置一定是甲或丁,不可能是乙,与条件(2)矛盾。故排除情况1。

情况2:甲坐4号座椅。可得图3。

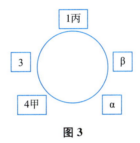

图3

图3中"α"处和"β"处为2号和5号。若"α"处为2号座椅,根据条件(4)"丁坐在2号座椅左边第1张座椅上"可知,丁的位置与甲重合,故"α"处不可能是2号座椅。因此,"α"处为5号座椅,"β"处为2号座椅。

由条件(4)"丁坐在2号座椅左边第1张座椅上"可知,丁坐在5号座椅上。可得图4。

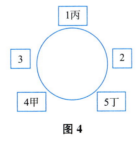

图4

由条件(2)"乙坐在5号座椅左边第2张座椅上"可知,乙坐在3号座椅上。

故,戊坐在2号座椅上,符合题干。

情况3:甲坐5号座椅。

由条件(2)"乙坐在5号座椅左边第2张座椅上"可知,乙坐在1号座椅上,此时,乙的位置与丙重合,故此种情况不成立。

综上,C项正确。

12. E

 题干由事实和假言构成，故此题为<u>事实假言模型</u>，使用口诀"事实出发做串联"即可秒杀。

 由"人生并不意味着虚无缥缈"可知，"如果我思考，那么人生就意味着虚无缥缈"的后件为假，故其前件为假，即：我不思考。

由"我不思考"可知，"如果我不思考，那么我不存在"的前件为真，故其后件为真，即：我不存在。

因此，我不思考，并且我不存在。故 E 项正确。

13. A

 题干将人物和职业做一一匹配，故此题为<u>两组元素的一一匹配模型</u>。题干中无假言，故使用口诀"<u>事实/问题优先看，重复信息是关键</u>。两组匹配用表格，三组匹配就连线。"

 观察题干已知条件，可发现"乘警"出现 3 次，出现的次数最多，故优先考虑。

由条件(3)：乘警家住济南。

由条件(1)知：老王家住南京，故老王不是乘警的邻居。

由条件(5)中"乘警邻居的工龄恰好是乘警的三倍"，可知，乘警邻居的工龄一定是 3 的倍数。

由条件(2)中"老张有 20 年工龄"，20 不是 3 的倍数，故老张不是乘警的邻居。

综上：老王和老张都不是乘警的邻居，故老孙是乘警的邻居，家住济南。

由条件(6)知，与乘警同姓的乘客住在北京。由于老王住在南京、老孙住在济南，因此，老张住在北京，和乘警同姓，故可知乘警姓张。

根据(4)"姓孙的工作人员常和乘务员下棋"可知，乘务员不姓孙，因此，乘务员姓王，司机姓孙。

故 A 项正确。

14. E

 张教授：﹁ 所有的驾驶员都必然遵守交通规则→有些驾车导致的纠纷可能难以避免。
李研究员：我不同意你的看法，即找张教授的矛盾命题。

根据公式 A→B 与 A∧﹁ B 矛盾，可得张教授的矛盾命题为：﹁ 所有的驾驶员都必然遵守交通规则∧﹁ 有些驾车导致的纠纷可能难以避免，等价于：有的驾驶员可能不遵守交通规则∧所有驾车导致的纠纷必然不是难以避免的。

故 E 项正确。

15. D

 此题的问题为"以下哪项是<u>可以接受的</u>花的选择组合"，故优先考虑使用选项排除法。

 根据条件(1)，排除 A 项。

根据条件(2)，排除 E 项。

根据条件(3)，排除 B、C 项。

故 D 项正确。

16. E

 锁定关键词"因此"，"因此"前面的内容为论据，"因此"后面的内容为论点。

题干：①父母<u>不可能</u>整天与他们的未成年孩子待在一起，②父母并<u>不总是</u>能够阻止他们的

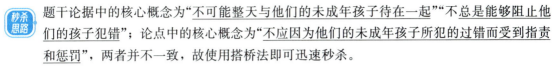

孩子犯错 ——证明→ 父母<u>不应因为他们的未成年孩子所犯的过错而受到指责和惩罚</u>。

题干论据中的核心概念为"<u>不可能整天与他们的未成年孩子待在一起</u>""<u>不总是能够阻止他们的孩子犯错</u>";论点中的核心概念为"<u>不应因为他们的未成年孩子所犯的过错而受到指责和惩罚</u>",两者并不一致,故使用搭桥法即可迅速秒杀。

A项,削弱题干,说明父母应当监管未成年孩子的所有活动。

B项,无关选项,题干没有涉及对犯错的未成年人的审判。

C项,无关选项,题干没有涉及父母对子女的保护。

D项,无关选项,题干没有涉及父母对未成年孩子应该承担的教育责任。

E项,此项说明,人们承担责任的一定是能够加以控制的行为,即:不是能够加以控制的行为→不承担责任,搭桥法,说明父母对自己无法控制的行为不用承担责任,支持题干。

17. A

题干已知 3 个判断"只有一真",故此题为真假话问题。优先找矛盾关系。如果题干中没有矛盾,则根据"只有一真",可以找下反对关系或推理关系。

设:"托球跑∧两人三足跑"为事件 A,"单腿斗鸡∧螃蟹赛跑"为事件 B。

甲:A→﹁B,等价于:﹁A∨﹁B。

乙:﹁B→A,等价于:A∨B。

丙:﹁A。

第 1 步:找矛盾。

题干中无矛盾关系。

第 2 步:找下反对关系或推理关系。

若丙的话为真,则甲的话也为真,与"只有一真"矛盾。因此,丙的话为假。

第 3 步:推出结论。

由丙的话为假可得:事件 A 为真。

由于事件 A 为真,因此,乙说真话。再根据"只有一真"可知,甲说假话。

由甲说假话可得:事件 A 和事件 B 均发生,即,托球跑、两人三足跑、单腿斗鸡、螃蟹赛跑全部采用。故 A 项正确。

18. B

题干出现甲、乙、丙、丁、戊、己 6 人的大小排序,以及他们的男女性别关系,故此题是排序问题+一一匹配模型。

观察已知条件,发现由④可直接确定丁最大,由⑥可直接确定己最小。

由⑤"戊是女孩,但是她没有妹妹"可知,己是男孩,且戊是最小的女孩。

此时已经用了条件④、⑤、⑥,观察条件①、②、③。

由①"甲是男孩,有 3 个姐姐"可以确定:甲(男)的排行最大为老四。

又由于己(男)最小,故甲(男)的排行可能为老四或老五。

若甲(男)是老五,则老五、老六都是男孩,与②"乙只有一个弟弟"矛盾。

故甲(男)不可能是老五,甲(男)确定是老四。

由于①"甲有三个姐姐",故老大、老二、老三皆为女孩,老四、老五、老六皆为男孩。

由于乙只有一个弟弟,故乙是老五。综合上述信息,有表 1。

表1

老大	老二	老三	老四	老五	老六
丁（女）			甲（男）	乙（男）	己（男）

根据上表可知，戊排行老二或老三，又因为"戊没有妹妹"，故戊是老三。余下的丙是老二。

综上可得表2。

表2

老大	老二	老三	老四	老五	老六
丁（女）	丙（女）	戊（女）	甲（男）	乙（男）	己（男）

故 B 项正确。

19. D

第 1 步：画箭头。

①┑保证四个小时的睡眠→┑大脑得到很好的休息。

②┑大脑得到很好的休息→第二天大部分人都会感觉到精神疲劳。

第 2 步：串联。

串联①、②可得：┑保证四个小时的睡眠→┑大脑得到很好的休息→第二天大部分人都会感觉到精神疲劳。

第 3 步：逆否。

逆否得：┑第二天大部分人都会感觉到精神疲劳→大脑得到很好的休息→保证四个小时的睡眠。

第 4 步：分析选项，找答案。

A 项，大脑得到充分休息→消除精神疲劳，题干中无此箭头指向，此项可真可假。

B 项，由②可知，"大部分人感觉到精神疲劳"后无箭头指向，此项可真可假。

C 项，大脑得到充分休息∨第二天能消除精神疲劳＝┑大脑得到很好的休息→第二天能消除精神疲劳，题干中无此箭头指向，此项可真可假。

D 项，大脑得到很好的休息→保证四个小时的睡眠，等价于①，此项必然为真。

E 项，第二天大部分人都会感觉到精神疲劳→前一天工作时间过长，根据箭头指向原则、②可知，"第二天大部分人都会感觉到精神疲劳"后无箭头指向，故此项可真可假。

20. A

锁定关键句"导致这一复杂疾病的病因可能很简单"，可知，此题为先摆出现象，再分析原因，故此题属于现象分析型的题目。

现象：阿尔茨海默病。

原因：脑部感染的微生物，如 HSV-1 病毒。

现象分析型题目的常见支持方法有：(1)因果相关；(2)排除他因；(3)无因无果；(4)并非因果倒置。

A 项，此项构建了如下的求异实验：

携带 4 号突变基因同时感染了 HSV-1 病毒：罹患阿尔茨海默病的概率高；

携带 4 号突变基因：罹患阿尔茨海默病的概率低；

根据求异法，可得结论：感染了 HSV-1 病毒会增加罹患阿尔茨海默病的概率。

故若此项为真，最能支持科学家的观点。

B 项，转移论题，"病毒 DNA"与"阿尔茨海默病"不是同一概念。

C 项，无关选项，此项说的是患者的"治疗"，而非患病的"原因"。

D 项，有因无果，说明一些老年人大脑中存在 HSV-1 病毒但没有患阿尔茨海默病，削弱科学家的观点。

E 项，无关选项，题干讨论的是"阿尔茨海默病"，此项讨论的是"老年病"。（干扰项·偷换论证对象）